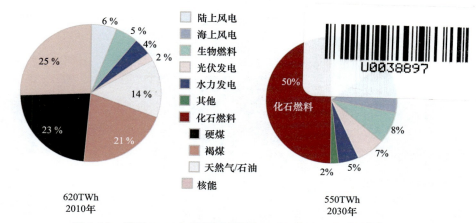

图 1.10 德国 2010 年的能源份额和 2030 年的发展目标[9]

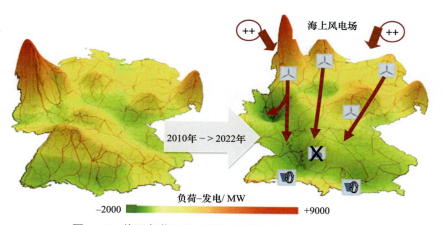

图 1.11 德国负荷和发电量的比例变化（来源：Amprion）

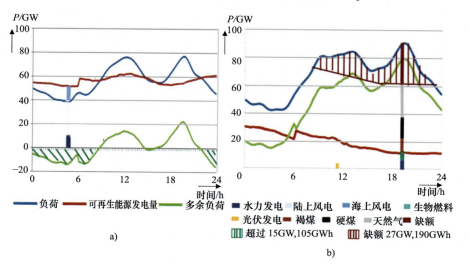

图 1.12 在极端天气条件下，可再生能源发电量的 a）最大值与 b）最小值[11]

图 2.2　满足全球和地区性的电力需求的可再生能源网——沙漠地图（来源：沙漠基金会[6]）

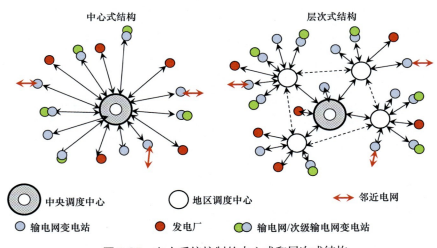

图 3.35　电力系统控制的中心式和层次式结构

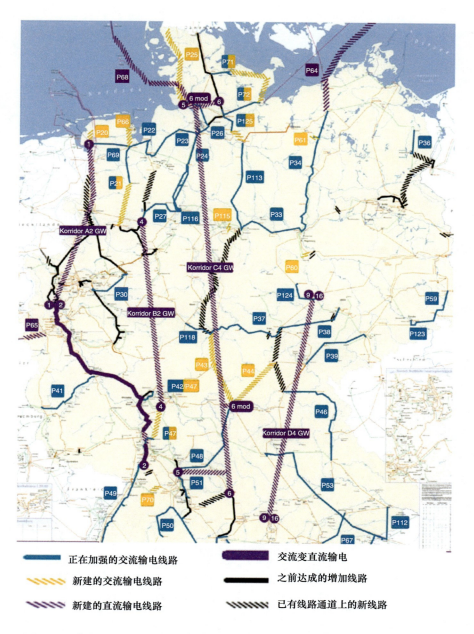

图 3.59　德国 2013 年输电网发展规划（来源：NEP 2013，2013 年 7 月第 2 版，www.netzentwicklungsplan.de[4]）

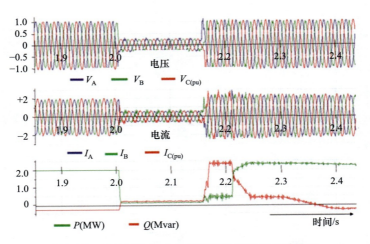

图 3.62　连接同步风力发电机的换流器的故障穿越
（来源：西门子公司，PSSE—没有短路电流增加的方法时，Netomac 软件的仿真）

图 4.14　20kV 城市电网接线地图

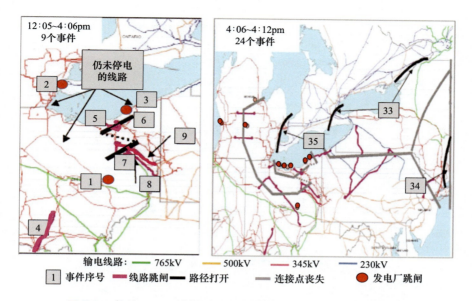

图 5.6　直到 4:06 时刻的事件序列和 6min 后的最终停电情况[1]

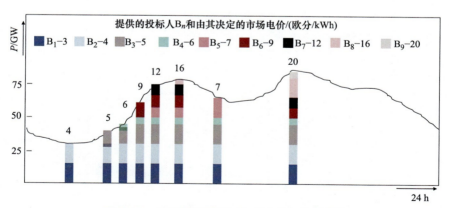

图 5.19　价值顺序原则下负荷曲线包络图[12]

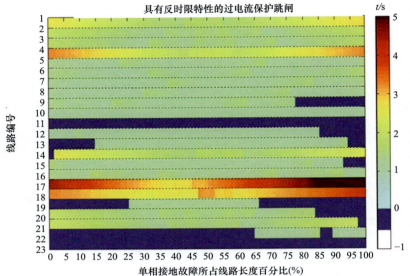

图 5.35 110kV 电网 PSA 图，后备过电流保护[15]

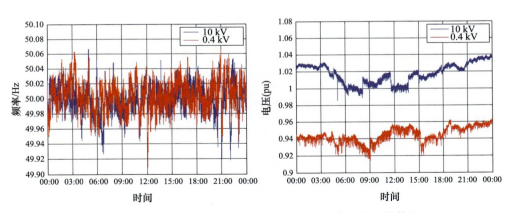

图 6.16 在 10kV 和 0.4kV 电网，一天内的频率和电压的偏差

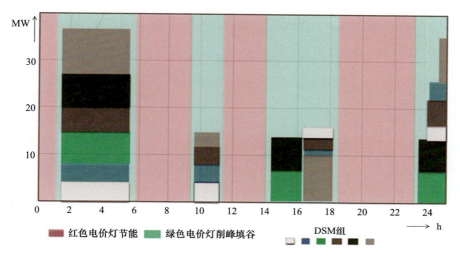

图 6.25 配备六个 DSM 组的需求侧管理

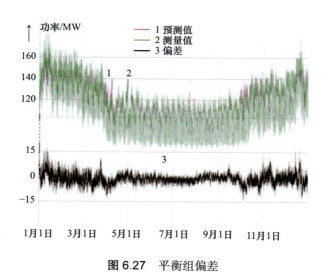

图 6.27 平衡组偏差

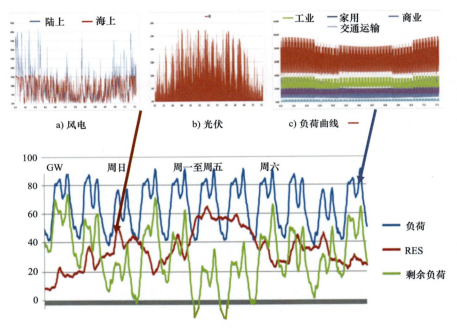

图 7.6 负荷和发电曲线，匹配方案 2B-2030[9]。a）风电，b）光伏，c）负荷曲线
（来源：a），b）—FraunhoferIWES 长期统计数据，c）—BDEW 标准曲线）

智能电网关键技术研究与应用丛书

深入理解智能电网

基本原理、关键技术与解决方案

[德] 贝恩德·M. 巴克霍尔兹（Bernd M. Buchholz）   著
兹比格涅夫·斯蒂琴斯基（Zbigniew Styczynski）

张莲梅 等译

机 械 工 业 出 版 社

本书是智能电网领域的重要的介绍性著作，涵盖智能电网的所有相关主题。

本书描述了未来电力供应的挑战、所引发的问题、未来的前景、智能电网的驱动因素、基本原理、概念、新出现的解决方案等。具体包括：智能发电的资源、种类和潜力；输电网和变电站的智能电网新技术；智能配电网的设计；广域范围内输电网智能运行、保护和监测；智能配电网的三大支柱；智能能源市场；先进信息和通信技术的原理和新进展。

本书关注实践经验，针对采用新的智能电网解决方案，总结了大量的各国的工业经验、领导经验。

对于电力行业的实践工程师、研发者、管理者、政策制定者，以及高等院校电力系统等相关专业师生来说，本书都极具参考价值。

译 者 序

发展智能电网是一种全球性趋势，智能电网为未来电网的发展带来新视野、新机遇和巨大挑战。

智能电网涵盖的范围是宽广的，具有巨大的复杂性。研究、开发、调度和运行经验等各个方面都有研究文献不断涌现。本书作为智能电网知识的综合来源，可以涵盖智能电网的各个领域。本书详细地介绍了在建设最终智能电网的漫长过程中应当采取的重要步骤。

本书按智能电网项目的逻辑顺序编写，含有丰富的图表，使本书内容更易懂、更易用。本书中的大量知识、工业经验和领导经验可用作智能电网这一激动人心的领域的学习基础资料。尽管当前智能电网领域的理论和技术发展迅速，但本书也具有相当的前瞻性，所涉及内容在今后相当长的一段时间内对于实践工程师、研发者、管理者和政策制定者来说都大有裨益。

本书由张莲梅组织翻译，并完成最后的审校和统稿。

下列人员参加了本书的翻译工作，具体分工如下：

李明月、赵子豪负责第 1 章；

潘笑怡、高泽璞负责第 2 章；

赵子豪、潘笑怡负责第 3 章；

高泽璞、潘笑怡负责第 4 章；

赵子豪负责第 5 章；

潘笑怡、高泽璞负责第 6 章；

高泽璞负责第 7 章；

李明月、胡国雄负责第 8 章；

潘笑怡、胡国雄负责第 9 章。

上述人员也参与了书中所有图表的翻译。

对这些参与翻译的人员，深表谢意。高泽璞在整个翻译过程中态度积极、认真负责，专业素养良好，特此表示感谢。胡国雄认真负责的态度和良好的翻译水平，在此再一次表示感谢。

感谢机械工业出版社刘星宁编辑的大力帮助和指导，促使本书最终得以顺利出版。

译者在翻译过程中，囿于专业知识和翻译水平，若有疏忽与错误之处，恳请读者批评指正。

张莲梅

于武汉大学

原书序

发展智能电网是一种全球性趋势。世界上不同地区对智能电网的建设反映了该区域的资源储备和需求。我们已看见电网整合了大规模的风力发电和太阳能发电设施。大型离岸风电场即将出现。越来越多的国家使用了自动化和虚拟智能配电网。在输电侧，大量的相量测量单元（PMU）正在收集大量的信息用来监测电力系统的动态。电力工业正发展和增强需求侧响应和其他程序以供用户选择。为了保证需求侧响应正常进行和用户服务质量，上百万的智能电表正采集用户的电力消费数据。电网的这些新的智能特性依赖于信息和通信技术（ICT），用这种技术连接智能电网的所有元件，这对于智能电网来说是至关重要的。智能电网中可再生能源发电与电网（从输电网到配电网）和从智能电表到配电网的整合程度不断加深，为未来电网的发展带来新视野和新机遇。我们正在顺利地迈向这些史无前例的创新，但是，我们也应当意识到智能电网正面临巨大的挑战，这些挑战来自于科技、经济、社会和公共政策等不同的角度。

智能电网涵盖的范围是宽广的，具有巨大的复杂性。研究、开发、调度和运行经验等各个方面都有研究文献不断涌现。与此同时，我们也亟需一个知识的综合来源，可以涵盖智能电网的各个领域。本书详细地介绍了我们在建设最终智能电网的漫长过程中应当采取的重要步骤。本书中的大量知识、工业经验和领导经验可用作智能电网这一激动人心的领域的学习基础资料，相信对于实践工程师、研发者、管理者和政策制定者来说都大有裨益。

本书按智能电网项目的逻辑顺序编写。在第1章中，构建了未来智能电网的前景。在第2章中，讨论了多种可再生能源和储能设备。在第3章中，讲述了输电网和变电站的新技术。在第4章中，阐述了配电网的工程设计，包括网络配置、接地、继电保护和电能质量的相关问题。在第5章中，讨论了广域范围内输电网运行、保护和控制的相关问题。在第6章中，讨论了在应用分布式和可再生能源装置时智能配电网的性能，包括电压控制、潮流控制、能量管理、馈线保护和供电恢复等。智能计量提供了用户参与电力市场的新的可能性。在第7章中，讨论了如何建立市场来激励供电的和需求的利益相关者，还介绍了顺应智能电网政策的必要性。如果不讨论标准、信息、网络安全和协议的关键主题，ICT不可能成为智能电网的支柱技术。在第8章中，介绍了有关ICT的新进展。最后，在第9章中，总结了全球智能电网的进展，其反映了世界上各地区智能电网的特点和优点。

作为一个专业的同事，我要感谢 Buchholz 博士和 Styczynski 教授，是他们付出了巨大的努力，才使这本有趣且内容丰富的书诞生。本书对智能电网的研究开发、工程建设和教育方面做出了巨大贡献。

刘镇钦

美国华盛顿州立大学能源系统创新中心波音杰出教授和导师

爱尔兰都柏林大学电力系统教授

致 谢

现有电力系统转变为智能电网，目前已被纳入全球发展和投资项目。本书描述了未来电力供应的挑战，详述了智能电网的驱动者、基本原理、概念和技术。本书特别关注实践经验。为了给读者提供发电、输电、配电和用电方面的智能电网概念的主要思想，本书还提出了需要解决的新需求、挑战、未来的愿景和创新。

本书总结了作者过去 20 年的研究和开发经验，这些经验来自于工业界和学术界两方面，即作者在西门子公司的工作、在马格德堡大学的工作、在全国专家小组的领导工作、与智能电网项目相关的管理实践和在国际研究委员会或工作组（例如，CIGRE、CIRED 智能电网技术平台的欧洲咨询委员会、IEC、IEE、VDE）的工作。

本书最初的想法起源于 2012 年，以本书作为俄罗斯 Mega Grant 第 132 号的成果，并以此启动"贝加尔湖——智能电网技术"项目。"贝加尔湖"项目的主要目标是向俄罗斯研究界介绍一个关于智能电网技术的教育项目。感谢俄罗斯教育部，使作者有机会参与这一项目。感谢位于伊尔库茨克的西伯利亚能源研究所（俄罗斯科学院院属机构）所长 N. I. Voropai 博士、教授，与我一起讨论本书的目录。

下述代表在提供材料和提供详细讨论方面，给予了巨大支持，特此感谢：

- 输电系统运营商：Y. Sassnick 博士（50Hertz Transmission GmbH），G. Kaendler、R. Schaden 和 S. Sawinsky（Amprion GmbH）；A. Orths 博士、教授（Energinet. dk）；H. Frey（Transnet BW）；H. Kuehn 博士（TenneT TSO GmbH）；

- 配电网运营商：B. Fenn，A. Doss（HSE AG）；B. Frische（Westnetz GmbH）；

- 制造商：D. Retzmann 博士、教授，H. Koch 博士，R. Krebs 博士、教授，M. Wache 博士，G. Lang 和 H. Dawidczak（Siemens AG）；J. Kreusel 博士、教授和 Britta Buchholz 博士（ABB AG）；T. Rudolph（Schneider Electric Energy GmbH）；V. Buehner 博士（EUS GmbH）；T. Schossig（OMICRON electronics GmbH）；

- 大学：W. Gawlik 博士、教授（TU Vienna）；P. Schegner 博士、教授（TU Dresden）；M. Luther 博士、教授（FAU Erlangen）；

- 独立发电商：H. Bartelt（Druiberg 风电场）；

- 科学研究所：K. Rohrig 博士、F. Schloegl 和 P. Hochloff（Fraunhofer 风能系统研究所）；

- 咨询企业：C. Brunner（IT4Power）；A. Probst（Probst 网络咨询公司）；

- 国际和德国协会：C. Schwaegerl 博士、教授（CIGRE，SC C6 干事）；Th. Connor（CIRED 主席）；H. Englert 博士（IEC，TC 57 干事）；W. Glaunsinger（VDE/ETG）；J. Stein（VDE/DKE）；W. Schossig（VDE Thuringia 的保护专家）。

作者希望感谢上述人员和机构，感谢他们的大力支持。

在本书准备的最后阶段，来自马格德堡大学的贝加尔湖项目的多个合作伙伴帮助作者充实了本书内容，并协助作者完成本书的编写工作。我们向下述人员致谢：

K. Rudion 博士、教授，M. Stötzer 博士，P. Lombardi 博士，P. Komarnicki 博士，A Naumann 博士，N. Moskalenko 硕士，感谢他们极其友好的帮助。

最后，十分感谢 Sarah Thomforde 女士，感谢其对本书英文版的纠错和仔细审查。

Bernd Michael Buchholz 博士

Zbigniew Antoni Styczynski 博士、教授

缩略语表

缩略语	英文全称	中文翻译
2DCF	Two – Day Congestion Forecast	提前两日拥堵预测
AAL	Ambient Assisted Living	环境辅助生活
AC	Alternating Current	交流电
ACER	Agency for the Cooperation of Energy Regulators	能源协调管理者合作机构
ACSI	Abstract Communication Service Interface	抽象通信服务接口
AES	Average Energy Saving	平均节能量
AM	Asset Management	资产管理
AMI	Advanced Metering Infrastructure	高级量测体系
ANSI	American National Standards Institute	美国国家标准学会
API	Application Programming Interface	应用程序接口
APLS	Average Peak Load Shifting	平均削峰填谷量
ASAI	Average System Availability Index	平均系统可用性指标
ASN. 1	Abstract Service Notation One	抽象服务符号1
BACnet	Building Automation and Control Networks	楼宇自动化和控制网络
BB	Busbar	母线
BCU	Basic Currency Unit	基本货币单位
BDEW	Federal association for energy and water supply (Bundesverband der Energie – und Wasserwirtschaft)	德国联邦能源和水供应委员会
BGM	Balancing Group Manager	平衡组管理器
BMU	Federal Ministry for Environment, Nature Conservation and Nuclear Reactor Security (Bundesministerium für Umwelt, Naturschutz und Reaktorsicherheit)	德国联邦环境、自然保护和核反应堆安全管理局
BMWi	Federal Ministry of Economics and Technology (Bundesministerium für Wirtschaft und Technologie)	德国联邦经济和技术管理局
BPL	Broadband Power Line	宽带电力线
BSI	Federal Office for Information Security (Bundesamt für Sicherheit der Information)	德国联邦信息安全办公室
CAES	Compressed Air Energy Storage	压缩空气储能
CAIDI	Customer Average Interruption Duration Index	用户平均停电持续时间指标
CAIFI	Customer Average Interruption Frequency Index	用户平均停电频率指标
CAPEX	Capital Expenses	资本支出
CB	Circuit Breaker	断路器
CC	Control Center	控制中心
CCG	Central China Grid	中国华中电网
CCGT	Combined Cycle Gas Turbine	联合循环燃气轮机
CDC	Common Data Class	通用数据类

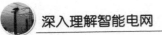

缩略语	英文全称	中文翻译
CDV	Committee Draft for Voting	委员会表决草案
CE	Continental Europe	欧洲大陆
CEN	European Committee for Standardization	欧洲标准化委员会
CENELEC	European Committee for Electro – technical Standardization	欧洲电工技术标准化委员会
CHP	Cogeneration of Heat and Power	热电联产
CID	Configured IED Description	智能电子设备配置说明
CIGRE	Conseil International des Grands Reseaux Electriques	国际大电网会议
CIM	Common Information Model	通用信息模型
CIS	Component Interface Specification	组件接口规范
COMTRADE	COMmon format for TRAnsient Data Exchange	实时数据交换的通用格式
COS	Catalogue of Standards	标准目录
COSEM	Companion Specification for Energy Metering	电能计量配套规范
CPU	Central Processing Unit	中央处理器
CRC	Cyclic Redundancy Check	循环冗余检查
CS	Customer Support	客户支持
CSC	Current Source Converter	电流源换流器
CSPGC	China Southern Power Grid Company Limited	中国南方电网有限公司
DACF	Day – ahead Congestion Forecast	日前拥堵预测
DC	Direct Current	直流电
DCC	Distribution Control Center	配电控制中心
DER	Distributed Energy Resource	分布式能源资源（分布式能源）
DFIG	Doubly Fed Induction Generator	双馈感应发电机
DIN	German Institute for Standardization（Deutsches Institut für Normung）	德国标准化委员会
DKE	Deutsche Kommission Elektrotechnik, Elektronik, Informationstechnik（German Commission for standardization in the fields of electro – technology, electronics and ICT）	德国电气、电子、信息和通信技术标准化委员会
DLMS	Device Language Message Specification	设备语言消息规范
DMS	Distribution Management System	分布式管理系统
DOE	Department of Energy（USA）	美国能源部
DSA	Dynamic Security Assessment	动态安全评估
DSI	Demand Side Integration	需求侧集成
DSL	Digital Subscriber Line	数字用户线路
DSM	Demand Side Management	需求侧管理
DSR	Demand Side Response	需求侧响应
ECG	East China Grid	中国华东电网
EDSO	European Distribution System Operators' Association	欧洲配电系统运行机构协会
EEG（REA）	Erneuerbare Energien Gesetz —（Renewable Energy Act）	可再生能源法

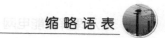

（续）

缩略语	英文全称	中文翻译
EEGI	European Electricity Grid Initiative	欧洲电网倡议
EESS	Electric Energy Storage Systems	电能存储系统
EHV	Extra High Voltage	超高压
EIB	European Installation Bonus	欧洲装机奖励
EMS	Energy Management System	能量管理系统
ENS	Energy Not Supplied on time	电量不足期望值
ENTSO – E	European Network of Transmission System Operators for Electricity	欧洲输电系统电力网
EPM	Enterprise Process Management	企业流程管理
EPRI	Electric Power Research Institute (USA)	美国电力研究所
ERGEG	European Regulators Group for Electricity and Gas	欧洲电力和天然气管理机构
ESO	European Standardization Organization	欧洲标准化组织
ETSI	European Telecommunications Standards Institute	欧洲电信标准化委员会
FAT	Factory Acceptance Test	工厂验收测试
FERC	Federal Energy Regulatory Commission (USA)	美国联邦能源管理委员会
FGC	Federal Grid Company (of Russia)	俄罗斯联邦电网公司
FP	Framework Programme	框架计划
FRCC	Florida Reliability Coordinating Council	佛罗里达可靠性协调理事会
GDOF	General Decision and Optimization Functions	一般决策和优化功能
GES	Generic Event and Subscription	通用事件和订阅
GIL	Gas Insulated Line	气体绝缘线
GIS	Gas Insulated Switchgear	气体绝缘开关
GIS	Geographical Information System	地理信息系统
GOMSFE	Generic Object Model for Substation and Feeder Equipment	变电站和馈线设备的通用对象模型
GOOSE	Generic Object – Oriented Substation Event	面向通用对象的变电站事件
GPS	Global Positioning System	全球定位系统
GSE	Generic Substation Event	通用变电站事件
GSM	Global System for Mobile Communications	全球移动通信系统
GSSE	Generic Substation State Event	通用变电站状态事件
HAN	Home Area Network	家庭局域网
HMAC	Hash Message Authentication Code	密钥散列消息验证码（Hash 消息验证码）
HMI	Human Machine Interface	人机交互接口
HSDA	High Speed Data Access	高速数据访问
HTTP	Hypertext Transfer Protocol	超文本传输协议
HV	High Voltage	高压
IC	Industrial Computer	工业计算机
ICD	IED Capability Description	智能电子设备功能说明
ICT	Information and Communication Technologies	信息和通信技术
IDCF	Intra – Day Congestion Forecast	日内拥堵预测
IEC	International Electrotechnical Commission	国际电工委员会

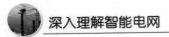
（续）

缩略语	英文全称	中文翻译
IED	Intelligent Electronic Device	智能电子设备
IEEE	Institute of Electrical and Electronics Engineers（professional association headquartered in New York City that is dedicated to advancing technological innovation and excellence）	美国电气电子工程师学会（专业学会，总部设在纽约市，致力于推进技术创新和卓越）
IES – AAS	Intelligent Electro – energy System based on Active – Adaptive Networks（the Russian term for networks is Set）	具有主动自适应网络的智能电能系统（俄罗斯电网术语集）
IID	Instantiated IED Description	实例化智能电子设备说明
IGBT	Insulated Gate Bi – polar Transistor	绝缘栅双极型晶体管
IP	Internet Protocol	互联网协议
IPS	Integrated Power System	集成电力系统
ISDN	Integrated Services Digital Network	综合业务数字网
ISO	International Organization for Standardization	国际标准化组织
ISTU	Irkutsk State Technical University	伊尔库茨克州立技术大学
LAN	Local Area Network	局域网
LBS	Load Break Switch	负载断路开关
LCC	Line Commutated Converter	线路换相流器
LD	Logical Device	逻辑设备
LED	Light Emitter Diode	发光二极管
LN	Logical Node	逻辑节点
LON	Local Operating Network	本地运行网
LTE	Long – Term Evolution	长期演进
LV	Low Voltage	低压
M – Bus	Meter Bus	仪表总线
MC	Maintenance and Construction	维护和构造
MCC	Mobility Control Center	移动控制中心
MENA	Middle East and Northern Africa	中东和北非
MMS	Manufacturing Message Specification	制造报文规范
MP	Micro – Processor	微处理器
MPPT	Maximum Power Point Tracking	最大功率点跟踪
MR	Meter Reading	仪表读取
MRO	Midwest Reliability Organization（USA）	美国中西部可靠性组织
MUC	Multi Utility Controller	多功能控制器
MV	Medium Voltage	中压
NA	Network Applications	网络应用
NCG	North China Grid	中国华北电网
NE	Network Extension	网络扩展
NECG	North – East China Grid	中国东北电网
NEPCC	North – East Power Coordination Council（USA）	美国东北电力协调理事会
NERC	North American Electric Reliability Corporation（USA）	北美电力可靠性公司
NIST	National Institute for Standards and Technology（USA）	美国国家标准和技术研究院

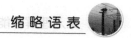

（续）

缩略语	英文全称	中文翻译
NSM	Network and System Management	网络和系统管理
NTP	Network Time Protocol	网络时间协议
NWCG	North – West China Grid	中国西北电网
OBIS	Object Identification System	对象标识系统
OE	Office of Electricity Delivery and Energy Reliability（USA）	美国电力输送和能源可靠性办公室
OHL	Overhead Line	架空线路
OLE	Object Linking and Embedding	对象链接和嵌入
OP	Operational Planning	运行规划
OPC UA	OLE for Process Control, Unified Architecture	过程控制、统一结构的对象链接和嵌入
OPEX	Operational Expenses	运营成本
ORC	Orcanic Rankine Cycle	有机朗肯循环
OSI	Open Systems Interconnection	开放式系统互连
PAP	Priority Action Plan	优先行动计划
PCC	Point of Common Coupling	公共耦合点
PDU	Protocol Data Unit	协议数据单元
PES	Primary Energy Source	一次能源
PKI	Public – Key – Infrastructure	公共密钥体系
PLC	Power Line Communication	电力线通信（载波）
PMU	Phasor Measurement Unit	相量测量单元
PSA	Protection Security Assessment	保护安全评估
PSHPP	Pumped – Storage Hydroelectric Power Plant	抽水蓄能电厂
PWM	Pulse Width Modulation	脉冲宽度调制
RBAC	Role – Based Access Control	基于角色的访问控制
RDF	Resource Description Framework	资源描述框架
RES	Renewable Energy Source	可再生能源
RFC	Request for Comment	注释请求
RFC	Reliability First Corporation（USA）	美国可靠性第一公司
RG	Region	地区
RTD	Research and Technological Development	研究和技术开发
RTU	Remote Terminal Unit	远程终端单元
SAIDI	System Average Interruption Duration Index	系统平均停电持续时间指标
SAIFI	System Average Interruption Frequency Index	系统平均停电频率指标
SAS	Substation Automation System	变电站自动化系统
SAT	Site Acceptance Test	现场验收测试
SCADA	Supervisory Control and Data Acquisition	监控和数据采集
SCD	Substation Configuration Description	变电站配置说明
SCL	Substation Configuration Language	变电站配置语言
SCSM	Specific Communication Service Mapping	特定通信服务映射
SERC	South – East Reliability Corporation（USA）	美国东南部可靠性公司
SET plan	Strategic Energy Technology plan	战略能源技术规划
SFTP	Secure File Transfer Protocol	安全文件传输协议
SGAM	Smart Grid Architecture Model	智能电网结构模型
SG – CG	Smart Grid Coordination Group	智能电网协调小组

（续）

缩略语	英文全称	中文翻译
SGCC	State Grid Corporation of China	中国国家电网公司
SGIP	Smart Grid Interoperability Panel	智能电网互操作组
SGIS	Smart Grid Information Security	智能电网信息安全
SIL	Surge Impedance Load	波阻抗负载
SMB	Standardization Management Board	标准化管理委员会
SML	Smart Message Language	智能消息语言
SMS	Short Message Service	短消息服务
SNMP	Simple Network Management Protocol	简单网络管理协议
SNTP	Simple Network Time Protocol	简单网络时间协议
SOA	Service Oriented Architecture	面向服务的体系结构
SOC	State Of Charge	荷电状态
SOH	State Of Health	健康状态
SPP	Southwest Power Pool (USA)	美国西南电网公司
SS	Substation	变电站
SSA	Steady State Assessment	稳态评估
SSC	Smart Supply Cell	智能供电单元
SSD	System Specification Description	系统规范说明
TC	Technical Committee	技术委员会
TCI	Tele – Communication Interface	通信接口
TCP	Transmission Control Protocol	传输控制协议
UCAiug	Utility Communication Architecture international user group	公用通信体系结构国际用户组
UCMR	Use Case Management Repository	用例管理库
UCTE	Union for the Co – ordination of Transmission of Electricity	电力传输协调联盟
UHV	Ultra High Voltage	特高压
UK	United Kingdom	英国
UML	Unified Modeling Language	统一建模语言
UPS	Unified Power System (of Russia)	俄罗斯统一电力系统
VDE	Verband der Elektrotechnik, Elektronik und Informationstechnik (the German technical – scientific association of Electrical, Electronics and ICT engineers)	德国电气、电子、信息和通信技术工程师技术科学协会
VDEW	Verband der deutschen Elektrizitätswerke (Society of the German Power Plants)	德国电力工业联合会
VPP	Virtual Power Plant	虚拟发电厂
VSC	Voltage Source Converter	电压源换流器
W2E	Web2Energy	
WAM	Wide Area Monitoring	广域监控
WAN	Wide Area Network	广域网
WAP	Wide Area Protection	广域保护
WECC	Western Electricity Coordination Council	美国西部电力协调理事会
WG	Working Group	工作组
XML	Extensible Markup Language	可扩展标记语言

目　录

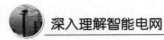

第1章

未来电网的前景和策略

1.1　智能电网的驱动因素

电能的高效输送和分配是全世界可持续发展的根本要求，是经济繁荣的基础。然而，在 21 世纪，这个领域面临着巨大的挑战。

欧盟亟需解决的挑战主要包括以下方面[1]：

- 化石能源和核能等一次能源（PES）日益减少。
- 一次能源价格相应急剧上涨。
- 中欧对一次能源的进口依赖度高达 70%。
- 温室气体的排放对气候环境的影响日益加大。

图 1.1 中显示了：在最乐观的情况下，估算出的地球上存储的核能和化石能源等一次能源的剩余可生产年数。这些数据基于对当前地质生产站点的掌握，也基于对当今世界所需电能的了解。从图中可以看出：虽然是两种不同的数据来源，但在现有的开采地，能源的可开发储量十分接近。图中的主要不同是已知储量和预期增量之间的差异，其中预期增量是可以通过非传统技术开采的（例如，天然气开采时，采用岩石水压制裂技术）。

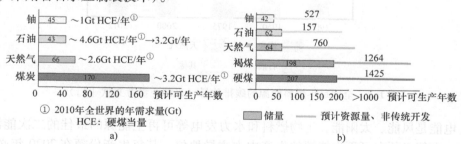

图 1.1　一次能源的预期储量及全球年需求量（来源：图 a 来自
参考文献 [2]，图 b 来自参考文献 [3]）

然而，数据所引用的两篇参考文献都强调了核能和化石能源等一次能源的储备是有限的。预计到 2050 年，对一次能源的需求将会显著提高（尤其是在那些经济快速增长的亚洲和南美洲国家中）；相应地，可用的传统能源会更加短缺。显然，化石燃料和铀都是不可再生能源，其储备正在迅速减少。

更为严重的是，根据图1.2所显示的碳排放量，化石燃料的生产和使用加重了人们对环境问题的担忧。所以，开发可再生能源的全球性行为是满足未来日益增长的能源需求的最佳途径。

因此，欧盟为2020年设立了一个宏伟的奋斗目标：

● 通过提高能源使用效率来降低20%的能源消耗。

● 减少20%的二氧化碳（CO_2）排放量。

● 确保20%的一次能源都来自可再生能源（RES）。

目前，在欧盟约有40%的一次能源用于电力生产（其他60%的一次能源用于交通、取暖等）。

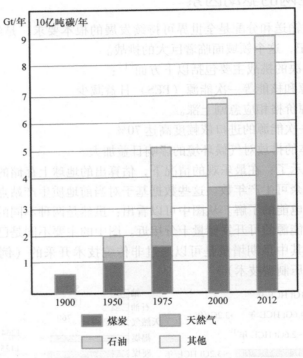

图1.2 全球每年燃料能源的碳排放量（来源：参考文献［4］）

电能是风能、太阳能、生物燃料和水力发电等可再生能源的最佳的二次能源。因此，电能必须在可再生能源的生产中占主导地位，其年生产份额在2020年必须超过总生产量的30%。为了支持2020年的共同战略，所有欧盟成员国都已制定了各自的奋斗目标。

在2006年，欧盟委员会（European Commission）发布"战略能源技术规划"（SET plan）[5]，该规划重点说明了各类可再生能源和热电联产（CHP）的潜力，因为热电联产也有利于提高能源使用效率。表1.1总结了"战略能源技术规划"

中的数据。这一规划也包括来自于北非太阳能热电站的输入电能，其中，北非太阳能热电站与沙漠发电愿景（Desertec Vision）[6]一致。到2020年，可再生能源和热电联产的装机容量将超过目前欧洲大陆互联输电系统［电力传输协调联盟（UCTE）的前身］的装机容量。在确定各类能源（E）和装机容量（P）的比例时，考虑了可再生能源发电对天气的依赖程度，其中光伏发电（PV）对天气的依赖性最高，生物质能发电和热电联产对天气的依赖性最低。

表 1.1　欧洲可再生能源和热电联产的发展潜力[5]

战略能源技术规划	2020 年		2030 年	
发电厂类型	能源（%）①	装机容量/GW②	能源（%）	装机容量/GW
风电	11	180	18	300
光伏	3	125	14	665
集中式太阳热能	1.6③	1.8	5.5③	4.6
水电（大型发电厂）	8.7	108	8.3	112
水电（小型发电厂）	1.6	18	1.6	19
波浪能	0.8	10	1.1	16
生物燃料	4.7	30	5.3	190
热电联产	18	185	21	235
总计	59.4	657.8	75.8	1542

① 相关的年度消耗。

② 装机容量。

③ 部分从北非输入。

　　欧洲电网要想实现现代化，首先要将更多的可持续发展的发电能源纳入发电系统，尤其是要纳入不稳定的可再生能源；其次要基于日益增长的电力需求和建立整个欧洲的电力市场。这些方面都面临着巨大的挑战，进而更加突显了在这一领域进行革新的必要性。

　　在2005～2008年间，一群欧洲专家在"智能电网"这一技术平台框架[7]上，构建了未来电力网络的蓝图，并作为该蓝图的结果，颁布了三个基础性文件（见图1.3）。

　　在战略性布置文件[8]中，对智能电网有如下定义：

　　智能电网是一个电力传输网络，其可智能整合所有连接到该电网的用户的所有行为，以能有效提供持续、经济和安全的电能。这些用户包括发电机、电能消费者和既发电又用电的用户。

　　智能电网采用创新的产品和服务，并结合智能监测、控制、通信和自我修复技术，以实现以下目标：

● 使电网有整合用户新需求的能力。

● 进一步优化各种容量和各种技术的发电机的接入和运行。

共同愿景
2006年4月

战略性研究日程
2007年2月

战略性布置文件
2008年10月

图 1.3　欧洲咨询理事会的智能电网的基础性文档

- 提高电网运行效率。
- 允许电能消费者参与系统运行的优化过程。
- 为电能消费者提供更丰富的信息和更多元化的选择，以确保对其供电。
- 改善市场功能和为电能消费者提供的服务。
- 大幅降低电力供应系统对环境的不良影响。
- 提高供电可靠性、供电质量和供电安全性。

　　因此，智能电网支持引进具有深远影响的新的应用：其能安全可控地整合更多的可再生能源，尤其是不稳定能源（其依赖天气情况），以及类似电动汽车和热泵这样的新型电力用户；其通过先进的自动化控制及监测功能，在故障后可自动修复，从而以更低成本提供更安全、更可靠的电能；最后，其通过动态电价需求侧响应，使电能消费者能够更好地了解自身的用电需求，并积极地参与电力市场。

　　未来电网的这一前景将会导致产生新产品、新流程和新服务，从而会提高工业效率，普及清洁能源，同时也使欧洲在全球电力市场中具备竞争优势。与此同时，还确保了电网基础设施的安全，从而有助于改善普通公民的日常生活。使欧洲成为世界上最大的知识经济体是欧洲的战略计划，上述的一切使得智能电网成为支持欧洲战略的里程碑。

1.2　未来欧洲智能电网的核心要素

　　未来的电力供应将由中央电站和分布式能源（DER）共同承担。中央电站和分布式能源可能都包括可再生能源，其中有些能源的输出形式是不稳定的或间歇性的（例如，风电场，其可能是分布式能源，也可能以自建中央电站的形式出现）。与传统的发电方式相比，分布式能源的发电量要小得多，但是通过大规模的调度可以弥补这一缺陷。此外，使发电电源靠近用户将大大减少因远距离输电造成的电能损失。图1.4是未来电力供应示意图[7]。

图1.4　未来电力供应示意图[7]

1—大型水电厂　2—陆上风电场　3—小型水电厂　4—集中式太阳热能发电厂
5—生物质能发电厂　6—海上风电场　7—低排放化石能源发电厂　8—高压直流输电　9—控制中心
10—微电网　11—波浪能发电厂　12—光伏发电厂　13—地下电能输送　14—太阳能加热　15—加氢站
16—小型蓄电池　17—热量存储　18—电能存储　19—热电联产系统　20—燃料电池

最终，智能电网将不断优化更新现有技术，使之与新的解决方案相结合。未来电网将建立在现有电网的基础上，但也兼容新的系统概念，如"广域信息监测和保护""微电网"和"虚拟发电厂"等。集中式发电仍将发挥重要的作用，但会有更多的参与者参与到系统的发电、输电、配电和运行中，其中也包括终端电能消费者。

基于上述考虑，未来欧洲智能电网的核心要素[7]定义如下：

1）建立一套**成熟的技术解决方案**，使电力调度迅速而又高效，在没有违反关键运行限制（例如，电压调整、改变设备容量和电力潮流）的前提下，使现有电网可承受来自分布式能源的注入功率。

2）建立**接口功能**，使现有的传统电网能够顺利应用新式的电网设备和新的自动化/控制布局。

3）在欧洲，确保**监管和商业框架之间的协调一致**，以促进电能和电网服务等跨境交易（例如，备用容量，北欧水力发电），保证其可以适应各种不同的运行环境。

4）建立共同的技术标准和协议，以确保**开放式访问**，使得来自任意所选厂家的设备的部署不受私有规范的约束。此条款适用于电网设备、计量系统和控制自动化体系结构。

5）开发信息、计算和通信系统，使企业通过安排创新服务来提高工作效率，为其顾客提供更好的服务。

第一核心要素（即"工具箱"）的创建，只有在与其他四个核心要素有机结合的情况下，才能够实现。工具箱提供的创新性的解决方案的总体结构，就是智能电网最重要的概念。

在电力系统的发展中，可以观察到有如下两大趋势：

1. 更多的输电

自由能源交易活动导致自由市场的输电需求加大，在有些国家中，不稳定的风力发电的无限馈入使电力系统承受更大的压力，输电网频繁处于拥堵状态。现有的输电线路需要比过去承载更高的负荷。

2. 主动配电

在配电层，发电份额日益增长。配电网将会变得更为主动，并且必须适应双向潮流。这些会在某种程度上导致输电网的利用率降低。然而，在电力系统的各个层次中，这两个趋势都将造成极不稳定的潮流。

工具箱必须提供一种兼具经济性和灵活性的措施，以应对相关挑战。因此，必须建立如图 1.5 和图 1.6 所示的两种不同的工具箱：一种用于输电，另一种用于配电。

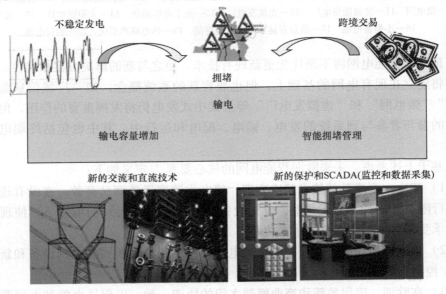

图 1.5　输电网的智能电网挑战、工具箱和解决方案

在输电层，要求使用更先进的技术来提高电网输电容量，确保在拥堵的情况下也可灵活智能地进行运行管理。观测到的通过电网的负荷潮流不满足 $N-1$ 准则（见下文），这种情况称为拥堵。

在配电层将发生巨大的变化。分布式能源发电的大幅增长会显著影响电网负荷

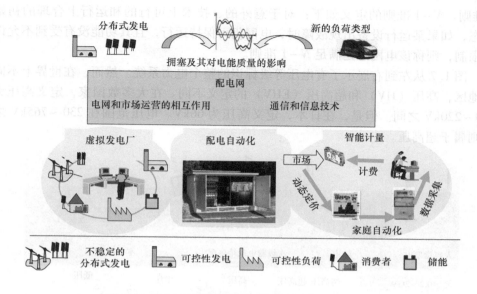

图1.6　配电网的智能电网挑战、工具箱和解决方案

和电能质量参数。根据智能电网的定义，电网运行互联和市场行为将成为配电网优化增强必不可少的一部分。因此，通信基础设施必须穿越并覆盖所有电网，直至低压电能消费者，才可能实现这种互联。高级信息和通信技术（ICT）将成为以下几点的关键所在：

- 通过高级配电自动化，提高供电质量。
- 能源协调管理要覆盖虚拟发电厂（VPP）框架下能源生产、存储和需求。
- 向电能消费者提供新式计量服务，包括激励方式，以实现高效用电：

—通过动态电价；

—通过实时通信将信息传递给终端电能消费者；

—可视化当前电价、用户电力需求和相关费用。

另外两方面——虚拟发电厂和智能计量——对以下方面适应性的形成至关重要：

- 电力需求与可用低成本能源相适应。
- 电力潮流与可用电网容量相适应。

这些方面都是与电力市场相关的，但也可以优化电网运行。在智能电网背景下，电力市场和电网运行将会互相影响。在大规模的不稳定的电力生产环境下，用智能化的方式，协调电网运行和市场运作，将成为必然的选择。

这些解决方案的主要目标是将不稳定的可再生能源整合到电网运行中，并且不会降低电压质量和可靠性（$N-1$准则）以及影响供电安全。

在未来电网运行条件不断改变的情况下，现行技术也要符合图1.7所示的$N-$

1 准则。$N-1$ 准则的定义如下：对于意外的、技术上可行的和运行上合理的初始状态，如果某运行设备出现故障时，电网仍可保持运行，且其功能没有受到不允许的限制，则称该电网总是满足 $N-1$ 准则。

图 1.7 从左到右展示了有电压等级标识的整个电力系统。然而，在世界上不同的地区，高压（HV）和超高压（EHV）的定义不同。在大多数国家，定义高压为 $100\sim220\text{kV}$ 之间。但是，在日本，定义高压为 66kV。电压范围在 $230\sim765\text{kV}$ 之间则属于超高压。

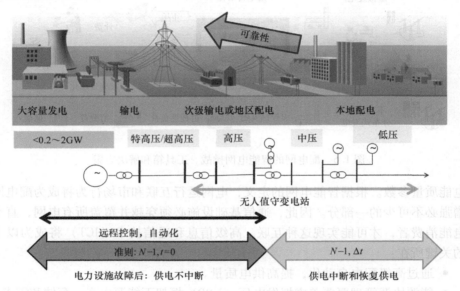

图 1.7　电力系统及运行条件

另一方面，在欧洲大陆，输电系统的额定电压都是 220kV 和 400kV（或者 380kV），都被定义为超高压。所以，欧洲大陆定义超高压的起始电压是 220kV，该值低于某些国家正在使用的门槛值，例如美国。定义特高压（UHV）等级为 $\pm800\text{kV}$ 直流电压和 $1000\sim1200\text{kV}$ 交流电压。本书使用的电压等级根据表 1.2 而定。

表 1.2　采用的电压等级规范

特高压（UHV）	超高压（EHV）	高压（HV）	中压（MV）	低压（LV）
>800kV	≥220kV，<800kV	>65kV，<220kV	≥1kV，<65kV	≥0.1kV，<1kV

如图 1.7 所示，对电力潮流的描述如下：

- 大容量发电厂的电能输入输电网，其中通常运行处于：
—例如超高压：
在欧洲大陆，定义为 220kV、400kV（380kV）（其中在英国为 275kV）。

在俄罗斯统一电力系统（UPS）/整合电力系统（IPS）中，定义为 220kV、330kV、500kV 和 750kV。

在美国，定义为 230kV、345kV、500kV 和 765kV。

一直流 ±800kV 和交流 1000~1200kV 特高压是新技术，该技术已经存在，并准备用于全球市场。

- 输电网将电能输送到本地配电网或高压运行的次级输电网（高压指 66~110~150kV）。大型的工业电网可直接连接到输电网。欧洲大陆使用额定电压为 110kV 的高压电网。

- 高压变电站执行下述三项任务：

一为了有利于本地配电，将高压变换为中压（MV：6kV、10kV、20kV、30kV、35kV）。

一输入工业电网。

一连接 20~200MW 区域发电厂。

- 中压电网执行类似的任务，但其发电容量相对较小，其发电容量从 10kW 到 10~20MW。

- 中压/低压变压器的终端直接连接低压电网，额定低压的全球标准是 400V，但是仍有少数地区使用 200V 作为额定低压。低压电网为农村和城市地区的住户、小型企业、行政机关、贸易机构和其他商业建筑供电。此外，低压电网必须连接小型电能生产者。通常，这些电能生产者也是电能消费者，在这个意义上，引入"生产消费者"这一新术语。

如图 1.7 所示，当电力系统电压等级提高时，电网可靠性也必须随之提升。

高压、超高压和特高压电网已经完全实现远程控制和监测，其保护方案包含主保护和后备保护。

在特高压、超高压和高压变电站中，必须确保满足 $N-1$ 准则。这意味着，电力系统的任意一部件因故障断开后，无论这一部件是发电厂的发电机、线路、变压器还是母线，电网都必须无延迟安全运行。

设计中压和低压本地配电网，使其也确保无延迟满足 $N-1$ 准则。定位和切除故障电网部件需要中断一定时间（约 1h）的供电。完成这些操作后，必须不受限制地恢复电网供电。

最后，如果电网运营商、电网用户和电力市场的其他利益相关者都可以积极地在这种可以实现经济利益相关者共赢的方式上追加投资，那么所有上述有关智能电网的方法都可以顺利开展并得到应用。因此，为了使智能电网在经济上是可行的，需要对现有的法律、法规和商业框架进行一次重大的模式转换。此外，将系统部件之间的接口标准化将会发挥重要的作用。

除电力和电网自动化技术外，本书还会详细考虑智能电网相关的各个方面。

1.3　欧洲能源政策的重大变革及其对智能电网的影响

欧盟委员会是未来智能电网和上述相关概念的发起者。欧盟的一些成员国根据其自身能源政策的巨大变化，确立了宏伟的目标。然而，这些变化影响了电力系统的运行和电网的各个层面。智能电网的建设将伴随着技术和立法方面的挑战，这些挑战是欧洲互联电力系统中肯定会遇到的。

在西欧和中欧，输电系统运营商已经建立了欧洲输电系统电力网（ENTSO-E），其中包括直流互联的 5 个同步输电系统。

- 欧洲大陆输电网［欧洲大陆地区 RG CE，前电力传输协调联盟（UCTE）］。
- 英国输电网（RG UK）。
- 斯堪的纳维亚输电网（RG Nordic）。
- 波罗的海输电网［RG Baltic，与俄罗斯统一电力系统/集成电力系统（UPS/IPS）同步］。
- 爱尔兰输电网（RG Ireland）。

作为欧盟的输电系统运营商的主体，欧洲输电系统电力网的任务是改革能源政策的重要方面，应对巨大的挑战。这些挑战如下：

- 安全性——追求电力输电网的协调性、可靠性和安全运行。
- 供电裕度——促进欧洲互联电网的发展，促进投资，以获得可持续发展的电力系统。
- 市场——通过提出和实施规范的市场整合和透明式框架，为市场提供平台，该框架可促进欧洲大陆范围内的批发和零售市场的竞争，促进其真正整合。
- 可持续性——促进新能源的安全整合，尤其是可再生能源不断增长的发电量的安全整合，从而实现欧盟温室气体的减排目标。

欧洲大陆输电网是世界上最大的同步互联输电系统，可服务 4 亿 5000 万人，年用电量为 2500TWh。其电厂装机容量约为 630GW，架空输电线路（400/220kV）长达 23 万 km。

扩展该输电网是因为：1994 年德国东部和部分东欧国家的中央输电网互联；2004 年巴尔干半岛的再次互联。该输电网也和马格里布地区（北非）的国家的电力系统同步互联。2010 年后，该输电网进一步与土耳其电力系统同步互联。最大的同步互联的输电系统是俄罗斯统一电力系统/集成电力系统，其与欧洲输电系统电力网相邻。

俄罗斯统一电力系统/集成电力系统现在仍然不能与欧洲输电系统电力网互联［除了其与北欧电力联盟（Nordel）有一个较弱的高压直流联系外］。有较多 750kV 交流线路的终端位于波兰、匈牙利以及保加利亚，但这些线路并不用于同步互联。只有一条从乌克兰西部（Zapadno Ukrainskaja）通往匈牙利（Albertirsa）的 750kV 线路在运行。一些乌克兰电站与俄罗斯统一电力系统/集成电力系统同步断开，因此这条线路用于从匈牙利向乌克兰的"伯斯汀（Burstyn）岛"供电。

图 1.8 给出了欧洲电力系统之间的关系，其中各区域圆的大小与系统的装机容量有关。

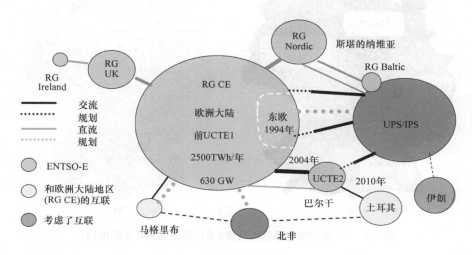

图 1.8　欧洲电力系统及其互联

从马格里布（Maghreb）地区的国家到土耳其的输电网，是北非（NA）电网环网的合环处，已经规划多年。然而，直到现在，动态稳定性问题仍在阻碍中欧电力系统互联。

德国电力系统构成了欧洲大陆地区的电力系统的最大一部分，其嵌在互联的输电网的中央。其互联到所有邻近的电力系统的线路都在运行。此外，德国的供电可靠性是全球最高的。

德国政府提出了最宏伟的目标，即"能源革命"，以对其能源政策进行根本性的变革。在此背景下，选用德国为范例，来展示智能电网思想的特别的结果，以及新条件下保证高水平电能质量的适当的技术解决方案。

德国的输电系统由四个输电系统运营商（TSO）运营，这四个运营商分别负责四个控制区域，如图 1.9 所示。底层电网的电压等级分别为 110kV、30kV、20kV、10kV 和 0.4kV。大约有 850 个电网运营商活跃在这一区域（见图 1.9b）。

德国电力系统在全球电力系统的特殊作用通过以下三个具体方面体现：

第一，德国为综合能源的发展设定了最具挑战性的目标。其可再生能源的年度电力消费份额的发展计划如下所示[9,10]：

- 2011 年 19%——含 10% 的不稳定可再生能源（风能、太阳能）。
- 2020 年 35%——含 22% 的不稳定可再生能源。
- 2030 年 50%——含 35% 的不稳定可再生能源。
- 2050 年 80%——含 50% 的不稳定可再生能源。

深入理解智能电网

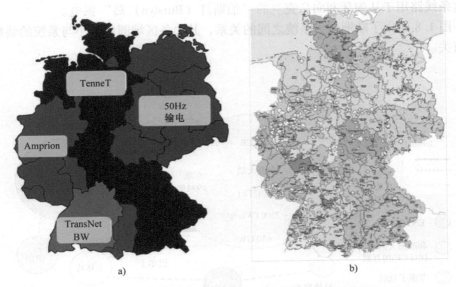

图1.9 a）德国输电系统运营商；b）德国的850个配电网

图1.10 给出了德国2010年电力生产的一次能源份额和2030年期望的一次能源份额2B[9]。

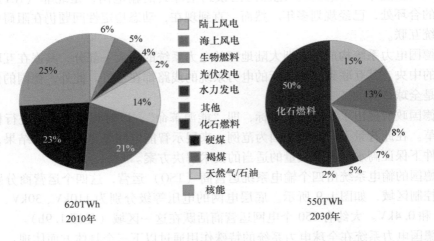

图1.10 德国2010年的能源份额和2030年的发展目标[9]

第二，德国已经计划在2022年前关闭所有核电站。在2010年，核电满足了约25%的电能消耗。核电站分布在德国各处，并靠近负荷中心。因关闭所有核电站，电力生产和负荷中心将产生严重的分离，这种分离会要求：大力增强输电网，增加配电网的区域性发电。

第三，可以预见，由于能源使用效率的提升，年用电需求量将显著减少。然而，与此同时，可以预见与新型用户间的联系会急剧增强，这些新型用户包括电动汽车（计划在2030年达到600万辆）、热泵和其他设备。

这种发展战略面临的主要挑战在于：大部分的新能源电力生产是不稳定的，且负荷中心主要集中在德国的中部和南部，而主要的风力发电却在北部。

在2010年，德国的负荷和发电站的分布基本上是一致的。一般来说，大型发电厂都位于负荷中心附近。位于德国南部的核电站可满足峰值负荷（80GW）的10%左右。当这些核电站关停时，各地区的发电和负荷之比将会显著改变。图1.11显示了与2010年相比，2022年后的发电和负荷之比的变化。

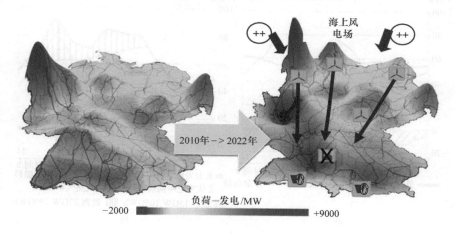

图1.11　德国负荷和发电量的比例变化（来源：Amprion）

对负荷和发电的地区性的日益不平衡，有如下两种解决方案：

1）增强从北到南的大功率输电网。

2）进一步发展与配电网相连的分布式发电。

通过这些方式，在输、配电网演变成智能电网的过程中，设立了宏伟目标的德国必须发挥重要的推动作用。

此外，必须解决新能源的不稳定问题。混合能源的规划是一个解决方法，必须得到重视。可以分析未来某年（这里指2030年）发电和负荷曲线。混合能源的规划如图1.10所示。该分析基于以下假设，即2030年之前，电网年用电量的44.8%为工业需求，24%为商业/贸易/服务需求，23.4%为居民需求，7.8%为交通需求（包括电动汽车和氢燃料电池车的氢能生产）。每类负荷有其特定的曲线，且其周负荷曲线、工作日负荷曲线和季度负荷曲线各不相同。每年每秒钟的发电量必须满足各种负荷的总和。

负荷组典型的15min曲线和可再生能源的发电类别（基于Fraunhofer协会对卡塞尔（Kassel）风能系统多年的长期分析）都适用于德国设定的2030年目标[11]，

该目标设定的依据为参考文献［9］（详见7.2节）。

总负荷由可再生能源的可能的发电量满足，发电量是由一年内的每个15min发电量组成。在这种方式下，负荷和可再生能源发电量的比被定义为35040个15min值，其值与2030年混合能源计划一致。图1.12给出了每年负荷-可再生能源发电量的两个极端日子，一天对应于可再生能源的最大发电量，另一天对应可再生能源的最小发电量。图1.12a是可再生能源发电量最大时：可再生能源可满足多达90%的日负荷需求。此外，经历9h的负荷低谷期后，会盈余多达15GW功率和105GWh电量。

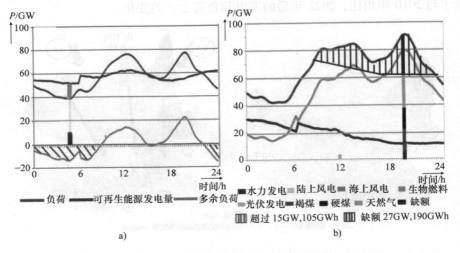

图1.12　在极端天气条件下，可再生能源发电量的 a）最大值与 b）最小值[11]

图1.12b是可再生能源发电量最小时：可再生能源最多只能满足16%的负荷需求。这意味着，在负荷高峰期间，传统能源必须提供高达77GW的发电功率，此时化石能源的最大可用发电功率限制在50GW之内[10]（65GW发电装机容量减少了15GW，这已经考虑到了网损、备用容量和维护所需的切断容量）。因此，14h内会有27GW的峰值功率赤字和190GWh的电量缺乏。为了解决这一问题，必须安装更多的化石能源发电厂，或者使用其他能源，例如储能装置，以自适应地减少电能的需求和/或输入。

智能电网战略包括电力系统所连接的用户之间的智能协调，从这个角度来说，负荷和发电可以实现平衡，在极端情境下可由化石能源限量发电。德国宏伟的能源开发政策要求必须优先发展智能电网。因此，必须研发出大量的新技术解决方案，以应对相关挑战。

参 考 文 献

1. Green Paper "Towards a European strategy for security of energy supply" European Communities 2001
2. https://de.wikipedia.org/wiki/Fossile_Energie#Vorr.C3.A4tehttps://www.leifiphysik.de/themenbereiche/energieentwertung/ausblick#Reichweite (June 2013)
3. www.leifiphysik.de/themenbereiche/energieentwertung/ausblick#Reichweite (June 2013)
4. https://en.wikipedia.org/wiki/File:Global_Carbon_Emissions.svg (June 2013)
5. A European Strategic Energy Technology Plan. Technology Map. Commission of the European Communities. SEC(2007)1510, Brussels 22.11.2007 http://ec.europa.eu/energy/technology/set_plan/set_plan_en.htm (February 2013)
6. White Paper: Clean Power from Deserts—The DESERTEC concept for Energy, Water and Climate security. Trans-Mediterranean Renewable Energy Cooperation, Hamburg, March 2008 (www.desertec.org)
7. http://www.smartgrids.eu/documents/vision.pdf (February 2013)
8. http://www.smartgrids.eu/documents/SmartGrids_SDD_FINAL_APRIL2010.pdf (February 2013)
9. Bundesministerium für Wirtschaft und Technologie. Studie 12/10. Energieszenarien für ein Energiekonzept der Bundesregierung
10. Bundesministerium für Umwelt, Naturschutz und Reaktorsicherheit: Langfristszenarien und Strategien für den Ausbau erneuerbarer Energien in Deutschland. Leitszenario 2009. http://www.erneuerbare-energien.de/unser-service/mediathek/downloads/detailansicht/artikel/leitszenario-2009-langfristszenarien-und-strategien-fuer-den-ausbau-erneuerbarer-energien-in-deutschland-unter-beruecksichtigung-der-europaeischen-u/ (January 2014)
11. European Project Web2Energy. Deliverable 6.1. Benefit report. December 2012. www.web2energy.com (February 2013)

第 2 章

智能发电：资源和潜力

2.1　发电的新趋势和新要求

　　发电是电能生产的过程，发电需要使用一次能源（PES）。一次能源被定义为一种能量形式，其存在于自然界中，并可被使用，但尚未被用于任何的转化或转变过程。

　　2012 年全世界年发电量约为 20250TWh[1]，预计到 2020 年全世界年发电量将增加到 25500TWh[2]。

　　最传统最常用的发电方式是火力发电，其利用汽轮机中蒸汽的膨胀来驱动发电机发电。热能主要由化石燃料的燃烧或核裂变产生。

　　如今，可再生能源（RES），例如地热能和集中式太阳热能（CSP），也都被用于通过热能来发电。

　　此外，通过使用风、潮汐和水流的动能，直接将机械旋转转化为电能，从而使可再生能源发电日益增长。而且，在光伏（PV）电站和燃料电池中，化学过程被用于发电。图 2.1 展示了不同的发电方式。

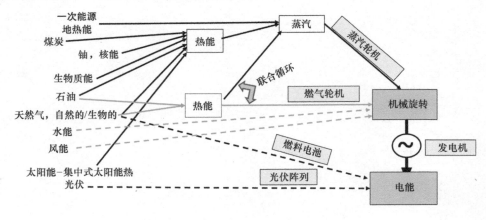

图 2.1　发电方式

截至 2010 年，全球用于发电的各种一次能源的份额如下[2]：

- 化石一次能源份额为 67%（其中，煤炭份额为 35.5%、天然气份额为 24.5%，石油份额为 7%）。
- 可再生能源份额为 19%（其中，水电份额为 16%、生物质能份额约为 1.2%，风能份额约为 1.1%、太阳能份额约为 0.4% 和地热能份额约为 0.3%）。
- 核能份额为 14%。

大量燃烧的化石燃料释放至大气中的二氧化碳的量如此之大，以至于植物和树木也无法再次吸收。

大气中的二氧化碳过多，其影响是整个地球的温度升高，即全球变暖。全球变暖的后果是极端天气灾害出现的风险变大（极端天气灾害是指洪水、飓风、热浪和干旱）。

全球共同体的目标是，通过提高能源的使用效率，以减少二氧化碳的排放量。这一目标得到了许多政府部门的支持（参见 1.2 节）。二氧化碳排放量和发电效率的数据见表 2.1。

表 2.1 表明可再生能源有减少全球温室气体排放量的巨大潜力。

可以通过下述三种方式将发电效率提高 60% 以上：

- 改进技术。
- 联合循环（CC）：利用燃气轮机燃烧后的气体流动和为生产蒸汽产生的热量。
- 热电联产（CHP）。

表 2.1 化石一次能源和可再生能源的 CO_2 排放量和效率

一次能源	CO_2 当量/（kg/MWh）	发电效率（%）
褐煤①	980 ~ 1200	35 ~ 40
无烟煤①	890 ~ 950	37 – 43
天然气①	400 ~ 550	37 ~ 60
光伏②	约 30③	12 ~ 20
风能②	约 20③	约 44
生物燃料②	约 0.2	37 ~ 60

① 来源：参考文献 [3]。
② 来源：参考文献 [4]。
③ 考虑到制造业的排放。

许多文献正调研可再生能源的潜力和效率。表 2.2 给出了沙漠（Desertec）愿景[5]的数据。

沙漠愿景由沙漠基金会发布，该基金会是一个由罗马俱乐部支持的、由地中海地区以及欧洲人建立的组织。该基金会已制定出利用可再生能源的大型发电厂项目的标准，并正促使投资者参与这些项目。沙漠行动的主要驱动因素是，全世界目前

的耗电量可以被 $300 \times 300 \text{km}^2$ 的沙漠地区的集中式太阳热能发电厂所满足。在这方面，由图 2.2 可知，沙漠基金会开发出"可再生能源定位图"。

表 2.2 可再生能源的潜力和效率[3]

可再生能源的类型	生物燃料	地热能	风能	水能	太阳能
首选	绿色	红色	白色	蓝色	黄色
在欧洲、中东和北非（MENA）的配置	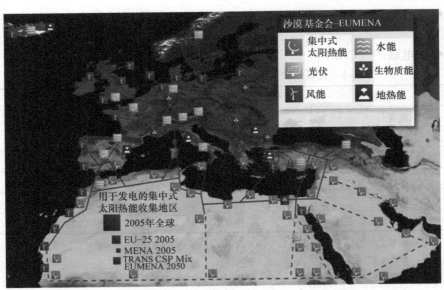				
经济潜力 /（TWh/年）	890	750	1700	1090	50000
能源效率 /[GWh/（km²·年）]	1	1	50	50	250

图 2.2 满足全球和地区性的电力需求的可再生能源网
——沙漠地图（来源：沙漠基金会[6]）

在图 2.2 中，为满足全世界、欧洲、中东和北非（MENA）的耗电量所需的土地被标识为红色方块。全球耗电量所需的面积只占我们星球上全部沙漠地区面积的 0.23%。

实现这一愿景将会对欧洲、中东和北非（MENA）的繁荣产生巨大的影响。例如，富余的可再生能源可以用于海水淡化项目，从而解决北非淡水问题。

在这一意义上，该基金会当前的主要目标是，将各自地区的人们相互联系起来，并且开始密集的对话。开展此对话的目的是，将投资者和公司的合法利益与区域合理发展的重要需求相互结合起来。沙漠的概念是一种有远见的目标。然而，这一愿景清楚地表明，在未来，在不燃烧化石燃料的情况下，应该如何满足世界人口的能源需求。

世界上大多数国家正在努力增加对可再生能源的贡献，从而确保可持续供电，并且防止进一步的全球气候变暖（见第 1 章和第 9 章）。

2.2　不稳定的可再生能源：风能和太阳能

2.2.1　风电场

一般来说，风电场因其构造、发电机类型、电网互连类型、控制系统的类型以及运行类型等方面的不同而有不同的概念。目前，大多数风力机的结构是由有 120°偏移的三个叶片组成。

近年来风电场（风力机）的技术得到了巨大的飞跃，如图 2.3 所示。

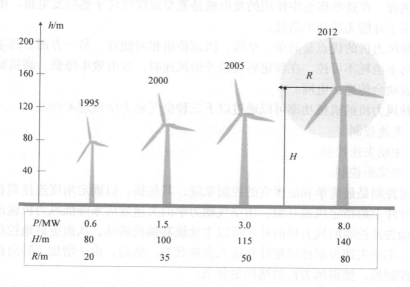

P/MW	0.6	1.5	3.0	8.0
H/m	80	100	115	140
R/m	20	35	50	80

图 2.3　风电场的规模和额定容量的发展[7,8]

到 2013 年，先进的风电场的额定容量可达 8GW，塔架可高达 140m，风轮直径可达 162m[8]，并且技术仍在不断发展。

额定功率 6.5MW 的现代风力机如图 2.4 所示，其中显示了 60m 长的风轮叶片的运输、风轮连接室和整个工厂的视图。工厂的建筑高度超过 200m。

图 2.4　一座 6.5MW 风电场的建造，其中风轮长 60m［来源：再生 – 克劳福德哈尔茨有限公司（Regenerativ – Kraftwerk Harz GmbH）和 Co. KG[9]］

第一代现代风力机发电时，以独立于风速的恒定角速度运行，且其发电机与电网直接耦合。在这些概念中使用的发电机是笼型或绕线转子感应发电机。附加的电容器组用于补偿无功功率消耗。

这种风力机的优点是简单、坚固，因而价格相对便宜。另一方面，其主要缺点是无功功率消耗不可控，在额定转速以外的风速时，发电效率降低，高机械应力以及风速波动会传递给电网。

这种风力机的机械功率可以通过以下三种空气动力学原理来控制：

1）失速控制。

2）主动失速控制。

3）变桨距控制。

失速控制是最简单和最便宜的控制系统，其包括：以固定角度连接到轮毂的叶片，从叶片上的指定风速开始，用空气动力学的失速效应来降低风力机输出功率。

主动失速控制的风力机的叶片可以主动绕其轴线转动，从而更好地控制风轮的角速度。主动失速控制使风轮叶片进入失速状态。然而，由于增加了转向机构和主动失速控制器，使得风力机的结构更复杂。

如今，两种控制原理都被更有效的变桨距控制所代替。变桨距控制允许变化桨距，从而使其进入失速和顺桨状态。

只有少数厂商仍在制造风电场所用的感应发电机，而变桨距控制是居支配地位的电力控制原则。

变桨控制也适用于变速风力机，而变速风力机在已安装单元中是居支配地位的机型。设计先进的风力机时，要考虑其变速运行。

变速风力机通过改变其风轮叶片的角度（沿其纵向轴线）从而调节其输出功率。共有两种运行模式。低于风力机的额定功率时，进入顺桨状态，并最大限度提高发电能力。如果达到额定功率，则控制器通过变桨距失速来避免超出限定的速度。图 2.5 说明了此原理。

变频器使风轮的转速与电网频率解耦支持了这一原理。此基本原理应用于以下两种风电场中（见图 2.6）：

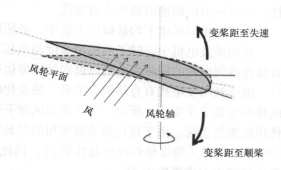

图 2.5 变桨距控制的机械功率控制原理

- 双馈感应发电机（DFIG）。
- 具有变频的直接驱动式同步发电机（SG）。

对于这两种类型的发电机，变桨距控制是最有效的控制方法。变桨距控制也通常适用于所有风电场。

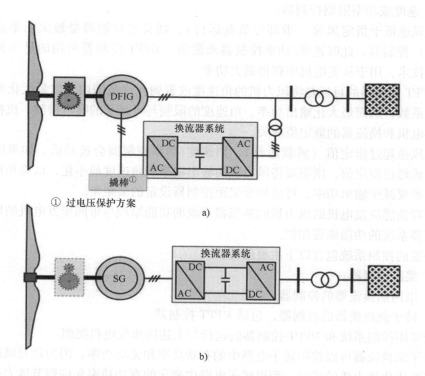

图 2.6 风电场的高级变速原理。a) 双馈感应发电机，b) 变频同步发电机

换流器及其控制系统在风电场运行中起着重要作用。由于风速具有不稳定特性，导致风力机的输出功率不断变化。

为了在不同风速下均获得最大效率，必须调整风轮的角速度。

在同步发电机中，转子的机械速度与电压频率之间存在直接耦合关系。因此，直接连接到电网的同步发电机以恒定的速度运行。风轮的角速度跟踪连续的风速波动，由于其与发电机有直接耦合关系，使变化的角速度被传输给发电机，从而电压的频率也发生了变化。所以，为了使变风速下运行的同步发电机连接到电网，必须使用换流器系统。由于现代换流器使用的是具有导通和关断功能的功率半导体开关［例如，IGBT（绝缘栅双极型晶体管）］，因此脉宽调制（PWM）技术在这种换流器的控制中有重要作用[10]。

设计带有同步发电机的风力机的换流器系统时，必须基于发电机的最低额定功率设计。由于发电机和电网间的完全去耦合关系，各自的风力机的运行变得更加灵活，而且可以更好地控制在共同耦合点处的电气参数（例如，电压和频率）。

除了负责控制换流器系统的控制器之外，在直接连接到同步发电机的风力机中，还有两个控制器：

- 最大功率点跟踪（MPPT）控制器。
- 速度或功率限制控制器。

若风速低于指定风速（带部分负荷运行），则其主控制器是最大功率点跟踪（MPPT）控制器，此时速度/功率控制器未激活。MPPT控制器所用的是一种并网逆变器技术，用于从发电机中获得最大功率。

MPPT控制器的目标是将风力机的角速度改善到允许范围内，以最大化风力机的功率系数，从而最大化输出功率。角速度的限制与可接受的噪声排放、机械负荷以及发电机和换流器的额定值有关。

若风速超过指定值（满载运行），则速度/功率控制器会被激活。如果风速太大，远远超过额定值，则需要将风力机的输出功率和角速度最小化，以避免损坏风力机。若要减少输出功率，可增加变桨距控制器设定的桨距角。

带双馈感应发电机的风力机的换流器系统的功能原理与带同步发电机的风力机的换流器系统的功能原理相似。

必要的控制系统包含以下主要部件：

- 桨距控制器。
- 电网侧换流器的控制器。
- 转子侧换流器的控制器，包括MPPT控制器。

变桨距控制系统和MPPT控制器的运行与上述同步发电机类似。

转子侧换流器可以控制转子电路中的有功功率和无功功率。因为针对风速的变化，需要优化风力机的运行，所以转子电路中变化的有功功率允许调节风力机的角速度，并获得最优运行状态。通过改变无功功率，发电机可以在转子侧磁化，从而定子对无功功率的需求也相应变小，甚至为零。

电网侧换流器的作用是控制直流电路的电压和与电网之间的无功功率交换。

这两种控制器都是在传统比例积分控制器的基础上实现的。

对复杂控制系统的分析，凸显了风力发电技术发展以来所取得的巨大进展，其技术总结在表 2.3 中。

表 2.3　风电场的技术发展情况——2013 年的情况

发电机的类型	额定功率/MW	有功功率控制	无功功率控制	短路电流
感应发电机[11]	2.1	变桨距控制的功率限制	否，需要电容器	否
双馈感应发电机[12]	6.15	超频和低频馈入控制	用电力电子方案	短时 6~10 倍额定电流[13]
有换流器的同步发电机[8]	8	超频和低频馈入控制、惯性模拟	用电力电子方案	高达 110%额定电流[14]

现代风电场对有功功率和无功功率的控制很灵活。

其中一个重要特点是允许短路和"故障穿越"。为了确保有选择性地排除故障以及故障后的电网恢复，并网规范中对这些特性要求是十分严格的。

风力发电技术的快速发展伴随着全球装机容量的大幅度增长，如图 2.7 所示。

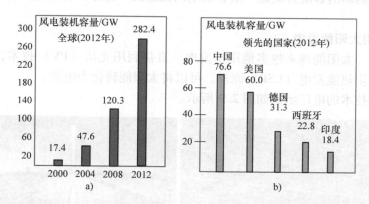

图 2.7　已安装的风电的发展情况：a) 全球，b) 领先的国家，截至 2012 年[15]

在过去 10 年中，风力发电的装机容量增加了约 10 倍，并于 2012 年达到 282.4GW。在风电装机容量领域，中国成为全球市场的领导者，其次是美国和德国。

风力发电仍存在功率输出不稳定的缺点。根据参考文献 [16]，图 2.8 中从左到右描绘了一个案例，此案例统计了某时段的风力功率波动的测量值的某种平均值，某时段和某种平均值分别是，一个月内的每小时平均值、一年中的每日平均值和 9 年内的月平均值。

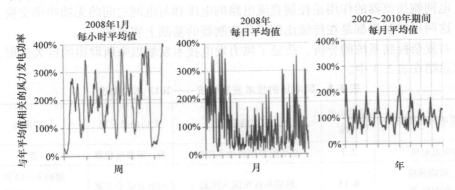

图 2.8　风力发电的不稳定性[16]

风力发电技术领先的国家全都制定和实施了有效的措施，以迎接风力不稳定的挑战。

使用精确预测工具，提供足够的控制能力，增强可控功率电站的灵活性，这些措施可以确保电力系统的可靠，包括那些风电在每年发电量平衡中占重要份额的电力系统。

所要求的新的解决方案是一般智能电网概念的一部分，将在随后的章节中详细叙述。

2.2.2　利用太阳能发电

现如今，太阳能越来越多地用于发电。直接利用光伏（PV）技术，或间接利用集中式太阳热能发电（CSP）原理，可以将太阳能转化为电能。

这两种技术的电厂示例如图 2.9 所示。

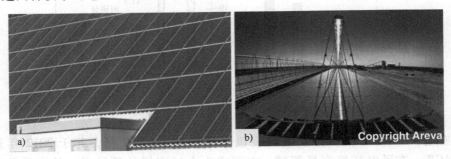

图 2.9　太阳能发电站发电：a）光伏，b）集中式太阳热能发电（图 b 来源：阿海珐（Areva）集团）

光伏技术利用光伏效应，将太阳辐射的光子能量转换成电能。该转换发生在基于半导体技术的太阳能或光伏电池中。目前用于制作光伏电池的材料包括单晶硅、多晶硅、非晶硅、碲化镉和铜铟硒。

目前，许多可用的第一代太阳电池由 $180 \sim 240 \mu m$ 厚的晶片材料成块制成。第二代太阳电池由其他材料制成薄膜层、有机染料和有机聚合物，并沉积在支撑层上。第三代太阳电池由纳米晶体制成，被用作量子点（电子受限的纳米粒子）。

表 2.4 列出了 2010 年光伏电池材料的市场份额。

表 2.4　光伏电池材料的市场份额[17]

电池材料	2010 年市场份额（%）
多晶硅	52
单晶硅	33
非晶硅	6
碲化镉	5.5
铜铟硒	2
其他	1.5

在市场份额中，占主导地位的是多晶硅，其次是单晶硅和非晶硅。硅基光伏电池占世界市场份额的 90% 左右。

把光伏电池连接和组装起来，构建成光伏（或太阳能）面板。在标准测试条件下，每块面板按通过它的直流输出功率进行测评，通常其直流输出功率范围是 $100 \sim 320W$。给定相同的额定输出功率后，面板的表面积就确定了，从而确定了光伏面板的效率。例如，10% 效率的 230W 面板将需要 2 倍的表面积，其直流输出功率才与 20% 效率的 230W 面板的表面积的直流输出功率相当。目前，在新的商业产品中，能够实现的最高太阳光转换率（太阳电池板效率）约为 20%。批量生产的、效率最高的太阳电池板的能量密度值可达 $175W/m^2$。

由于单个太阳电池板只能产生有限电能，因此，大多数情况下，安装多个面板组成光伏阵列。太阳能发电系统通常包括：一个或多个太阳电池板阵列、一个具有谐波过滤功能的逆变器和一个控制系统、互连布线，有时有储能电池。如今，数量巨大的光伏阵列位于空旷地区，构成光伏电站，光伏电站供给几十 MW 的功率到电网中。

光伏系统的三个基本组件如图 2.10 所示。

图 2.10 所示的光伏阵列是占地 $0.2km^2$ 的光伏电站的一部分。在示例中，阵列在白天不断朝太阳的方向转动，这样可以提高发电效率。因此，这些光伏阵列配备有旋转设施，可以使光伏阵列在白天跟随地球转动而旋转，使其与太阳保持一致。

图 2.11 显示了白天光伏阵列的输出功率依赖于光伏阵列的方向。

许多欧洲国家的补贴计划都支持建立光伏发电系统。在阳光强度较低的国家，只有在大量联合融资项目的帮助下，才能在光伏装机容量上取得显著的成绩。

表 2.5 比较了光伏技术的优点和缺点。

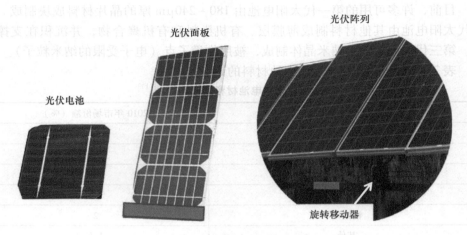

图 2.10　从光伏电池到光伏电站

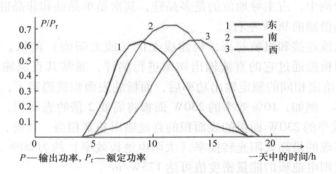

P—输出功率，P_r—额定功率　　　　　　一天中的时间/h

图 2.11　发电功率依赖于阵列方向[16]

表 2.5　光伏发电的优缺点

优点	缺点
环境友好型可再生能源发电，考虑因素为排放、噪声和清洁度	发电效率低、不稳定
在每天负荷高峰期，可发电	仅当有阳光时，可发电
发电靠近消费者	制造时使用了有毒的化学元素，有火灾危险
易于安装，屋顶可用于安装，容量配置灵活	机械敏感
超过 20～30 年的使用寿命，在此期间很少维修	成本高

　　显然，在太阳辐射更密集更持续的国家，光伏电站的经济效益更高。

　　光伏技术的主要缺点是在黑暗中不可使用。集中式太阳热能发电系统的应用可以克服这个缺点，其通过使用热存储功能提供全天候发电。

集中式太阳热能发电系统使用镜头或镜子和跟踪系统，将大面积的阳光聚焦成一小束，引导聚焦的太阳能加热吸收管或其他容器内的工作流体，然后将集中的热量用作传统发电厂的热源。集中技术的应用范围很广泛。

在实际中，应用的最先进的集中技术有：

- 反射槽原理。
- 集中线性菲涅耳反射器。
- 太阳能发电塔。

反射槽技术使用带吸收管的反射槽，该吸收管沿着反射槽的轴布置。反射器捕获太阳辐射，并将其聚焦在含工作流体的吸收管上。在白天，反射器旋转以捕获最佳辐射。每个反射槽的吸收管的终端和管网系统相连，管网系统将加热后的工作流体移送至热电站的热交换器中。

线性菲涅尔反射器原理旨在提高反射槽技术的效率。线性菲涅尔反射器使用长而薄的镜片将阳光聚焦在吸收器上，该吸收器位于反射器的共同焦点处。这些镜子能够集中的太阳能量可以达到正常强度的 30 倍左右。这项技术仍在研发中，第一批此种发电站之一的电站 Puerto Errado 2（30MW）2012 年在西班牙试运行[18]。

太阳能发电塔带有含工作流体的吸收容器。塔楼周围有许多定日镜。定日镜包含由一个反射器（通常是一块平面镜）组成的结构，该反射器转动，以补偿太阳在天空中的肉眼可见的明显运动，并将反射的太阳光引向塔顶部的吸收容器。为了做到这一点，反射镜的反射表面与从反射镜看到的太阳和吸收容器方向之间的角度的平分线保持垂直。相对于定日镜，太阳能发电塔是固定的，且使光线在固定方向上反射。

图 2.12 展示了两个集中式太阳热能发电原理。

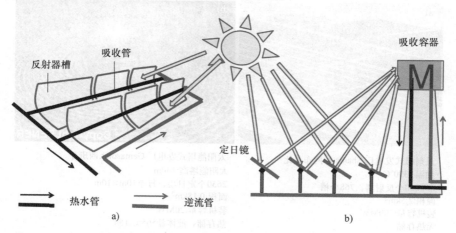

图 2.12 最常采用的集中式太阳热能发电的原理：a）反射器槽；b）太阳能发电塔

一个完整的具有热存储单元的集中式太阳热能发电厂的方案如图 2.13 所示。

大多数热存储单元含有的工作流体是液态盐。安装容量的年平均使用时间平均为 3500h/年。

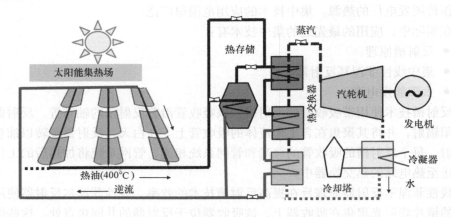

图 2.13   基于有热存储的集中式太阳热能发电厂的反射槽的方案

自 1986 年以来，在加利福尼亚州莫哈韦沙漠的 Kramer Junction，一个大型的反射槽集中式太阳热能发电厂处于运行状态[19]。此发电厂可产生 150MW 的峰值输出。

由西班牙 Torresol Energy O&M（太阳能发电塔技术）运营的 Gemasolar 太阳能热电厂的安装容量为 20MW，可以产生 110GWh/年电能[18]。因此，该电厂的装机容量的使用时间达到了 5500h/年。图 2.14 说明了两种集中式太阳热能发电厂的例子及其技术数据。

反射槽式发电厂 Shams 1, 阿布扎比
油温: 390℃
260000个反射器, 768个槽
面积:2.5km²
装机容量:100MW
无热存储

太阳能塔式发电厂 Gemasolar, 西班牙
太阳能塔高:140m
2650个定日镜, 每个10m×10m
面积:0.18km²
装机容量:20MW
热存储、液体盐565℃,15h

图 2.14   集中式太阳热能发电厂的安装实例：a）反射槽式发电厂[20]；b）太阳能塔式发电厂（来源：Torresol Energy 旗下的 Gemasolar 太阳能热电厂，版权归 SENER）

在集中式太阳热能发电的基础上，进一步的技术是碟式斯特灵系统和逆风发电机。

有碟式斯特灵系统时，抛物面捕捉太阳辐射，并将其传输到斯特灵引擎。凹面镜系统的直径通常为 3~30m。斯特灵引擎在不同温度下通过循环压缩和膨胀空气或其他气体来工作，采用这种方法，可以把热能转化成机械能，然后此引擎驱动发电机。

逆风发电机技术基于烟囱原理。地面被平板玻璃覆盖。平板玻璃下面的空气被太阳辐射加热，进而空气膨胀，空气流过涡轮机，进入位于被覆盖区域的中心的烟囱塔。这个原理很简单，但其提供的效率非常低，其效率约为 1%。当额定功率为 100MW 左右，需要海拔为 1000m 处 12km² 的占地面积[7]。

在全球太阳能发电技术中，光伏技术仍然占主导地位，已经安装完成的光伏电站装机容量约为 100GW。全球的光伏和集中式太阳热能发电厂装机容量概况如图 2.15 所示。

得益于政府的额外补贴计划，2012 年德国实现了全球三分之一的光伏装机容量。

全球范围内，应用集中式太阳热能发电技术的领先国家是西班牙和美国。

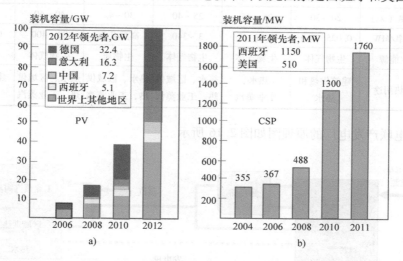

图 2.15　全球太阳能发电装机容量的发展情况：a）光伏（来源：参考文献［21］），
b）集中式太阳热能发电（来源：参考文献［22］）

2.3　可再生能源的热电联产

欧盟的目标之一是大幅增加热电联产（CHP）份额（见 1.1 节，SET 计划表 1.1），从而提高能源效率。

一些国家推出了相应配套方案，该配套方案是，在热电联产发电厂运行的情况下，在电力市场价格之上，提供补贴。例如，在德国，法律规定热电联产概念应该应用在生物燃气发电厂。因此，大部分以热能生产为主的可再生能源发电厂都采用热电联产技术。

在热电联产中，使用可再生能源具有两个积极的影响，即总体（电和热）能量效率增加了 85%，减少了二氧化碳排放量。

目前，可再生能源 – 热电联产技术可应用在下述情况中：

- 基于生物质燃烧的热蒸汽发电厂。
- 生物燃气轮机。
- 由生物气体驱动的燃气发动机。
- 使用生物气体的联合循环燃气轮机（CCGT）。
- 配备蒸汽轮机的地热发电厂。
- 燃料电池。

这种技术的主要特点见表 2.6。

表 2.6　基于可再生能源的热电联产的概览[23]

参数	微型涡轮机	燃气发动机	燃气轮机	蒸汽轮机	联合循环燃气轮机（CCGT）	燃料电池
发电效率（%）	20～30	25～45	25～40	30～42	40～60	50～70
发电功率/MW	0.025～0.5	0.05～5	3～340	高达几百	80～400	0.002～2
可再生能源	生物气体	生物气体	生物气体	生物质	生物气体	氢气
主要的热用途	建筑供热和热水	热水、工业蒸汽	热水、区域供热、工业蒸汽	热水、区域供热、工业蒸汽	热水、区域供热、工业蒸汽	建筑供热和热水

热电联产发电厂的原理图如图 2.16 所示。

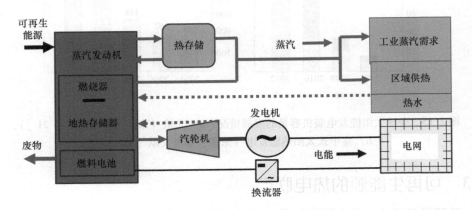

图 2.16　热电联产的原理

热电联产发电厂针对热或电的生产进行优化。优化过后，热量生产运行的效率更高，能量损失更小。然而，从经济效益来说，电力市场的优化潜力更大。可选的热存储单元如图 2.16 所示。然而，依赖于相关市场价格，引入热存储技术使得发电更灵活、更经济。热存储有助于增加经济效益。

2.3.1　生物燃料发电厂

生物燃料的使用为智能电网的概念提供了两大优势：

1）生物材料含有直接来自叶绿素光合作用的能量。通过叶绿素的光合作用，植物将二氧化碳和水转化为碳水化合物和氧气，从而转换了能量。植物材料本身就是转化的能量的存储器。将生物植物材料生产成生物燃料，使生物燃料燃烧，从而产生封闭的碳循环。生物材料逻辑上是可再生材料。封闭的碳循环是独立的、自包含的，因为在燃烧过程中释放到大气中的二氧化碳将通过随后的叶绿素光合作用被再次吸收。相比之下，化石燃料中的二氧化碳已经在地球上被封存了数百万年，有太多的二氧化碳不能被重新吸收，因而化石燃料的燃烧增加了大气中二氧化碳的总体水平。

所以，用生物燃料取代化石燃料作为新的能源，能够减少温室气体的排放。

2）生物燃料是唯一不依赖天气因素的可再生能源，保证了能源的持续生产。生物燃料发电厂是绝对可控的。其可以无限制地参与各种相关的电力市场，并可以补偿风能和太阳能发电的波动。

可以直接燃烧固体生物能（如木屑、粉尘、树皮和刨花）来制造热电联产中的热能和电能。另一个实际的解决方案是气化生物能材料。对于热电联产为基础的生物能来说，两种转换途径都是非常重要的。图 2.17 展示了一个包含气化单元的生物燃料发电厂。可以过滤和加工生产的生物气体，以此使其质量参数和天然气质量参数一致。这种气化工厂也可以将生物气体输送到气体网络中。

图 2.17　生物燃料发电厂［来源：再生 – 克劳福德哈尔茨有限公司
（Regenerativ – Kraftwerk Harz GmbH）和 Go. KG］

生物能的来源是完全不同的，必须根据其现有的形式进行转换。生物能来源可以来自生物或者工业过程产生的废物或残留物。表 2.7 展示了一种最重要的生物能来源，其可作为生物燃料被进一步加工，此生物燃料可以是固体生物燃料或者气体生物燃料。

表 2.7　生物燃料来源

城市公用设施	工业	木材加工	农业
固体废物	工业废物	森林废物	动物粪便、沼气
污水污泥	农基工业的生物产品	伐木残留物	农作物残余、专用植物种植（例如，玉米、油菜）

　　到 2012 年底，世界上 40 多个国家的几千座生物燃料发电厂的总生产能力达到了 52GW[24]。此项技术的领先国家是美国、巴西和德国。

　　仅在欧洲就有 1000 多个运行的生物燃料发电厂，其总装机容量约为 14GW。2007～2012 年间，共组建有近 800 座生物燃料发电厂，其总装机容量达到 8.7GW。到 2016 年，另外 820 座生物燃料发电厂开始建造，其装机容量达 12.5GW[25]。

　　生物燃料发电厂的另一个好处是能够在联合循环中发电，从而增加发电厂的电力效率。

　　在发电方面，联合循环是相同热源串联工作的热能发动机的联合，将热能转化为机械能，从而驱动发电机。其原理是将一台热能发动机的排气看作第二台热能发动机的热源，从热能中抽取更多有用的能量，提高系统的整体效率。可以这样做的原因是，热能发动机工作时，只能使用其一次能源中的一部分能量。通常，燃烧引起的余热会被浪费掉。

　　两个热力循环的联合可以提高效率和降低燃油成本。对于发电来说，广泛使用的联合是燃烧生物气体的燃气轮机，其所排热气给蒸汽发电厂供电，如图 2.18 所示。

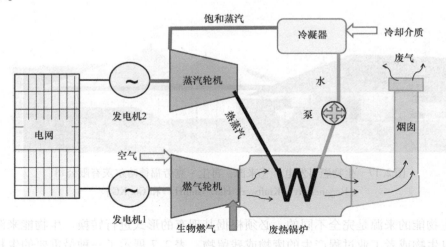

图 2.18　燃气蒸汽联合循环原理图

这称为联合循环燃气轮机（CCGT）发电厂，其发电效率约为 60%，与之相比较的是，单循环蒸汽发电厂的发电效率只有 35% ~ 42%。许多北美和欧洲的新燃气发电厂都属于这一类型。为了大规模发电，典型装置是将一台 270MW 的燃气轮机与一台 130MW 的蒸汽轮机进行轴连，总输出为 400MW。一座典型的发电厂可能包含 1 ~ 6 套这样的装置。发电厂的规模与发电厂的经济效益密切相关。

2.3.2　地热发电厂

地热发电厂利用地热能发电。地热能是指地球内部的热能，其来源于地球形成时的残余热量和地球内部同位素的放射性衰变，此种放射性衰变是自然的核能。地热发电需要通过流体循环，将天然存在的高温能量，从地下深处转移到地表。

直至现今，也只能在地表附近拥有高温地热资源的地方建造地热发电厂。双流体循环发电厂的发展以及钻井、提取技术的改进必然会使地热系统在更大的地理范围内得到加强[26]。

双流体循环发电厂是一种地热发电厂，其可以使用比传统蒸汽发电厂（$\theta >$ 180℃）要求的温度更低的地热储层。

利用双流体循环地热发电装置，可以使水泵通过抽取管系统从地下抽取热水，使之通过热交换器（涡轮机和热能利用）；冷却水通过出水管，返回地下贮水池。低沸点的双流体在高压下被泵送，通过涡轮机热交换器，并在涡轮机热交换器处被汽化，然后被引导通过涡轮机，以驱动发电机。

图 2.19 是一个地热热电联产发电厂的例子，其中有功率和温度参数说明[27]。

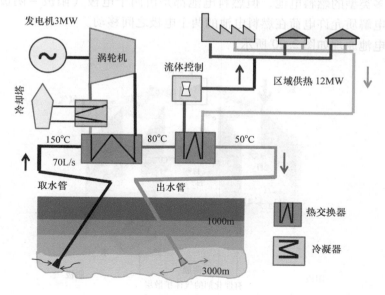

图 2.19　地热发电站 Landau 原理图[27]

据国际地热协会报道，截至 2010 年，全球 24 个国家的地热发电厂已达 10715MW。美国在地热发电领域处于世界领先地位，其 77 座发电厂的装机容量为 3086MW。其次，印度尼西亚的装机容量为 1904MW。印度尼西亚的地热能源约占其电力需求的 27%[28]。按国家统计，近几年（2005～2010 年）的地热发电装机容量的增长情况见表 2.8。

表 2.8　2005～2010 年新建的地热发电厂容量[29]

国家	美国（USA）	印度尼西亚（IDS）	冰岛	新西兰（NZL）	土耳其（TK）	萨尔瓦多（ELS）	意大利	肯尼亚	危地马拉（GM）	德国（D）
P/MW	528	200	373	193	62	53	52	38	19	6

2.3.3　燃料电池

燃料电池是通过与氧或其他氧化剂的化学反应将燃料中的化学能转化为电能的装置。氢是最常见的燃料，燃料也可使用烃类，例如天然气、甲醇等。

燃料电池是一种高效的能量转换系统，其将燃料的化学能直接转化为电能。凭借这一原理，只需一个能量转换步骤：将化学能转化为电能。

将燃料电池中的单一转化步骤与热电厂的三个转换步骤相比较，燃料电池的能量转换效率更高。

使用燃料电池发电时，燃料电池中的化学能的使用效率达 70% 以上，如果采用热电联产技术，则可实现高达 90% 的化学能量使用效率。

有许多类型的燃料电池，但燃料电池都是由两个电极（阳极－阴极）和电解质组成。电解质允许电荷在燃料电池的两个电极之间移动。

燃料电池原理如图 2.20 所示。

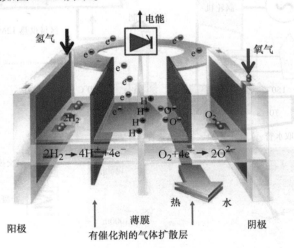

图 2.20　PEM 燃料电池的原理

这种燃料电池是质子交换膜（PEM）型，连续供应阳极的氢气和阴极的氧气的条件下，其能在两个电极之间产生电位差。直接混合氧气和氢气会产生爆炸，所以用电解质分离两种气体。在 PEM 燃料电池（PEMFC）中，需要使用质子交换膜。该膜的作用是负责控制反应过程。除了需要隔膜、两个电极、气体外，还需要催化剂保持化学反应和启动电能生产。催化剂材料主要是铂，运用适当方法，使其在电极上蒸发。在阳极侧，氢分子分裂成其原子级组件，即 4 个带正电荷的氢质子和 4 个带负电荷的电子。由于 PEM 的化学结构，根据电荷，而不是电荷载体的大小（电子小于质子，但不能通过膜通道），质子膜分离了氢质子和电子。氢质子通过另一侧膜的沟道结构迁移到阴极，电子通过外部电导体，从阳极移动到阴极。

电子的定向外部运动将产生电能。然而，通过导体的电子流动产生的是直流电流。直流电流必须转换为交流电流才能接入电网。

一旦通过膜沟道到达阴极，质子与通过导体到达阴极的电子进行重组。两者都与氧气反应生成水（H_2O）。

根据工作温度和电解质的类型，对燃料电池进行分类，共有 6 种不同类型的燃料电池。电解液和所使用的燃料确定了燃料电池的名称。不同类型燃料电池的特征见表 2.9。

表 2.9　燃料电池类型总览[23]

燃料电池的名称	类型	θ/℃	电解液	燃料	应用
碱性	A – FC①	20 ~ 90	碱液	氢气	航天
LT②质子交换膜	LT PEMFC	20 ~ 80	聚合物膜	氢气	汽车、热电联产 5 ~ 500kW
HT③质子交换膜	HT PEMFC	120 ~ 180	有磷酸的聚苯并咪唑	氢气	热电联产 5 ~ 500kW
直接甲醇	DMFC	60 ~ 130	聚合物膜	混水甲醇	商用和军用的电子产品
磷酸	PAFC	160 ~ 220	稳定的磷酸	氢气	热电联产 200kW ~ 1MW
熔融碳酸盐	MC – FC	600 ~ 700	熔融碳酸盐溶液	氢气	热电联产几 MW
固体氧化物	SO – FC	800 ~ 1000	实心陶瓷电解质	氢气	热电联产最高可达 50MW

① FC 指燃料电池。

② LT 指低温。

③ HT 指高温。

低温燃料电池、A – FC、LT PEMFC、DMFC 和 PAFC 在 20 ~ 220℃ 的温度范围内运行。最著名的低温燃料电池是 PEMFC。

典型的 PEMFC 可以在高达 80℃ 的温度下运行，被命名为低温质子交换膜燃料电池（LT PEMFC）。近几年来，LT PEMFC 已经被所谓的高温质子交换膜燃料电池（HT PEMFC）所取代。HT PEMFC 在 120 ~ 180℃ 的温度范围内工作。两种 PEMFC 的主要区别是其电解质不同。与 LT PEMFC 相比，HT PEMFC 的优点是，对气体中杂质的耐受性更好，且不需要湿化反应气体。HT PEMFC 的主要缺点是，系统的复杂程度更高。

然而，对于 LT PEMFC 和 HT PEMFC 的电池性能而言，如何管理水至关重要：若水太多，水会流过膜，若水太少，则会烘干膜；在这两种情况下，输出功率都会降低。因此，要稳定运行 PEMFC，需要安装一个湿化模块作为额外的系统组件，来解决这些问题。

除此之外，作为催化剂的铂的价格是相当昂贵的。因此，目前几乎所有的 PEMFC 都只是在多孔碳上使用铂颗粒。这样一来，PEMFC 的催化剂的主要目标是增加铂颗粒的催化活性。铂作为催化剂，一种提高其性能的方法是优化铂颗粒的尺寸和形状。

另一种提高催化剂性能的方法是，使用一次能源中的杂质（如 CO）来降低其敏感性及其毒性。一次能源通常基于烃燃料。因此，纯氢气是在蒸汽重整过程中产生的。高温下，蒸汽与化石燃料在专用重整器中反应，可获得纯氢气。另外，移位反应器用于和蒸汽重整结合在一起。

水煤气变换反应是一氧化碳与水蒸气反应生成二氧化碳和氢的化学反应。PEMFC 中所描述的组件的位置如图 2.21 所示。

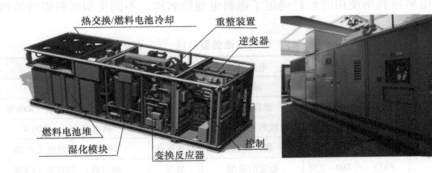

图 2.21　一座游泳馆的用于热电联产的 PEMFC
（来源：EnBW，爱迪生项目[30]）

直接甲醇燃料电池（DMFC）是一种 PEMFC，其使用甲醇作为燃料。其主要优点在于：任何环境条件下，甲醇都具有易运输性、高能量密度以及液体稳定性。

然而，这种电池的能量效率较低。DMFC 主要针对便携式应用而设计，便携式应用中，能量和功率密度比效率更重要。

磷酸燃料电池（PAFC）使用磷酸作为电解质。其是第一种被商业化的燃料电池。PAFC 具有性能稳定和低成本的特点，在早期 100～400kW 的固定应用中，这些特点使其成为该应用下的优选电池。其缺点包括：能量密度过低；能效为 37%～42%，此能效低；电解质具有侵蚀性。

中温燃料电池 MCFC 的运行温度范围在 600～700℃之间，其电解质为熔融碳酸盐。由于其运行在非常高的温度下，因而可以使用非贵重金属作为催化剂，从而降低成本。其另一个优点是效率高（其效率约为60%）。在热电联产应用中，使用废热时，整体燃料效率可高达85%。

高温燃料电池SOFC（800~1000℃）的特性包括：对气体中的杂质具有高耐受性，能效高。但是，由于工作环境的温度极高，只有选择特定的材料才能满足相应的要求。

与电池相比，燃料电池重量轻，能源供应效率高，所以，燃料电池在航空航天工业和潜艇中都被用作辅助动力装置。

燃料电池系统可以应用于固定部位，例如，供应家庭或工业系统，也可用于车辆、电梯、摩托车等移动应用。

由于响应速度非常快（几秒钟内快速供电），燃料电池系统也可用作紧急电源供应，例如在医院中。燃料电池的功率范围在几kW到几MW之间。

许多热电联产项目中都引入了燃料电池。图2.21展示了德国的"爱迪生"项目中的一个PEMFC的应用[30]。该燃料电池用于发电，装机容量为100kW，为一个游泳馆供暖。

然而，在大多数情况下，在电力系统中的大规模发电方面，燃料电池系统尚未有经济上的竞争力。只有进一步降低成本和增加燃料电池的长期稳定性，在建设具有大功率容量的发电厂时，才能使用这项技术。全球科学家和专家正在努力工作，以改善燃料电池技术。

2.4　电能存储系统

2.4.1　电能存储的介绍与分类

电能存储系统（EESS）通常按两个标准分类：额定功率和放电时间。放电时间与储能容量一致。根据这些标准，可以定义EESS的三个功能：电能质量、功率桥和能量管理。

通常，若要确保电能质量，需要提供支持能源，以避免电压骤降、闪烁或供电中断。所请求的功率，要在很短的时间间隔（秒和分钟范围）中提供，其容量从几kW到几MW。这种功能的典型的EESS可能基于下述技术：

- 大功率飞轮。
- 超导磁能存储。
- 大功率超级电容器。
- 若干种不同类型的电池。

通常，功率桥的作用是，当主电源故障时，继续提供不间断电源。例如，功率桥适用于医院、计算机和电信中心。从原理上说，变电站中控制和保护设施的直流供电属于功率桥的范畴。这种功能也可以用于补偿风能或太阳能发电的快速波动。通常情况下，放电时间和可用时间按分钟顺序排列。额定功率可以达到0.1MW。功率桥的典型EESS技术有：

- 高能超级电容器。
- 若干种不同类型的电池。

能量管理主要用于功率平衡、削峰填谷，以及在低价时储能和在高价时向电网注入能量。这种功能在智能电网环境中可发挥重要作用，可解决一般的能源缺乏和可再生能源的存储过剩。充电和放电时间均按小时数至天数排序。其额定功率可达到 GW 级。适用于能量管理任务的 EESS 技术包括：

- 抽水蓄能电厂（PSHPP）。
- 压缩空气储能（CAES）。
- 各种技术的高能电池。
- 间接原理有：

——"能量变气体"；

——热存储/电热组合，以确保热电联产发电厂使能量管理更灵活。

随着更多的波动的能量消耗的增加、依赖天气的不稳定的可再生能源技术的装机容量日益增加，对"能量管理"功能的需求比以往任何时候都要强烈。本章将重点放在这类功能上，进一步对其深入研究。

2.4.2 大量能源长期存储工厂

2.4.2.1 抽水蓄能电厂

抽水蓄能电厂（PSHPP）实现了一种最大容量的电能存储。其由上水库、下水库、连接管系统、发电厂室和变电站组成，如图 2.22 所示。

发电厂的发电能力主要取决于：连接管的内径 D（横截面）、上水库与涡轮机–泵机组的位置之间的高度差（ΔH）。放电时间和储能大小取决于上水库的体积（见图 2.22）。

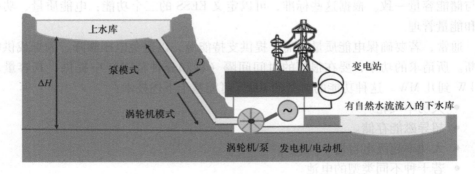

图 2.22　一座 PSHPP 原理图

PSHPP 的最优运行模式仅包含：根据市场需求和市场价格，用最优涡轮机时间和泵时间，使上下水库之间尽可能多地搬运水。这意味着 PSHPP 是在循环模式下运行的。目前，在负荷低谷且能源价格低时，用 PSHPP 通过填充上水库来存储电能，在负荷峰值期和能源高价格时，水向下流入管道，流入下水库，利用此水的潜在动能发电。

图2.23显示了位于德国哈尔茨地区的温德福（Wendefurth）PSHPP，其输出功率约为80MW，上、下水库在图2.23左侧，管道系统在图2.23右侧。

图2.23 Wendefurth PSHPP的风景和管道系统的实景图［来源：
再生－克劳福德哈尔茨有限公司（Regenerativ－Kraftwerk Harz GmbH）和Co. KG］

发电厂配有2台涡轮机，每台发电功率为40MW，水流为39m³/s，水跌落高度为126m。每台发电机也可作为驱动泵的电动机运行，额定功率为36MW。这个示例只展示了一个小型PSHPP。

目前，世界上最大的PSHPP运行在美国巴斯县，装机容量为3GW；而在中国惠州，装机容量为2.4GW[31]。

根据年限、技术和地理条件的不同，实际中PSHPP的能源效率在70%～80%之间变化。优秀的PSHPP效率可以达到87%[31]。

在智能电网概念的框架下，PSHPP的作用显著增加。目前，要想长期大量存储电能，PSHPP是唯一一种经济性较好的方式。现在，要存储容量大、动态性能好，足以满足大规模的不稳定的功率馈送的挑战，PSHPP是唯一在用的电能存储方式。PSHPP能够存储不稳定的可再生能源的剩余能量，并在能源和电力短缺时期持续供电（另见1.3节，图1.11）。

因此，PSHPP涵盖全球99%以上的大量能源存储。到2020年，全球PSHPP装机容量约为140GW，另有约74GW的新机组正在安装中[32]。限制PSHPP存储的因素主要是某些地理地貌。

2.4.2.2 压缩空气储能

在其他时候，压缩空气储能（CAES）曾是用过的另一种存储大量能量的方法。

由于需要压缩大量空气，因此 CAES 系统经常使用已存在的大型地下洞穴。适用于 CAES 的主要洞穴类型是盐穴。

CAES 仅仅需要很小的压力变化就能存储大量的能量。压缩空气的体积越大，获得一定量存储能量所需的压力就越小。在空气压缩和膨胀过程中，可以很容易地使洞穴空间隔热，伴随低温变化和热量损失，压缩空气绝热（压缩空气会产生热量。空气膨胀需要吸收热量）。如果将压缩过程中产生的热量存储起来并用于膨胀过程，则会显著提高存储效率。

CAES 系统可以通过几种方式来管理热量，例如，绝热或等温原理。

绝热存储保留压缩产生的热量，并在空气膨胀发电时将此热量返回空气。

在等温压缩过程，系统中的空气始终保持恒定的温度。必须从气体中除去多余热量，否则，压缩时该热量将会导致温度升高。

图 2.24 所示的 CAES 系统包含：充满压缩空气的地下洞穴 1、压缩机链 2、电动机 - 发电机组 3、燃气轮机 4 和用于连接电网的变电站 5。

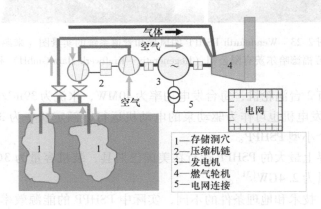

图 2.24 世界上第一个 CAES 系统的原理图[33]

德国汉斯夫（Huntorf）的一座发电厂是第一个 CAES 项目，其装机容量为 321MW，使用盐丘（1978 年）[33]。

其基于燃气轮机和压缩空气燃烧发动机的组合。

在低价的负荷低谷时，在地下盐洞中，电动机消耗电力以压缩和存储空气。在负荷峰值时，过程相反，返回压缩空气至地表。在此过程中，使用了空气两次：

- 在燃气轮机的燃烧室中燃烧气体燃料；
- 为压缩空气燃烧发动机提供额外的旋转动力。

这种组合可以显著提高整个发电厂的效率。在纯净的燃气轮机中，压缩燃烧空气需要大量的能量。然而，在 CASE 发电厂中，涡轮机运行期间不需要压缩，因为压缩空气中已经包含所需的焓。将空气压缩费用转移至低负荷/低价格时段，在高峰负荷期间，燃气轮机的整体容量可用，可为市场提供更高的功率输出。

世界上第二个 CAES 发电厂的装机容量是 110MW，其建立在亚拉巴马州（Alabama）麦金托什市（Mclntosh）（1991 年）。

CAES 发电厂尚未得到广泛应用。然而，近年来，有如下几项活动引起了关注[34]：

2012 年 12 月，美国得克萨斯州盖恩斯市建成了 2MW 近等温 CAES 项目。这是世界上第三个运行的 CAES 项目。该项目不使用燃料，存储容量为 500MWh。

第一个绝热 CAES 项目于 2013 年在德国开始建设，其装机容量为 90MW，存储容量为 360MWh。

在美国俄亥俄州诺顿市，最大的 CAES 系统正在筹划中，该项目计划在 700m 深的前石灰岩矿中存储 1000 万 m³ 的压缩空气。第一步装机容量将达到 480MW。该厂的最终规模将达到 2500MW。

2.4.3　固定式蓄电池

蓄电池是由电化学元件组成的装置，能够将化学能转化为电能（放电），反之亦然（充电）。与燃料电池类似，每个蓄电池包含：保持充电离子的阳极、保持放电离子的阴极、在放电期间允许离子从阳极移动到阴极的电解质，该电解质也在充电期间允许离子从阴极返回阳极。蓄电池和电网之间的电流通过蓄电池接线端子流通。蓄电池由多种材料制成，这些材料包括：各种金属、碳、聚合物和酸。

一些蓄电池概念已广泛应用在电网中，新的增强的蓄电池技术是未来应用的可选技术。

德国电力工程学会（ETG/VDE）的一份专门调查报告分析了下述有关能量管理的应用的蓄电池的概念[19]：

铅酸、镍镉（NiCd）、锂离子、硫化钠（NaS）、熔融钠－镍－铝－氯化物（NaNiAlCl）［也被称为零排放蓄电池研究活动（ZEBRA）］、氧化还原液流（氧化还原）和锌－溴蓄电池。

除了成本和运营费用外，还有许多技术参数影响蓄电池应用的经济效益。

这些参数包括：蓄电池系统的寿命、循环寿命、充放电效率、自放电和能量密度等。

表 2.10 展示了对各种技术的最佳案例的参数评估的总体情况。

过去使用的传统蓄电池系统是铅酸蓄电池，其主要应用在变电站的辅助直流电网等处（另见 3.1 节）。

表 2.10 最常用蓄电池的所选最佳案例的特征[35]

参数	铅酸	镍镉（NiCd）	锂离子	硫化钠（NaS）	ZEBRA	氧化还原液流	锌溴
能量密度/（kWh/L）	0.075	0.15	0.73①	0.2	0.16	0.05	0.04
每个周期的效率（%）	85	75	94	92	83	74	70
蓄电池寿命/年	6	11	14	20	>20	18	7
循环寿命/次	1000	2000	10000	2500	15000	13000	>2000
自放电（%/天）	0.05	0.4	0.1	0.05	0.05	0.1	0.24
放电程度（%）	80	80	80	100	100	100	100
维护（% CAPEX/年）	1	1	0.8	0.8	0.8	1.5	1.5
CAPEX 换流器/（欧元/kW）	100	100	100	100	100	600	500
CAPEX 蓄电池/（欧元/kWh）	120	420	330	170	270	200	100

① 来源：参考文献 [36]。

铅酸蓄电池的基本结构包括浸在硫酸中的两个铅电极。在充放电阶段，氢离子（H^+）在两电极之间的酸溶液中移动，电子在外部电路中移动。铅酸蓄电池具有提供大放电电流的能力，例如，蓄电池可以保持相对高的功率重量比。但是，由于其寿命短，充放电循环次数少，铅造成的环境问题极为严重，因此尚未应用在能量管理中。

对技术和经济参数的分析显示：硫化钠、氧化还原液流和锂离子蓄电池更适合于能量管理应用。

钠硫蓄电池由液态钠和硫组成。这种蓄电池的充放电效率为89% ~ 92%，此效率是可接受的，且该种蓄电池使用寿命长。其是由廉价材料构成。然而，由于钠硫蓄电池的高腐蚀性和300 ~ 350℃的运行温度，致使这种蓄电池更适合于大规模非移动应用，例如能量管理。

在日本，钠硫蓄电池技术已经得到了广泛的应用[37]。1993 ~ 1996 年间，在东京电力公司（TEPCO）的一座变电站，进行了首次大规模现场原型测试，该测试使用6.6kV 3 ×2MW 蓄电池组。根据此试点项目的结果，开发了改进的蓄电池模块，并在 2000 年商业化了此改进的蓄电池模块。

截至 2007 年，日本已安装了 165MW 容量的钠硫蓄电池。在 2008 年，制造商宣布计划将钠硫蓄电池工厂产量从每年 90MW 扩大到每年 150MW。

例如，在 2008 年 5 月，日本风能开发公司在青森县富塔田地区建立了一个 51MW 风电场，其中包括一个 34MW 的钠硫蓄电池系统。

美国也使用钠硫蓄电池。例如，2010 年，在得克萨斯州普雷蒂奥地区（Presidio），建造了世界上最大的钠硫蓄电池，当城市与得克萨斯州互联电网的连接受到干扰时，该蓄电池能提供电力。

氧化还原液流蓄电池是一种可逆燃料电池，在此种蓄电池中，所有电活性成分都溶解在电解液中。因为能量与电解质体积有关，功率与电极的表面积有关，所以，氧化还原液流蓄电池的能量与功率完全分离。电解液流经蓄电池芯，并将化学能转化为电能。附加的电解质可以从蓄电池芯外部的储罐中泵出，从而达到快速充电的效果。现代液流蓄电池通常由两个电解质系统组成，如图2.25所示。

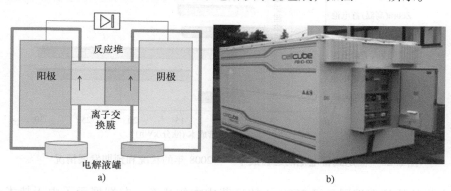

图2.25 氧化还原液流蓄电池：a）原理图，b）100kWh的运行蓄电池（来源：HSE AG）

通过使用更大的储罐，氧化还原液流蓄电池可以使自身容量变得无限大，可以长时间无损坏地将此种蓄电池完全放电，如果没有电源给此种蓄电池充电，则可以通过更换电解液来充电。通常来讲，液流蓄电池是为相对较大的固定应用而设计的（例如10MWh）。

锂离子蓄电池系列的原理是，锂离子在蓄电池的阳极和阴极之间移动以运送电荷。阴极由含有锂颗粒的金属氧化物组成，阳极由层状石墨碳制成。电解质通常由溶解在有机化合物中的锂盐制成。在充电阶段，阴极中的锂原子变成离子，并穿过电解液分离器进入碳阳极。到达阳极后，锂离子与电子相结合，在碳层间以锂原子沉积。在放电阶段，发生反向过程：锂原子失去电子，并将电子输送给阳极，然后以离子的形式返回阴极。

锂离子蓄电池的特点是重量轻、能量密度大、效率高、自放电率低。为了提供更多的电力，更有效的办法是并联许多小型蓄电池。

目前，锂离子蓄电池用于便携式设备、电动汽车和电动自行车。在欧洲项目Web2Energy的框架下，许多锂离子蓄电池安装在20/0.4kV变压器终端和不稳定的可再生能源发电厂中（另见9.3.1节）。

然而，因为锂离子蓄电池含有可燃电解质，且加压保存锂离子蓄电池，所以在某些情况下，锂离子蓄电池有危险性。对有许多附加安全特点的蓄电池，这要求更高的质量标准。

由于经济原因，在世界各地的能量管理方面，固定式蓄电池的应用仍然很有限。通常情况下，大多数蓄电池存储系统仍然很贵。然而，可以期待一些技术

（例如，类似于钠硫蓄电池的高温蓄电池）正变得可与抽水蓄能系统一较长短。图
2.26 展示了应用于能量管理的不同蓄电池系统的估算的运营成本（OPEX）。

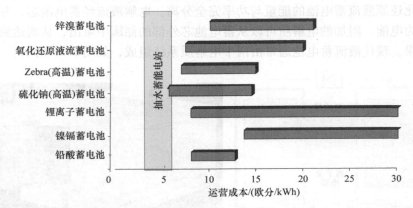

图 2.26　固定式蓄电池的运营成本——2008 年的状况和预期发展情况[35]

在横柱体的右端展示了 2008 年的运营成本的状态，左端展示了由于技术改进
和体积效应引起的预算减少。

2.4.4　电解以"电产气"

在一些国家，不稳定的可再生能源发电量的显著增长的宏伟目标，伴随着可再
生能源的周期性过剩，如 1.3 节所示。当不稳定性可再生能源的份额高于总消耗量
的 20% 时，外部存储开始变得重要。过剩的电力可用于生产氢气和其他燃料气体，
那么，只要有需求，就可充分利用这些燃料气体。生产燃料气体将成为利用过剩的
可用能源的一种途径。

通过电解产生的氢气和其他气体，可以用作内燃机或燃料电池中的燃料。在此
意义上，正开发氢气成为电能存储介质。氢气不是一次能源，因为首先必须由其他
能源产生氢气，然后作为发电燃料。

然而，氢气制造的能量平衡是负值，即电解的能量输入高于之后产生的能量。
但是，作为一种存储介质，氢气可能是利用可再生能源的一个重要因素。

电解是一种利用直流电来驱动其他非自发化学反应的方法。电解的关键过程
是，通过从外部电路中除去或添加电子，来进行原子和离子的交换。通常情况下，
所要求的电解产物与电解质处于不同的物理状态，可以通过物理过程，移去所要求
的电解产物。

电解水的最重要的用途是将水分解成氢和氧化物，从而生产出氢：（$2H_2O \rightarrow$
$2H_2(g) + O_2(g)$）。这些气态产物与电解液分离，并被收集起来。

可以毫无困难地在地下存储大量气态氢许多年。在地下洞穴、盐丘和耗尽的油
气田中存储大量氢气，可以作为储能使用，这一措施对氢经济至关重要。通过使用
涡轮膨胀机，在 20MPa 压缩存储所需的电能相当于其能量含量的 2.1%。

"电产气"的过程和产品的应用如图 2.27 所示。

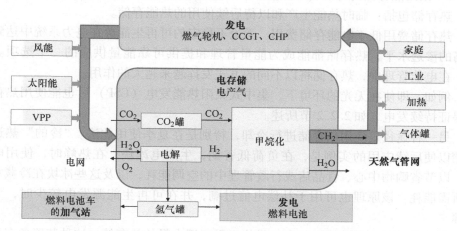

CCGT—联合循环燃气轮机，CHP－热电联产，VPP—虚拟发电厂

图 2.27 电产气的电能存储及气体应用概念

此概念中的电产气过程是分两步进行的。第一步，在电解过程中产生氢气。氢气可以部分填充到罐中，或者用在燃料电池车的加气站中，或者用在发电的燃料电池中。

第二步，一部分氢气将用于甲烷化。甲烷化是从二氧化碳和氢气混合物中产生甲烷的物理化学过程。这一过程可以生产生物气体替代品，该生物气体替代品被送入天然气管网，并取代天然气。

最后，甲烷可用于供应各种燃气消费者，作为发电燃料使用。

由于能量负平衡，"电产气"这一概念没有得到广泛应用。到目前为止，只在特殊供应项目中引入了较小的应用[38]：

例如，挪威小岛于特西拉（Utsira）由一个能量系统供能，该能量系统包括：风电场、含电解单元的储能系统、压缩空气存储系统、燃料电池和氢气涡轮机。

从 2007 年开始，在加拿大纽芬兰和拉布拉多省的拉米亚地区（Ramea）的偏远岛屿社区，一个类似使用风力机和氢气发电机的试点项目正在进行。

法国和丹麦也建成了示范发电厂。自 2009 年以来，德国也已经开展了多项有关活动。

2009 年，在斯图加特地区，第一个 25kW 的甲烷生产试点发电厂开始连续运行。这种发电厂吸收环境中的二氧化碳。2011 年，在宏斯吕克地区（Hunsrück），完成了第二个示范项目。2012 年，一个 500kW 的电解装置与乌克马克地区（Uckermark）的 3 个 2MW 风电场相结合。除此之外，自 2013 年以来，一批规模达兆瓦级的发电厂正在建设中。

2.4.5 采用热存储的电能管理

热存储包括：临时热能生产和以待后续使用的热能存储。

热存储费用低于电能存储费用。无论不稳定的可再生能源在电力系统中达到多么高的渗透水平，热存储都能成为能量管理和提供可靠能量供应的一个选项。因此，在电能管理中，热存储将以不同的方式发挥越来越大的作用。

例如，即使在无光的环境下，集中式太阳热能发电（CSP）厂也能使用热存储来保证持续发电，如2.2.2节所述。

另一种途径是使用热存储进行冷却，特别是在夏季使用此法。"冷的"热迁移存储以便后续应用的实例是，在负荷低谷期，生产电冰块；在热峰时，使用电冰块，以节省购物中心、食品店或行政管理中的空调能耗，以及这些冰块在冷藏室制冷所需能耗。该原理也可用于补偿电能过剩，并在可再生能源发电较少时，节约能源。

在负荷低谷，需要用电的夜间供热也需要用大量的热存储。这种装置备有高密度的陶瓷砖，用电力将陶瓷砖加热到高温，并被绝缘保温，可持续数小时释放热量。

热存储、电产热和太阳热能发电的组合也用于市政区域供热系统。基本的热负荷由太阳能集热器产生，太阳能集热器还将过量的热能供给存储单元，该存储单元可在无光期间提供热量。热泵或电产热器提供高峰热需求，并为太阳热能发电提供热备用。在风能过剩时，也用热泵或电产热器加热储热单元。

近年来，在热电联产的背景下，协调发电的新方法、热生产和热存储成为广泛讨论的话题。

在欧洲，热电联产在其年发电量中占有重要份额。可以预见：欧盟委员会制定的"战略能源技术"计划的潜力，到2030年，可进一步增长至21%（见1.1节中的表1.1）。

由于效率的原因，热电联产发电厂按照热量需求进行运行计划安排。此运行计划安排取决于天气情况，夏季只需要提供热水和工业热量时，所需的热量明显减少。典型的热需求计划安排如图2.28所示。

热电联产系统中引入热存储后，当专注于电力市场时，热电联产的计划安排变得更加灵活。此外，在未来的能量管理中，电产热和热存储的组合可发挥重要作用。热电联产发电厂的相关扩展原理如图2.29所示。

这一扩展将提供以下机会：

• 热电联产发电厂生产电能，在高价格/高需求时段，该电能是市场驱动因素，并且不依赖热力计划。多余的热量将被存储起来。

• 在低价格/低需求时期，热电联产发电厂停止发电，由热存储满足热量需求。

• 电热可补偿多余的可再生能源发电量。

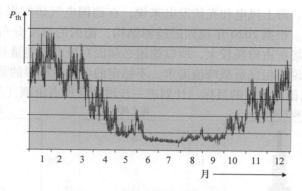

图 2.28　中欧典型的每年热需求图

热电联产发电厂运营商根据电力和热能的市场价格，使运行达到最优，从中获益。此外，这种灵活的热电联产管理系统，能够使电网运行更加可靠。

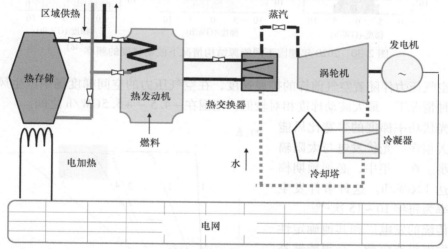

图 2.29　热存储和电加热的热电联产扩展原理图

2.5　增强可控发电厂灵活性的需求

不稳定的可再生能源发电的波动的补偿管理需要所有确定性可控发电源与需求源之间的协调运行。确定性可控发电源与需求源是指：发电厂、抽水蓄能电厂和需求侧管理（DSM）。

单个风电场的功率经常在0%~85%装机容量之间变化[16]。

光伏发电输出限制在白天，当云移动导致太阳辐射迅速变化时，在白天，光伏发电输出也会波动。

需迎接的主要挑战包括补偿有极高梯度的快速变化的波动。

对陆上风电、海上风电和光伏发电来说，在德国电气研究报告[16]中，研究了功率变化的梯度。根据 2020 年规划的能源结构，德国的梯度分布如图 2.30 所示。因为光伏和风电场所占份额较大，所以德国必须面对极高的能量补偿。对每个光伏电站和风电场来说，根据负载峰值需求，不稳定的可再生能源的装机容量的份额超过了 35%。根据德国政府的目标，计划进一步增加其所占份额（另见 1.3 节）。

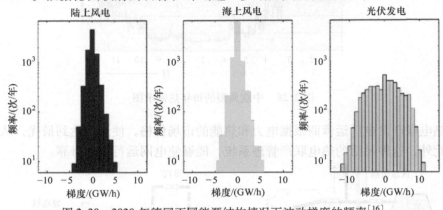

图 2.30　2020 年德国不同能源结构情况下波动梯度的频率[16]

空气压力伴随着空气前锋的扩展速度，在空气压力的空间梯度场中产生风能。在这种情况下，最大波动梯度相对较低，范围在 −4.5 ~ +5.5GW/h 之间。

光伏功率梯度的带宽比风能的要大很多。光伏发电与太阳辐射同步。在一年中，必须预期梯度可达 12GW/h。这种事件发生的频率为每年 10 ~ 15 次[16]。

传统的发电厂和其他确定性可控发电机或负荷，必须能够补偿这种梯度，并提供快速起动功能。

图 2.31 比较了不同燃料发电技术的起动能力。

燃气轮机能够在 5 ~ 10min 内达到其额定功率。灵活联合循环燃气轮机可以在 30min 内达到

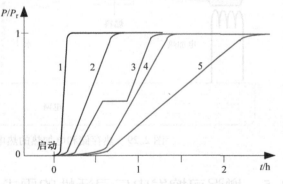

图 2.31　发电技术的热起动时间[16]
1—GT　2—灵活 CCGT　3—标准 CCGT
4—无烟煤　5—褐煤　CC—联合循环
GT—燃气轮机　P_r—额定功率

其额定功率。标准联合循环燃气轮机（CCGT）发电厂逐步达到其额定功率：首先，燃气轮机达到其额定功率，然后，约在 1h 后汽轮机达到其额定功率；燃煤热电发电厂需要在 1 ~ 3h 间达到其额定功率。

短暂的起动时间是满足波动挑战的要求特性之一。

发电厂的灵活可控参数包括：功率梯度、间隔的灵活性和稳定运行所要求的最小发电量。

这些参数在表2.11中分为三类：

- A - 与最优运行条件对应的当前值。
- B - 有更高风险会导致设备损坏的当前增强值。
- C - 创新的技术潜能。

表 2.11　燃油发电厂的可调节特点[16]

特点	无烟煤			褐煤			CCGT			GT		
	A	B	C	A	B	C	A	B	C	A	B	C
功率梯度（% P_r/min）	1.5	4	6	1	2.5	4	2	4	8	8	12	15
灵活性间隔（% P_r）	40~90			50~90			40①~90			40①~90		
最小发电功率（% P_r）	40	25	20	60	50	40	50	40	30	50	40	20
热起动 <8h②/h	3	2.5	2	8	4	2	1.5	1	0.5	<0.1		
冷起动 >48h②/h	10	5	4	10	8	6	4	3	2	<0.1		

① 连续运行时受排放限值限制。

② 仍存在。

可再生能源份额的增长意味着可再生能源发电将在日常生产计划中越来越多地替代燃料发电厂。然而，针对可再生能源引起的波动的灵活反应要求：发电厂在最少发电量时，可以快速达到控制功率的某个量。然而，降低功率的同时会降低发电厂的效率。

因此，仍存在的热力发电的灵活性要求：

- 不减少发电厂的寿命的情况下，高的功率控制梯度。
- 在整个灵活性间隔内，有高的功率梯度。
- 达到20%的最低发电量。
- 即使在减少发电量的情况下，也能保持高效率。

额定功率下年运行小时显著减少。传统情况下，此参数可达到8000h/年。可再生能源的份额的不断增长已经将热电厂额定功率运行时间降至1500~3000h。对于发电厂设施及其相互作用间的工程化，减少功率时优化运行条件，将是其新任务。

另一个经济挑战涉及投资建设和运营新发电厂的动机。这个挑战将改变定价环境，会要求"功率梯度产品"的交易。在这种情况下，发电厂必须在一定的时间间隔内提供稳定的功率控制梯度，功率受发电厂的最大功率和最小功率限制。如果达到上述运行点之一，则发电厂可以连续输出额定功率。若需要进一步改变功率，则必须通过附加机组来实现。

梯度产品管理的一般规则是，机组达到的梯度越高，达到梯度所要求的额定功率越小，但是，达到灵活性间隔的限制越快。与使用低梯度相比，使用高梯度时，运行在最小功率的发电厂数量会更少。另一方面，梯度提供的时间间隔将更短。"梯度产品"的交易必须考虑两个方面：梯度和所需的可用的持续时间。

第 1 章和第 2 章的注意事项总结如下：

智能电网概念要求明显提高发电过程和电力系统运行方面的灵活性。此外，发电过程必须"智能化"。

智能电网和智能发电过程都将确保未来可持续和环境友好的电力供应。这两者还将导致这一领域的巨大技术发展。

参考文献

1. http://www.indexmundi.com/world/electricity_production.html (August 2013)
2. Power for people—the investment report. IAEA—Bulletin 46/1. http://www.iaea.org/Publications/Magazines/Bulletin/Bull461/index.html (August 2013)
3. http://www.vdi.de/fileadmin/vdi_de/redakteur_dateien/geu_dateien/FB4-Internetseiten/CO2-Emissionen%20der%20Stromerzeugung_01.pdf (August 2013)
4. B.M. Buchholz, et al.: Smart Distribution 2020 - Virtuelle Kraftwerke in Verteilungsnetzen. Studie der Energietechnischen Gesellschaft im VDE (ETG). Frankfurt, Juli 2008. http://www.vde.com
5. Desertec Foundation. Clean power from deserts. The DESERTEC Concept for Energy, Water and Climate Security. White book 4th edition, Protext-Verlag, Bonn, February 2009. http://www.desertec.org/.../DESERTEC-WhiteBook_en (March 2013)
6. http://www.desertec.org/fileadmin/downloads/media/pictures/DESERTEC_EU-MENA_map.jpg (August 2013)
7. https://giz.energypedia.info (August 2013)
8. VESTAS V164-8.0 MW: http://www.vestas.com/en/wind-power-plants/procurement/turbine-overview/v164-8.0-mw-offshore.aspx#/vestas-univers (August 2013)
9. http://www.energiepark-druiberg.de/index.php (August 2013)
10. Mohan, N.; Undeland, T. M.; Robbins, W. P.: Power Electronics - Converters, Applications and Design. John Wiley & Sons, Inc. 1995. ISBN 0-471-58408-8
11. SUZLON S88-2.1MW - Product Brochure
12. REpower 6M: http://www.repower.de/de/wind-power-solutions/integration/grid-integration/ (August 2013)
13. S. Engelhardt, A. Geniusz. Measurements of doubly fed induction generator with optimized fault ride through. http://proceedings.ewea.org/ewec2009/allfiles2/434_EWEC2009presentation.pdf (August 2013)
14. E. Muljadi, V. Gevorgian. Short-Circuit Modeling of a Wind Power Plant. Power & Energy Society General Meeting. Detroit 2011. http://www.nrel.gov/docs/fy11osti/50632.pdf (August 2013)
15. http://www.gwec.net/wp-content/uploads/2013/02/GWEC-PRstats-2012_english.pdf
16. G. Brauner, et al.: Erneuerbare Energie braucht flexible Kraftwerke - Szenarien bis 2020. Studie der Energietechnischen Gesellschaft im VDE (ETG), Frankfurt, April 2012. http://www.vde.com
17. http://en.wikipedia.org/wiki/Solar_cell (August 2013)
18. http://de.wikipedia.org/wiki/Sonnenwärmekraftwerk (August 2013)

19. http://www.plantsciences.ucdavis.edu/plantsciences_Faculty/Bloom/CAMEL/energy.html (August 2013)

20. http://www.thenational.ae/business/shams-1-solar-power-plant (August 2013)

21. http://www.volker-quaschning.de/datserv/pv-welt/index.php (August 2013)

22. Renewables 2012. Global status report. http://www.ren21.net (August 2013)

23. Z. A. Styczynski, N. I. Voropaj. Renewable Energy Systems - Fundamentals, Technologies, Techniques and Economics. Res Electricae Magdeburgensis - Magdeburger Forum zur Elektrotechnik. 1st issue, Otto- von- Guericke University Magdeburg 2010. ISBN 978-3-940961-41-6

24. http://www.worldwatch.org/node/6109 (August 2013)

25. http://www.renewableenergymagazine.com/article/power-generation-from-biomass-booms-worldwide (August 2013)

26. W. Tester, et al.: The future of geothermal energy - Impact of Enhanced Geothermal Systems on the United States in the 21st Century: An Assessment, Idaho Falls: Idaho National Laboratory 2007, ISBN 0-615-13438-6

27. http://de.wikipedia.org/wiki/Geothermiekraftwerk_Landau (August 2013)

28. http://en.wikipedia.org/wiki/Geothermal_electricity (August 2013)

29. R. Bertani: Geothermal Power Generation in the world - 2005–2010. Update Report. Proceedings of the World Geothermal Congress 2010. http://jbbp.kankyo.tohoku.ac.jp/jbbp/PDF/2012_Bertani.pdf (March 2013)

30. B.M Buchholz, T. Stephanblome, H. Frey, N. Lewald, Z.A. Styczynski, C. Schwaegerl. Advanced planning and operation of dispersed generation ensuring power quality, security and efficiency in distribution systems. Proceedings CIGRE 2004, C6-206, Paris 29.8.-3.9.2004

31. http://en.wikipedia.org/wiki/Pumped-storage_hydroelectricity (August 2013)

32. http://www.kraftwerkskarten.de/Laenderdiagramme-Leistung (August 2013)

33. http://www.uni-saarland.de/fak7/fze/AKE_Archiv/AKE2003H/AKE2003H_Vortraege/AKE 2003H03c_Crotogino_ea_HuntorfCAES_CompressedAirEnergyStorage.pdf (August 2013)

34. http://en.wikipedia.org/wiki/Compressed_air_energy_storage (August 2013)

35. D. Sauer, et al. Energy Storage in Power Supply Systems with a High Share of Renewable Sources. Studie der Energietechnischen Gesellschaft im VDE (ETG), Frankfurt, December 2008 http://www.vde.com

36. http://www.greencarcongress.com/2009/12/panasonic-20091225.html (August 2013)

37. http://en.wikipedia.org/wiki/Sodium%E2%80%93sulfur_battery (August 2013)

38. http://de.wikipedia.org/wiki/Power-to-Gas#Geplante_und_realisierte_Power-to-Gas-Anlagen (August 2013)

第 3 章
输电网中的现代技术和智能电网面临的挑战

3.1　变电站：电网节点

在大容量发电厂和终端用户之间，电功率流经几个不同电压等级的变电站。

输电网和次级输电网总是网状运行的。变电站是网状网的节点，其连接两根或者更多的输电线。最简单的情况是所有的输电线上的电压相同。然而，典型情况是，变电站将电压由高变低，或者将电压由低变高。变电站还可能执行下述任何几个重要功能，例如：

- 电压控制。
- 无功功率的控制或功率因数校正。
- 通过移相变压器或电力电子设备进行潮流控制。
- 为连接高压直流（HVDC）线路的特高压（UHV）、超高压（EHV）或高压（HV）直流/交流（DC/AC）变换。
- 通过特高压/超高压/高压直流耦合，连接两个不同步的电力系统。

输电变电站和次级输电变电站具有从小型到大型的各种各样的配置。

一个小型的"开关变电站"可能包含仅比一根母线和几根馈电线多一点的设备。另一方面，大型输电变电站可以覆盖较大的区域，具有多个电压等级、许多断路器及大量的保护和控制设备（电压/电流互感器、自动控制系统），如图 3.1 所示。

3.1.1　输电变电站的接线和元件

变电站的各种不同配置如图 3.2 所示。

多母线变电站配置将应用在欧洲中部的大多数变电站。相对于其他种类的接线，此种接线价格更高，但其灵活性、可靠性和安全参数均最好。母线的数量可能会有所不同，母线的数量可以是一根到四根（三根母线和一根旁路母线）。桥形接线被广泛应用在高压电网中。角形接线节约成本，但执行不同的配置选项的灵活性不足。

图 3.3 展示了一个具有两条线路和两个变压器的双母线（1、2）接线。母线 1 和母线 2 通过母联回路连接在一起，母联回路包括一台断路器，当一段母线段故障

图 3.1　超高压/高压户外变电站示意图（来源：西门子公司）

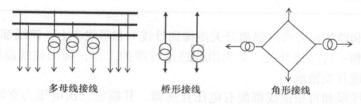

多母线接线　　　　桥形接线　　　　角形接线

图 3.2　变电站接线可选方案

时，可以指定保护跳闸该断路器。每根母线可以通过母线分段器被分为 A 段和 B 段。通过这种方式，该接线提供了几种配置方案，其有利于故障跳闸后受到限制的运行，以及变电站区域执行日常维护所进行的跳闸、接地和短路操作。

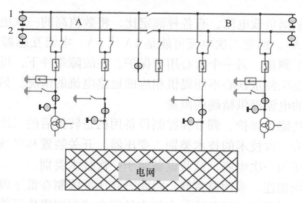

图 3.3　双母线接线及其设备

每个连接到母线的电网元件（线路、变压器、互感耦合、电压互感器）构建出开关间隔。开关间隔配有几个一次设备（参数适用于一次电压和一次电流），以及用来进行控制、测量和保护的二次设备。一次设备的总览见表 3.1。

表 3.1　在开关间隔中采用的设备

设备	符号	功　能
断路器	OFF　ON	可以中断短路电流：例如 "I_{sc}" =70kA，V_r =380kV
隔离器或隔离开关 接地开关	Open Closed	有可见的断开点，不能开合电流。断路器断开时，用此设备的可见断开点来确保该回路断开 连接相与地，不能带电操作
避雷器		限制雷电过电压或者操作电压
电流互感器		将大电流转换为 1/5A
电压互感器		将超高压/特高压/高压/中压转换为 100/110V

变压器和馈线可经母线隔离开关连接到母线 1 和母线 2 上。馈线都配有一台线路隔离开关和一台接地开关。如果沿线路进行维护工作，则用该线路隔离开关隔离，用该接地开关接地。

每根母线段和每根馈线都配有电压互感器，其额定二次电压为交流 100V。电压测量值可以用于：

- 监测和记录电压。
- 保护设备，例如，距离、电压或频率的保护。
- 在馈线连接到母线之前进行同步检查。
- 电压控制。

电流互感器根据负载电流，有各种额定比，将数值高的一次电流转换成二次电流（例如 2000/1A）。额定二次电流可能是 1A 或 5A。电流互感器通常配备两个铁心，一个铁心用于测量，另一个铁心用于保护。在故障条件下，可能产生极高的电流，并且可能会发生测量铁心不能提供相应的短路电流的情况。另一方面，保护铁心不能够对较小的电流提供精确的测量。

为实现设备功能，保护、调节和控制设备用的是转换后的二次值。因此，这些设备构成了被称为二次技术的技术类别。变压器、开关装置和母线的参数适用于数值较高的一次电压和一次电流，这些设备属于一次技术类别。

避雷器和馈线相连。采用避雷器，将瞬态高压波限制在低于设备绝缘耐受值的水平上，从而消除瞬态高压的危险。大气中的闪电或倒闸操作可能会导致暂态过电压。专为变电站设计的避雷器包含：陶瓷、硅片或气体绝缘金属管，通常用氧化锌瓷盘填充，如图 3.4a 所示。氧化锌的导电性取决于其所连接的电压。如果电压超过击穿电压，材料的电阻会大幅下降，将导致过电压对地短路（见图 3.4b）。避雷器的额定性能由 3 个参数决定：其可承受的峰值电流、其可吸收的能量，以及其开始传导所需的击穿电压。由一个被称作绝缘配合的专门的调查研究决定避雷器的配置。图 3.5 说明了绝缘配合的原则。绝缘耐受能力越高，过电压持续时间越短。例如，雷电电压的持续时间最短，但其可能会超出绝缘耐压水平的许多倍。绝缘配合确保在变电站的任何一个地方过电压都低于耐压水平。

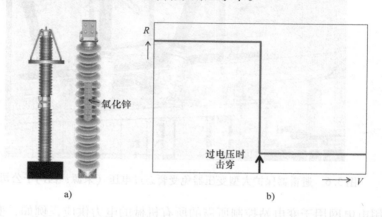

图 3.4　a）避雷器构造；b）氧化锌的导电特性

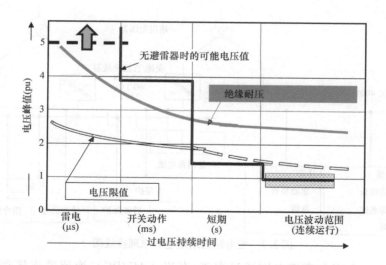

图 3.5　绝缘耐压依赖性和过电压限制

需要特别注意的最贵的设施是变压器。图 3.6 展示了在 400kV/1000MVA 变压器的超高压套管前的避雷器的配置。在图 3.3 中，展示了一台三绕组变压器。如果必须连接到第三电压等级（例如，220/110/30kV），或者如果变电站的站用电电网连接到三次绕组（例如，110/20/0.4kV），则使用第三绕组。如果没有三次绕组，则必须安装专门的辅助变压器。

图3.6 避雷器保护大型变压器免受暂态过电压（来源：西门子公司）

站用电电网用于变电站控制所需的所有机械的电力供应，例如，变压器的开关装置或分接开关的驱动，冷却风扇的驱动或变压器油泵的驱动，如图3.7所示。

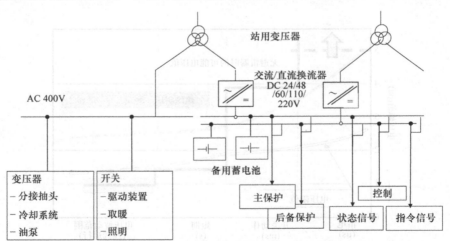

图3.7 变电站的站用电的原理接线图

此外，一个冗余直流电网通过交流/直流（AC/DC）换流器连接到站用电电网，该直流电网包含用于不间断供电的蓄电池。该直流电网为控制和保护设备供电。

3.1.2 新的空气绝缘开关技术

开关柜中最贵的设备是断路器。断路器必须切断400kV电网中可能高达80kA

的短路电流。切断这么大的电流并不简单，需要专门的灭弧装置。

过去，在变电站中，安装有各种类型的断路器，例如，多油断路器、少油断路器或空气灭弧断路器。在过去的数十年中，在特高压、超高压、高压变电站中，已由使用空气绝缘开关（AIS），转变为只使用气体绝缘的断路器。已提供购买、安装、维护和可靠性的最有成本效益的解决方案。绝缘介质是 SF_6（六氟化硫），这是一种无毒、无色无味、不易燃的惰性气体，其密度大约是空气的 5 倍，在 $400 \sim 600kPa$ 的压强中具有极高的绝缘能力。此外，SF_6 的灭弧能力大约是空气的 100 倍。

图 3.8 展示了自压缩式断路器的灭弧原理。该装置有两个触头。主触头建立了可以允许电流长期流动的横断面。在灭弧过程中，主触头最先断开，紧随其后，灭弧触头断开，接着，电弧会击穿灭弧触头。触头的运动导致封闭气体的压缩，在高压下，这些气体通过电弧流入断流器容器。该过程切断电弧电流接触，断路器通常在 $40 \sim 60ms$ 内切换到断开位置。

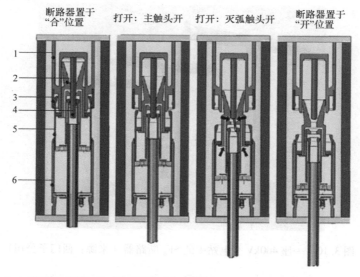

图 3.8　自压缩式断路器的灭弧原理（来源：西门子公司）
1—触头支撑框架　2—灭弧喷嘴　3—主触头
4—灭弧触头　5—触头气缸　6—底座

弹簧存储机构驱动触头运动，如图 3.9 所示。

此驱动机构包含两个弹簧——一个弹簧用于分闸，另一个弹簧用于合闸。两个弹簧具有多个释放能量的位置，从而在故障跳闸之后，自动重合闸时，允许快速开合动作。一台电动机驱动两个弹簧储能。

图 3.10 显示了在户外 400kV 开关间隔中的 SF_6 断路器。在此图中，两个断口单元串联，以实现安全灭弧。该断路器底部附近的盒子中包含驱动机构和间隔控制设备。

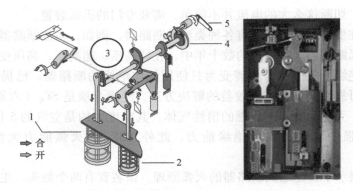

图 3.9　断路器的弹簧储能系统（来源：西门子公司）
1—分闸弹簧　2—合闸弹簧：开—位置：合闸弹簧储能
3—机械系统　4—储能系统　5—手摇机构

图 3.10　一座 400kV 变电站中的 SF_6 断路器（来源：西门子公司）

断路器的设计取决于要中断的短路功率，该短路功率等于额定电压乘以额定短路开断电流。在图 3.11 中，可以看出，最多有四个断口单元，必须将其串联，以便在 750kV 电压等级下，当短路电流高达 80kA 时，断开短路。

隔离开关具有各种各样的隔离机制。在高压中，通常会使用水平断开（见图 3.12a），而超高压变电站更倾向于使用受电弓式隔离开关（见图 3.12b）。在图 3.12a 中展示的是配备有集成避雷器的水平隔离开关。

电动机驱动该隔离开关，可能需要几秒钟的时间打开或合上该隔离开关。

对于防误闭锁机制来说，考虑延时是至关重要的。防误闭锁可确保在电流负载期间不能切换隔离开关，并且当馈线仍连接到电压源时，不能操作接地开关。当隔

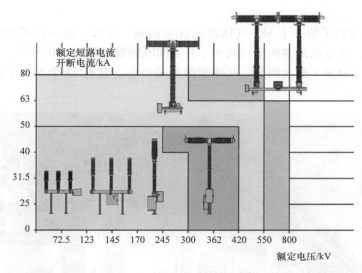

图 3.11　不同种类断路器的设计（来源：西门子公司）

图 3.12　两种主要类型的隔离开关：a）水平隔离开关（配有集成避雷器）；
b）受电弓式隔离开关（来源：西门子公司）

离开关被设为"切换"状态时，在隔离开关或者接地开关处于运行时，防误闭锁算法必须阻止在变电站中的任何可能影响安全的进一步操作。

3.1.3　气体绝缘开关

如 3.1.2 节提到的，SF_6 是一种优良的气体绝缘材料，在适度的压力下，其也被用于气体绝缘开关中，用于相与相之间、相与地之间的绝缘。高压导线、断路器断口、隔离开关、开关、电压互感器、电流互感器封装在接地金属外壳内的 SF_6 气体中。

1968 年安装了第一个 SF_6 气体绝缘开关间隔。今天，这一技术经常被用在城市供电领域，在全球范围内运行的 SF_6 开关间隔的数量超过 100 万个。在中国三峡大坝，安装了世界上最大的 SF_6 气体绝缘开关设备，其有 73 个 550kV 的间隔，如图 3.13 所示。

图 3.13　一座 550kV SF_6 气体绝缘开关站（来源：ABB 公司，型号为 ELK_3_S9）

使用气体绝缘开关的主要驱动因素有：

- 受限可用空间，这对于人口密度高的地区和高山地区是十分重要的一个因素。
- 昂贵的土地收购费用，或法律限制。
- 环境兼容性或社会接纳方面的要求。
- 恶劣的环境条件，例如，沿海地区或工业区。
- 恶劣的天气条件，例如，大风、雪和冰。
- 地震活动，采用低重心，使地震活动时必须拥有较高的抗震性能。
- 在可用空间有限的情况下，拓展或翻新或升级空气绝缘开关。

与空气绝缘开关相比，气体绝缘开关能够节省空间的优点如图 3.14 所示。

245kV 气体绝缘开关所需空间小于同等情况下空气绝缘开关所需空间的 1/50。双母线接线的 245kV 开关间隔的内部构造如图 3.15 所示。

能够减少占用的空间是气体绝缘开关的基本优点，除此之外，紧凑的气体绝缘开关的设计还具有下述额外优点：

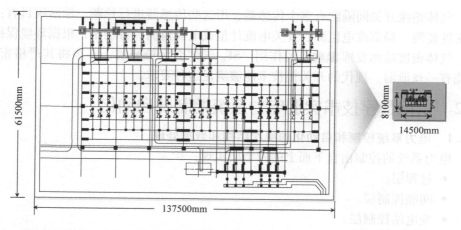

图 3.14　所需空间的比较—245kV 空气绝缘开关/气体绝缘开关—室内—50∶1（来源：西门子公司）

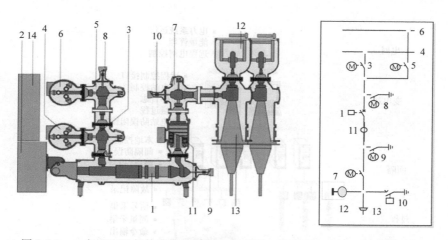

图 3.15　一台 245kV 气体绝缘开关柜的剖面图和接线图（来源：西门子公司）

1—断路单元　2—弹簧机构与控制单元　3—隔离开关（连母线Ⅰ）　4—母线Ⅰ　5—隔离开关（连母线Ⅱ）
6—母线Ⅱ　7—馈线隔离开关　8—接地开关　9—接地开关　10—快速接地开关（带合闸功能）
11—电流互感器　12—电压互感器　13—电缆终端　14—开关柜的保护和控制

- 采用开关柜模块的客户定制和预定义组合的方式，可以使规划时间短、经济性好，因此能够在期限之内交付设备和工程。
- 采用工厂提前装配、提前测试的单元，使安装时间短、经济性好。
- 采用户外气体绝缘开关，可采用受限制的基础，例如在山区或江河地区。
- 通过封装和模块化、人性化设计的服务，使其具有高水平的可用性。
- 封装的移动部件和更少的绝缘体，使其具有最少的维护工作。
- 接地的封装使操作人员具有高度的安全保障。
- 工作寿命长：大于 50 年。

气体绝缘开关间隔配有多个传感器，用这些传感器进行诊断，诊断项目有：气体密度监测、局部放电监测、开关电流计量或电弧监测。特别是，根据环境保护原则，气体密度监测发挥着重要的作用。SF$_6$气体会污染环境，必须将其严格密封，不能有一丝泄漏。现代的开关柜技术能够满足这种要求。

3.2 采用数字技术实现电力系统控制和自动化

3.2.1 电力系统控制和自动化的层次结构和数据处理

电力系统的控制由自下而上的四个层实现：

- 过程层。
- 间隔控制层。
- 变电站控制层。
- 如图 3.16 所示的电网控制层。

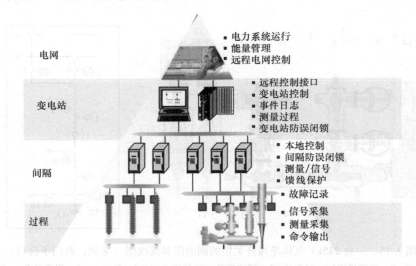

图 3.16 电力系统控制的层次结构

在过程层，
- 二进制状态信号指示信息，例如，开关设备或变压器调压抽头的位置。
- 可在测量互感器的输出处获取模拟量测数据（电压、电流）。
- 为控制开关设备、调压抽头和各种保护、自动化或辅助设备，设置二进制输出命令。
- 可以设置模拟数值，以此来改变调节设备的行为。

如今，可在过程层和间隔控制层之间，通过光纤通信通道，用通信协议传输各种数据（见8.3节）。通过这种方式，可以省下设备的二进制和模拟输入/输出触点以及昂贵的布线。然而，这种做法仍未得到广泛应用。

间隔控制层配有智能电子设备（IED），其可以提供过程层数据采集的接口。数据交换的常规方法是，在间隔层的 IED 的二进制和模拟值的并行输入输出接口的基础上，采集和提供数据。因此，每个数据都需要有自己的通道和接口。

　　在 24V、48V、60V、110V 或 220V 直流电基础上，提供作为直流信号存在的二进制数据。额定直流电压的选择取决于电网运营商的实际情况。直流电压是分别提供的，主要网络是冗余的，直流电网由蓄电池供电。必须由辅助交流电网对蓄电池持续充电。

　　在 1ms 的光栅中正交采样瞬时值，以此获得模拟量测值。特殊干扰或瞬态记录仪可提供明显更高的采样分辨率。

　　在间隔层中，IED 执行如下两个主要任务：

　　1）变电站自动化系统（SAS）的基本数据的间隔控制和处理，变电站控制层的数据交换。

　　2）与电网设施相关的间隔保护，该保护防止干扰状态和/或临界状态引起的压力和破坏（例如，过载、过电压）。

　　在保护和间隔控制设备中，评估在此过程中接收到的所有信号。对过程数据有如下操作：

- 可在设备屏幕上，在本地请求下，可视化过程数据。
- 在可编程逻辑中使用过程数据，以启动特定的自动化程序。
- 传送过程数据到变电站控制的上一级。

　　间隔设备计算瞬时电压和电流测量的一次 RMS 值，并计算相关值，例如，有功功率、无功功率和 $\cos\varphi$。在本地只显示一次 RMS 值，并且传递一次 RMS 值到变电站层。除此之外，在变电站的屏幕上，可显示故障记录，该故障记录图形化表示故障发生前、故障发生时、故障发生后的瞬时值。

　　开关装置的状态信号使得可以显示间隔拓扑，并执行防误闭锁功能——互斥，当断路器处于"合（ON）"状态时，隔离开关的操作，及当馈线欠电压时，接地开关的操作，成为可能。

　　过程中，可以下述几种方式执行正确的指令和脉冲信号：

- 由自动化算法生成（例如，电压控制、切换序列、跳闸保护）。
- 由运行人员在本地使用间隔设备的控制设施来初始化。
- 经通信，由变电站的控制层接收。

　　变电站控制层为运行人员提供了具有控制和可视化要素的交互式工作地点。在此工作地点，可得到整个变电站的接线。事件可被信号化，测量可被监视，控制变电站所有部分就成为可能。从更高的角度来看，变电站防误闭锁扩展了间隔防误闭锁。例如，在相关的断路器合闸时，可以操作隔离开关，但是，变电站拓扑接线表明没有电流流通。

　　变电站控制层提供直达控制网络中心的通信接口，如果有需要，可以到达更远的网络服务提供者，例如，评估和维修管理、网络规划或保护监测。并非所有可取得的数据都要在各个层级之间传递，相反，需要对信息交换进行精心设计。

网络控制中心观察并控制所有网络中的变电站。此外，在这个层级管理相连发电站之间的功率供给和相邻发电站之间的功率交换。输电系统运营商（TSO）构建了在其网络区域内的"控制区"，保证了备用功率的可用性，并在这种方式下确保频率稳定。网络控制中心提供几个有屏幕和键盘的工作站。在一面巨大的墙上屏幕上，展示整个电力系统的概况。

3.2.2 变电站的保护和控制

3.2.2.1 发展历史

在过去的30年里，发展并广泛应用了变电站的数字保护和控制系统。这些系统带来了技术和运行理念的根本改变。这些先进的数字技术目前被应用在逐步工业化的国家的所有重要的特高压/超高压/高压和高压/中压变电站中。

变电站控制技术是稳定的，并且在从有电力供应开始直到20世纪90年代的大约100年内保持不变。

变电站那面巨大的墙上充满了反映变电站接线的机电控制和测量元件。图3.17证明了这点，显示了1920年和1985年的变电站控制墙的一个视图。

用"命令－确认－操作"来进行开关设备的控制和状态指示，图3.17中间显示了此点。通过按开关和旋转开关至指定位置，来执行操作指令和确认指令。要避免误操作，需要两个人工操作。通过声音信号，使人意识到有事件发生。通过"标志"继电器，来辨别事件的类型。在纸上记录扰动记录。

图3.17　20世纪的变电站控制技术（来源：Walter Schossig）

该技术需要从控制室到开关间隔的并行导线。在间隔开关设备或仪表互感器处，直接采集每个信号或测量值，通过其自身的导线，传输这些信号或测量值几百米，穿过变电站。二次系统的高概率的干扰、工程和安装工作量增长都与这种方法密切相关。

保护技术在过去几十年中也发生了变化，从在面板上完成的机电继电方案，到模拟保护装置，再到数字保护装置和IED，如图3.18所示。

保护不能避免扰动，但是可以通过以下方式把后果降到最低：

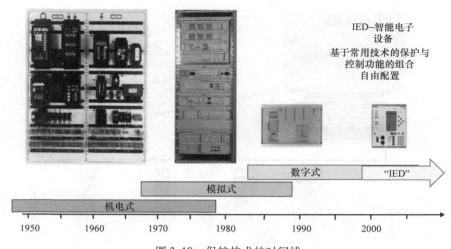

图 3.18　保护技术的时间线

- 快速地、安全地、有选择性地断开故障设备。
- 在瞬时故障情况下，自动重合闸以恢复供电。
- 记录扰动，支持快速的电网供电恢复。

为了完成这些任务，前文中的保护面板（见图 3.18 左侧）配备有通过复杂布线逻辑连接的多个设备。模拟电子技术应用电子面板和电气总线来实行逻辑连接。这两种技术都安装在变电站大楼的专用"继电器室"中。因此，通过在继电器室和开关间隔之间的电缆，传递所有的信号，其有和控制相同的缺点。

在 20 世纪 80 年代初期发展了数字保护和控制技术，其带来了技术革新和深层模式变化。如今，每个开关间隔都直接配备有保护和控制 IED，这些设备都基于硬件和软件中的相同技术（见图 3.18 右侧）。

现在，由串行通信完成变电站控制室和间隔层之间的数据传递。由光纤以太网回路取代长距离并联线路。工业计算机（IC）也替代了控制接线墙（见图 3.17），为了和间隔层的 IED 通信，工业计算机提供了以太网接口，如图 3.19 所示。

工业计算机的屏幕上会显示所有的变电站接线，提供大量详细接线的选项、各种事件日志、图表、测量和故障记录、视频监视和其他。尚未广泛采用辨别故障类型的标志继电器。监控的舒适感从根本上得到了改善。例如，带时间戳显示所有事件消息和测量值的更改。规定时间分辨率为 1ms。使用简化键盘，通过利用光标选择想要控制的设备，以及同时按压两个独立按键——命令键和确认键，实现控制是可能的。工业计算机提供一种或更多（冗余）的链接接通广域网（WAN），与网络控制中心通信，进一步与网络运营商的服务部门通信，如图 3.19 所示。

国际通信标准的应用确保了网络控制中心的互操作性，也确保了不同供应商的变电站自动化系统的互操作性（见 8.2 节和 8.3 节）。以同样方式，与不同供应商

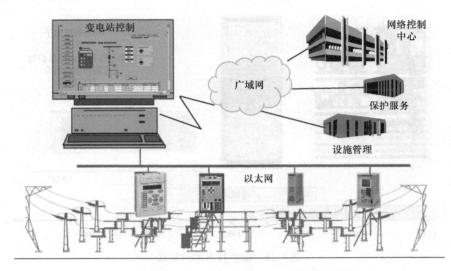

图 3.19　变电站自动化系统（SAS）的现代结构

的 IED 相关的间隔，可能集成在变电站自动化系统中。

3.2.2.2　高级 IED 技术

用于保护和控制的硬件是使用最新的微处理器技术开发和制造的。在设备里嵌入的软件可以使其"智能化"。现在全世界用术语"智能电子设备（IED）"来指代此技术。一个 IED 的硬件接线原理如图 3.20 所示。

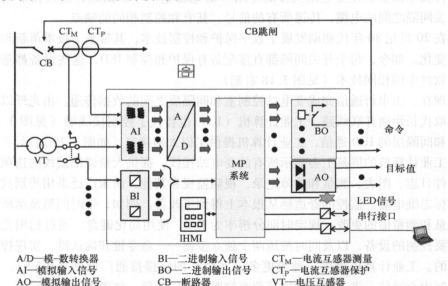

A/D—模-数转换器　　　　　BI—二进制输入信号　　CT$_M$—电流互感器测量
AI—模拟输入信号　　　　　BO—二进制输出信号　　CT$_P$—电流互感器保护
AO—模拟输出信号　　　　　CB—断路器　　　　　　VT—电压互感器
IHMI—集成人机界面　　　　LED—发光二极管　　　　MP—微型处理器

图 3.20　IED 的硬件接线图

输入端需要：

- 在约1ms的同步采样中，获取电压和电流的模拟值。
- 二进制过程信号。
- 从集成人机界面（IHMI）发出的请求。

需转换瞬时模拟测量的采样值为数字值，以进一步在微型处理器（MP）的系统中处理。按照参数设置，MP系统执行所有已激活的功能。一个程序处理的例子如图3.21所示。

故障检测的首要任务是过滤8～15个采样值形成的数组，以避免由暂态或谐波失真而造成的保护设备的过保护。

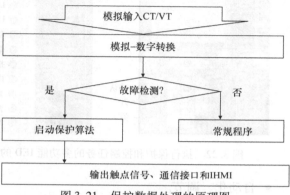

图3.21 保护数据处理的原理图

如果比较测量值和保护标准时，检测到故障，保护算法就会为了管理所有有关的任务而运行，这些任务包括：接收信号、跳闸、故障位置、故障记录开始时间和自动重合闸等。与之相反，如果没有检测到故障，常规方案将继续检查所有输入，并执行自诊断功能。数字IED技术能够检测内部缺陷，并标记出来。

如果在MP系统中，输入数据的处理检测到一次过程中的脉冲需要，那么，IED的交互界面会提供如下的正确信号：

- 命令的二进制输出。
- 目标值的模拟输出。
- 信号和警告的LED（发光二极管）。
- 连接至SAS系统（在间隔层），或远程SCADA系统（在变电站层），或本地连接的计算机的串行接口。
- 本地可视化的集成显示。

图3.22展示了现代IED的前部。

在这种IED中，软件完成保护和控制通常所需的所有功能，一般来说，软件完成以下任务：

- 数据的收集和归档。
- 间隔层拓扑的监测和控制。
- 启动控制命令。
- 防误闭锁。
- 事件记录。
- 以记录、表格、图表表述的量测值。

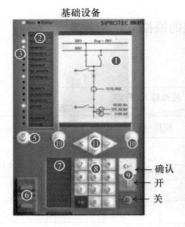

基础设备　　　　扩展模块

❶ 大图显示区
❷ LED灯的标签区
❸ 16个LED灯(绿色或红色,可设置参数)
❹ 16个LED灯(红色)
❺ LED重置按钮
❻ USB接口
❼ 功能键的标签区
❽ 数字键和功能键
❾ 控制/命令键
❿ 内容感应键
⓫ 光标键
⓬ 开关键S5"远程/本地"
⓭ 开关键S1"防误闭锁关闭/正常"

确认
开
关

图 3.22　执行保护和控制任务的多功能 IED 的前部(来源:西门子公司)

- 自动化、调节。
- 通信接口。
- 多重保护功能。
- 与保护相关的功能,例如:
  - 自动重合闸;
  - 同步检查;
  - 故障位置;
  - 故障记录。

通过启用/禁用功能和参数化可用的功能,可以配置用户功能。

可以通过以下方式改变配置:

- 使用配有键盘和显示屏的 IHMI。
- 在个人计算机(PC)上准备参数集,然后,通过集成接口下载该参数集。
- 来自于外部端子或变电站 IC 的参数集的远程通信。
- 由内部(例如,从可编程逻辑)或外部请求初级化的参数集。

为方便和提高效率,通常用 PC 来设计,并设置参数。

PC 的第二个功能是以表格、日志、图形、记录和接线的形式表述信息。IED 的供应商为了这些目的提供专用的 PC 软件。通过集成可编程逻辑实时改变功能和参数集,在 PC 上设计该可编程逻辑,并可以从 PC 上下载该可编程逻辑。

如图 3.23 所示,在一台 PC 上有从左到右的三个视图:

(a)在一个可编程功能图中的功能的链接。

(b)瞬时值记录和向量图中的测量值的表述。

(c)实际测量的 RMS 值的表述(在不同的级别上有相同的视角)。

功能图允许外部输入信号或带内部功能的外部条件的链接,以产生输出信号,

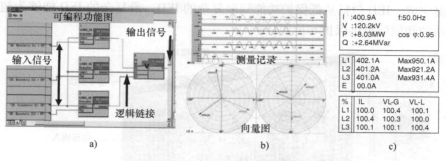

图 3.23　PC 视图：a) 功能图，b) 测量记录和向量图，
c) 测得数值表的变量（来源：西门子公司）

从而产生逻辑组合。这些输出可能是

- 开关命令或开关顺序的启动。
- 变压器分接头改变的命令。
- 目标值的更改，例如：电压控制。
- 参数集的更改。

记录和向量图中瞬时值的表述提供了各个方面完整的分析，各个方面是指谐波评估、非对称性、电压跌落和设备承受的电压。

测量的 RMS 值有可能在所有可能的层级中以多种视角进行表述，所有可能的层级是指 IHMI、本地连接的 PC、变电站控制 IPC、远程终端，例如：

- 电流、电压、有功功率和无功功率、频率、总 $\cos\varphi$。
- 线电流平均值、中性线电流平均值和最大实际电流。
- 线对地电压、线对线电压和线电流。

以便捷和有效的方式，在功能设计和事件分析中，PC 支持这种新的灵活性。

图 3.22 中展示了 IED 的用户友好型前部，此前部允许发生在该间隔本地、带 IED 的常规工作和过程控制。为表述间隔拓扑和许多其他视角，可以参数化 IHMI。屏幕上的菜单、光标控制和 "Enter" 按钮使用户能够访问各种屏幕视图，并执行控制操作。

例如，可以在拓扑图形中用光标控制和按下 "Enter" 按钮选中开关设备。然后，选中的开关设备就会开始闪烁，与黄色的 "Confirmation" 按钮一起，按绿色按钮（ON）或红色按钮（OFF），就执行开关操作了。

通过位于屏幕左侧的 LED 灯，表明事件和报警信号。由 PC 软件提供的 "配置矩阵" 编组 LED 指示灯的配置。配置矩阵也用于包括通信链路在内的其他输入和输出。

IED 的背面具有接线端子和通信接口，如图 3.24 所示。IED 包含基本的 IED 和扩展模块，扩展模块提供额外的 I/O 终端和接口。模块化的概念允许多功能 IED

的无缝完成，IED 包括从低保护功能到最复杂的 IED，最复杂的 IED 能够为超高压变电站的间隔层提供保护和控制任务。

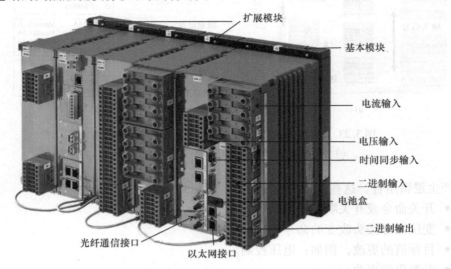

图 3.24　IED 的接线端子和通信接口（来源：西门子公司）

可以很清楚地看到电压和电流接线端子的区别。这些电流端子被设计为可以在 1min 之内承载 100 倍的额定二次电流。此外，包括一个短路机制，在端子与内部设备电路隔离时，这种短路机制可以缩短电流互感器电路的时间。这种机制可防止电流互感器回路的开路，也可以防止在开路终端发生危险的高电压。除了接线端子和接口，IED 的背面还包含来自卫星的时间同步信号的接收器。通过这种方式，确保在整个网络区域内，分辨率为 1ms 的事件日志的时间戳是一致的。

通信接口提供各种标准化的物理信道，包括光纤、电 V24 或 RS 458。现代 IED 执行自我诊断功能，硬件测试的永久备份程序内嵌在其中，可以瞬间识别和标记硬件组件的损坏。与传统技术相比，这个特点是一个巨大的优点，在传统技术中，只有在循环校验过程时，才能检测软件错误。

3.2.2.3　特高压、超高压、高压的保护和控制方案

作为一项规则，特高压、超高压、高压变电站间隔的保护和控制方案包含：

- 一套主保护。
- 一套后备保护。
- 一套间隔控制设备。

受保护电网设备为

- 线路/馈线。
- 母线。
- 变压器。

采用的主要保护准则见表 3.2，在图 3.25～图 3.32 中描述了保护功能的准则。

表 3.2 特高压、超高压和高压的保护方案的准则[2]

设施	主保护	故障清除 t_{max}/ms	后备保护	故障清除 t_{max}/ms
线路高压 – 特高压	差动电流 ΔI		距离 $Z <$	
高压 – 特高压	距离 $Z <$	120	距离 $Z <$	120
HV	距离 $Z <$		方向性过电流 $I >$	
母线	差动电流 ΔI	100	距离 $Z <$	300①
变压器	差动电流 ΔI 和 瓦斯保护	120	过电流 $I >$	150

① 断路器故障保护。

差动保护准则提供了最多的选择性。因此，超高压和高压线路的主保护常采用差动保护。保护功能基于以下事实：沿着无故障线，输入电流应等于输出电流。图 3.25 说明了这一原理。然而，沿着线路的电流将受到电容电流的影响。因此，无故障线路的输入电流 I_1 和输出电流 I_2 并不完全相等。可以测量出非故障线路的输入电流和输出电流间有小误差。为了避免差动保护的误动作，需要采用不平衡的电流。

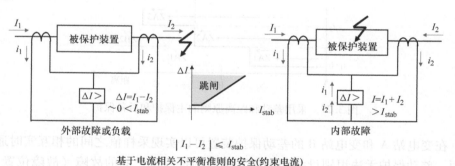

图 3.25 差动保护的原理

差动保护功能的缺点在于：保护的选择性被严格限制在电流互感器的区域内。一套后备保护不能与这一限制一同起作用。

因此，为实现后备保护，差动保护主要是与距离保护相结合。距离保护使用瞬时测量的电压和电流值来连续计算阻抗。如果沿线发生短路，电压下降，电流增大，阻抗将大大减小。阻抗是至故障的距离的一种量值。可以对多个阻抗区进行参数化，以同时确保选择性和后备保护功能。图 3.26 展示了距离保护的原理。

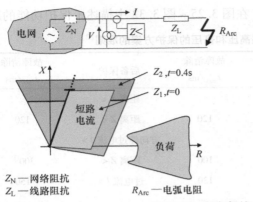

根据保护装置处测得的电压和电流计算阻抗：

$$Z = V/I$$

测量的故障阻抗与故障距离呈线性关系。

附加准则：时间（用于保护选择性和后备保护）。

距离保护在距离区内动作。如果测量的距离由距离区外移至距离区内，则可识别故障。用与时间延迟相关的距离区，初始化跳闸。

Z_N—网络阻抗
Z_L—线路阻抗
R_{Arc}—电弧电阻

图 3.26 距离保护的原理

图 3.27 表明距离保护的分段原则和线路差动保护的保护区域。

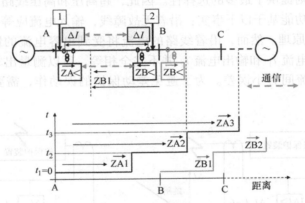

图 3.27 采用差动和距离原则的主保护和后备保护

在变电站 A 和变电站 B 的差动保护装置可以实现采样值之间的相互实时通信。然而，差动保护无法识别母线和电流互感器的接入点之间的故障（故障位置 1 和故障位置 2）。距离保护保护这些区域。

有很小的延时或无延时（t_1）时，距离区域 1 内动作。为了避免错误跳闸，距离区域的长度覆盖80% ~ 90%的线路阻抗。区域 2 的长度超过了线路的长度，在更高的时间延迟 t_2 之后跳闸，有时间延迟 t_3 时，区域 3 的长度可以到达下一个母线 C。变电站 B 的线路保护也采用此相同原理。

在位置 1 的故障，可以通过在区域 1 内距离保护 Z_A < 跳闸，在位置 2 的故障，可以通过在区域 1 内距离保护 Z_B < 跳闸。但是这只是线路一侧的快速跳闸，短路只能在区域 2 的时间延迟之后才能最终跳闸。为了避免故障持续时间的延长，采用远方保护，其原理是，通过通信链路，两个保护单元将采集值提交给对方装置。如果其中一个装置检测到故障在区域 1 内，则两个装置同时跳闸。此外，由发电厂 A

中的保护的距离区域 2 和距离区域 3 实行线路 B – C 的后备保护。

在高压线路保护方案中，与主距离保护相配合，后备保护通常采用方向过电流原理。过电流保护原理基于最简单的准则：故障情况下增加的电流，如图 3.28所示。

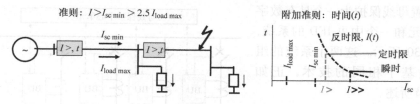

图 3.28　过电流保护原理

短路电流越大，过电流保护就更快地使断路器跳闸。遵循这一原理，采用以下两种方法：

- 如果超过了定时限过电流值 $I >$，则在整定时延后，定时限过电流保护跳闸。无时延，或者有一个最小的时延，极大的短路电流 $I >>$ 跳闸。
- 与依赖短路电流的时间延迟一致，反时限过电流保护跳闸。

为了在高压网状电网中采用过电流保护，由一个专用的方向准则附加于过电流保护，因此过电流保护运行时需要输入相电压。

母线是电网中最敏感的元件。母线故障可能导致整个变电站或部分变电站跳闸，部分跳闸是指与母线相连的所有变压器和线路跳闸。

母线差动保护必须能够持续检查母线的配置。例如，操作时，将三母线系统当作一种电气连接的集合体，或作为 6 个分段的母线。隔离开关的对称开关确保了故障母线组件的选择性跳闸。图 3.29 显示了母线保护的原则。

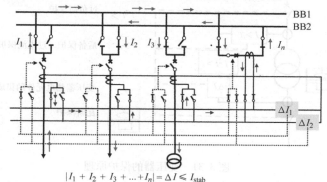

$$|I_1 + I_2 + I_3 + ... + I_n| = \Delta I \leqslant I_{stab}$$

必须根据隔离开关的对称开关，对每个分开的母线（BB）段，连续地和实时地检查基尔霍夫节点方程。

图 3.29　母线差动保护原理

复合电流（考虑方向）的总和导致了差动电流，为所有电气自治母线段严格计算该差动电流。在母线段故障的情况下，连接的馈线的所有断路器都将跳闸。母线保护应在 8~12ms 以内跳闸，以避免损坏设备。在故障母线跳闸后，为将受影响的馈线连接到正常母线段，必须尽可能快地进行倒闸操作。

　　配置母线保护为一个具有数字间隔单元和一个中央 IED 的系统，如图 3.30 所示。这两个系统的组件都是基于相同的技术，正如 3.2.2 节所述。

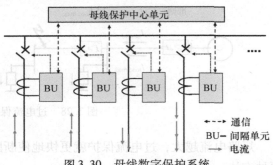

图 3.30　母线数字保护系统

　　间隔层的 IED 持续提交测得的瞬时电流和与中心单元相连的隔离开关的状态。中心单元检测母线段和故障的出现。如果确定无疑地检测出一个故障，那么，应无延时地断开所有连接到故障线路的馈线。通过连接到故障母线段的馈线的保护系统，实现母线的后备保护。

　　典型的变压器保护方案如图 3.31 所示。

　　一般而言，变压器差动保护的原理与线路差动保护的原理是一致的。其不同包括：

- 根据变压器变比，测量电流的不同。
- 在一个 IED 中的不同电流的直接测量（无需通信）。
- 涌流（接通后）时，需要关闭保护功能。

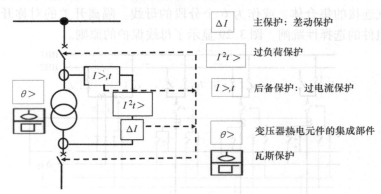

图 3.31　变压器的保护原理

　　瓦斯保护也是变压器送电的一部分。其监控变压器中主油箱和副油箱中的气体流。气体流检测到内部故障，根据气体流的强度，决定是发出报警，还是瞬时跳闸。

此外，通常在主保护装置中激活过负荷热保护原理。过负荷热保护的设计是要防止过载发热和防止由此产生的对受保护的变压器的破坏。该保护功能代表变压器的热备用。同时，要考虑以前的过负荷历史、由热元件测量的当前油温和对环境的热损失。热元件是变压器的组件之一，必须连接其至保护设备，以进行温度观测，其需要 IED 的 20～100mA 的直流输入。

后备保护通常是过电流保护。后备保护也采用距离保护。

变压器保护方案必须考虑绕组的数量和接线方案。图 3.32 展示了这种多样性。

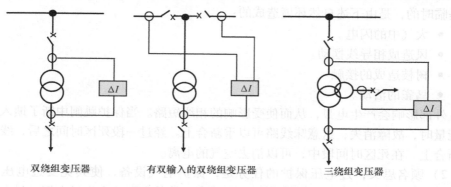

图 3.32　变压器差动保护的接线图

用于控制和保护的数字 IED 也包含进一步的保护和保护相关功能。图 3.33 给出了具有中性点谐振接地的 110kV 馈线常用功能的一个例子。部分高压电网中使用中性点谐振接地。然而，大多数的高压电网使用中性点直接接地原则，这种原则也是特高压电网中使用的唯一的一种中性点接地方式。

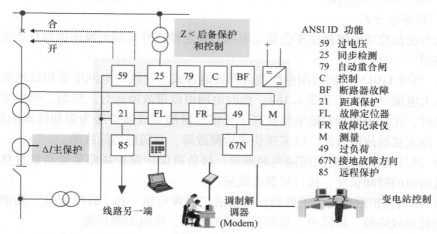

ANSI ID	功能
59	过电压
25	同步检测
79	自动重合闸
C	控制
BF	断路器故障
21	距离保护
FL	故障定位器
FR	故障记录仪
M	测量
49	过负荷
67N	接地故障方向
85	远程保护

图 3.33　用于后备保护和控制 110kV 设施的组合 IED 的功能集

本方案使用差动保护作为主保护。一个综合保护和控制装置由距离保护作为基本保护功能，该综合保护和控制装置实现后备保护。可以提供附加的保护和保护相关功能。

在图3.33中，采用了符合美国国家标准学会（ANSI）系统的标识数字。ANSI系统将标识数字分配给不同的功能，全球已知并接受了这种做法。继电保护工程师相互考虑保护方面时，使用的是ANSI标识号，而不是原理名称。

所采用的附加功能的定义如下：

1）自动重合闸功能主要用于有架空线路的电网中。经验显示，约85%的故障都是临时的，是由下述自然环境造成的：

- 大气中的闪电。
- 风造成相导线摆动。
- 树枝造成的接触。
- 鸟雀的活动。

外部影响会产生电弧，从而使受影响的相线短路。当保护跳闸中断了馈入电弧的能量时，故障消失，这意味线路可以重新合上。经过一段死区时间之后，线路会重新合上。在死区时间段中，可以消去空气的电离。

2）顾名思义，过电压保护的任务是，保护电气设备，使其免受过电压的影响。因长的轻载输电线会产生多余的无功功率，故其上可能产生过电压。过电压可能导致绝缘问题和损坏等。

3）在连接电网的两个部分（例如馈线和母线，或母线和发电厂）之前，同步检测功能提供同步检测。"同步"评估下述差异值：

- 两个部分的电压大小的差异值 ΔV。
- 电压间角度差 $\Delta \delta$。
- 频率差 Δf。

该方法校验使倒闸操作不会危及电网的稳定性，并且倒闸操作也与自动重合闸配合使用。

4）部分110kV电网使用中性点谐振接地方式。在这些电网中单相接地短路并不产生大电流（见4.4节图4.18）。此时电网可以带故障运行。然而，带故障运行该线路时，正常相的相对地电压提高了三倍，增加了故障扩展为多相故障的概率。因此，测定接地故障方向，以实现快速检测故障，并随后消除故障。

5）通过观察一定时间间隔内的潮流，过负荷保护保护线路免受负载过热。根据超过阈值的时间长度，执行报警或跳闸。

6）距离保护原理提供了机会，以激活"故障定位"和"故障记录"功能，这些功能提供故障前、故障中、故障后记录的电压、电流的测量值。

7）断路器故障保护监控相关断路器的正确跳闸。在设置的时间延迟内，如果未操作断路器，断路器故障保护装置提供一个跳闸信号，通过断开另一个相邻的备用断路器，以隔离失效的断路器。

图 3.33 表明了 IED 的通信接口的优点。图中，IED 通信接口用于远程保护、保护数据或参数集的外部（通过调制解调器）读取或本地（PC）读取、链接到变电站的控制工作站。

这种为高压和更高电压等级的开关间隔严格设计的保护和控制方案的理念，要求安装单独的和自治的设备，这些设备用于主保护、后备保护和断路器故障保护。通常需要这些设备来自不同的供应商。这就意味着在直流电源供电方面，它们也是独立的（另请参见图 3.7）。

如今，结合后备保护、断路器故障保护和控制性 IED，以获得更高的经济效益。

比较传统方案和控制与后备保护的高效结合的方案，如图 3.34 所示。

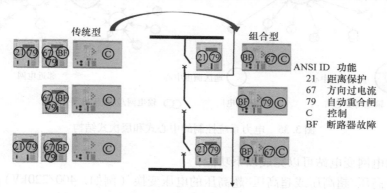

图 3.34 传统方案和保护与控制组合方案

图 3.34 中示出了常采用的双母线 3/2 断路器配置。两条线路与三个断路器连接，此三个断路器与两条母线相连。主保护是具有自动重合闸功能的距离保护。后备保护采用有自动重合闸功能的方向过电流保护和断路器故障保护。间隔控制设备完善了整个方案。后备功能和控制功能的结合极大地简化了这个方案，同时该方案未损失可靠性。

此例子表明，数字化技术可以使保护和控制方案简化和高效化，大幅度降低了工程费用和运行费用。

3.2.3 控制中心技术

电力系统控制由输电、次级输电（或者地区配电）和本地配电三个层次构成（参见 1.2 节，图 1.7）。

在最高电压等级的输电系统中，有以下两个基本功能：

- 能量管理系统（EMS）。
- 电网监控和数据采集（SCADA）。

在结合了这两个功能后，在本书中，输电系统的控制中心通常被称为"调度中心"。

欧洲大多数国家在一个国家级调度中心建立一个控制区域，以控制电力系统的运行。然而，在德国，四个输电系统运营商构建了四个控制区域。

可能在一个中心式或者一个层次式控制结构中，管理输电系统的运行，如图3.35所示。在相关的调度中心和输电网变电站之间，传输数据。

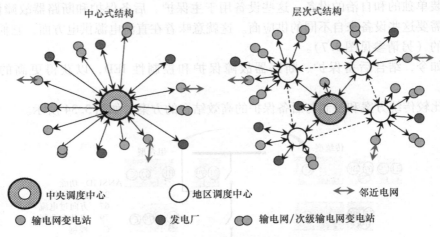

图 3.35   电力系统控制的中心式和层次式结构

- 输电网变电站可以完成以下功能：
- 特高压/超高压或超高压/超高压的电压变换（例如，400/220kV）；
- 连接到邻近电网（输电网或者大型工业电网）；
- 电压变换到次级输电的高压电压水平（例如，400/110kV）。
- 发电厂。

表3.3展示了可配置的数据传输量的概况，此种数据传递发生在调度中心和发电厂之间，为大型或更小的电力系统的控制而进行数据传递。此外，发电厂状态变化与调度中心信号之间有延迟，考虑了该延迟所需的响应时间。

表3.3   现代调度中心的数据量和最大响应时间

数据量		响应时间（平均值）
大型电网	小型电网	
100000 个事件信号	20000 个事件信号	显示选择时间 <1s 事件更新时间 <1s
10000 个测量值	2000 个测量值	测量值变化 <1s
1000 个计量值	200 个计量值	带返回信息的指令输出时间：<2s
20000 个指令	400 个指令	
2000 个显示视图	500 个显示视图	连续负载：100 个信号/s

调度中心的技术主要是基于组件，在计算机和通信技术市场上，可以商业化提供这些组件。供应商解决方案的特殊性包括这些硬件组件和软件解决方案的选择和

配置。例如，一些供应商仍然喜欢用工作站，将 UNIX 选作为操作系统。其他供应商的产品基于 PC/Windows 系统。

图 3.36 阐述了输电网调度中心的一个可能的方案，通过使用 EMS，该方案也能完成控制区域职责。

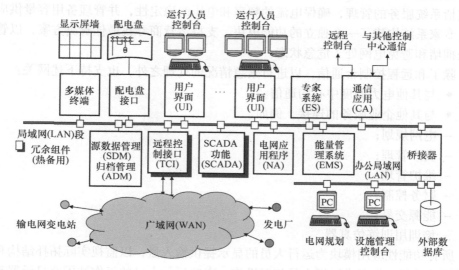

图 3.36　一个输电层调度中心的方案

2000 年以来，远程通信取代了之前的点对点通信方式，该远程通信经过广域网（WAN），该广域网使用 TCP/IP 地址方案。输电系统运营商使用其自己内部的广域网，这些广域网主要基于光纤电缆，而这些光纤电缆嵌入在架空线路的接地导体中。在高压次级输电层，运营商自己的广域网组件和他们自己的公共网络域名结合在一起，是很常见的。这种方法可确保独立于公共通信网络，信息交流时，提供了高水平的安全性。

调度中心的冗余组件也支持这种高水平的安全性和高可靠性的要求。例如，远程通信接口（TCI）和 SCADA 系统通常在冗余的热备用模式下运行。TCI 充当调度中心的局域网和外部的广域网的网关，也冗余地配置局域网。当所有功能性应用都受阻时，用户接口通过局域网来交换数据。独立的远程控制台完善了安全观念，这种远程控制台配置在外部建筑中，调度中心失效时，允许应急性网络运行。

调度中心的 SCADA 功能覆盖了电网上连接的所有用户，在原理上，类似于变电站的 SCADA 系统。调度系统中物理网络基础设施的完整映射是标准化的。复杂的表述和运行功能补充了网络映射，为开关操作、电压控制和抽头变换或无功功率控制提供了最大的运行支持，其目的是，在 $N-1$ 故障条件下，确保可靠地传输所请求的电能。

"电网应用程序"（NA）功能模块管理电网中的维护工作以及相关的倒闸和接

地操作。在电网设施出现故障和有效跳闸的情况下，由 NA 块协调故障清除和恢复工作。

在日前和日内能源市场的紧密合作下，运行能量管理系统（EMS）。根据负荷和可再生能源的预测，在每个时间段，必须采用可用的最经济的能源组合。EMS 还包括系统服务的管理，确保电流的频率和电压的稳定性，并管理备用容量供应。

专家系统构建了一个独立的功能模块，支持运营商寻找最佳解决方案，以管理系统拥堵和避免电网处于危急状态。

除了和远程控制台通信，以进行紧急情况的处理之外，也支持下述网关：

- 与其他电力调度中心的通信。
- 与其他企业服务的连接，例如
- 电网规划；
- 资产管理；
- 维护管理；
- 财务控制；
- 能源交易；
- 培训用训练仿真器。

所有功能性应用模块为运行人员的显示提供输入量，以监视实际拓扑结构和电力系统的进程。为了供运行人员相互操作，有些运行人员的工作站配有显示器和键盘。显示墙提供进程控制所需的各种图，模拟图展示整个电网的拓扑结构，这种模拟图可以缩放和滚动。这种调度中心的一个视图如图 3.37 所示。

在显示墙上，从上到下和从左到右分别为

- 近期的操作日志。
- 含预测的电网的日负荷曲线。
- 当前功率平衡（输入和输出）的总体情况。
- 频率偏差。
- 有主要电网组件和到邻近电网的连接点的电网区域。
- 一天中来自于发电厂的输入。

模拟板的右侧显示了电网的详细拓扑，表明了整个电网的拓扑，并含有开关设备的位置和潮流与电压测量值的指示。

电网设施的颜色代表的含义，举例如下：

- 红色：重载。
- 绿色：轻载。
- 白色：断开和接地。

运行人员的工作站使得可以执行远程控制命令。显示屏上的更多更详尽的信息支持着运行人员的工作。

图 3.37 输电系统的调度中心示意图（来源：西门子公司）

3.3 输电技术

3.3.1 概述

依据物理构造的不同，将输电技术和次级输电技术分类如下：

- 架空线路。
- 地下线路或海底线路，其可以表现为
- 电缆线路；
- 气体绝缘线路（GIL）。

额定电压等级为

- 高压线路（>60kV，<220kV）。
- 超高压线路（≥220kV，<800kV）。
- 特高压线路（≥800kV，1200kV）。

根据物理输电原理，分为

- 交流线路。
- 直流线路。

两个参数制约着交流传输容量：

- 最大输电距离。
- 最大输电功率。

动态稳定性现象产生第一种交流输电限制。图 3.38 显示了两个电网区域之间的功率传输公式。

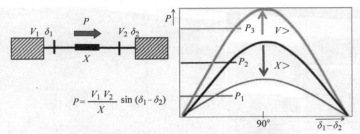

图 3.38 功率方程和参数对交流输电容量的影响

对于静态稳定和动态稳定来说，两个电网区域间的相角差是很重要的。如果相角差（$\delta_1 - \delta_2$）接近或高于90°，便无法维持静态稳定。

此外，在故障的情况下，电压会下降，输电能力会相应降低。如果输电功率大大低于正弦曲线的峰值，可以更好地抑制随后的功率波动。因此，较高的电压等级 V 允许更大的功率传输能力（$P_3 > P_2$）。

另一方面，线路越长，线路电抗 X 越大。通过这种方式，线路长度也限制了功率传输能力（$P_1 < P_2$）。

直流输电没有这种稳定性造成的输电限制。然而，对于直流和交流输电来说，均存在第二种功率传输限制，即线路阻抗造成的功率损耗，与电流的二次方 I^2 成正比。更高的传输功率意味着更大的电能损失和更高的中心温度。例如，一条 300km 长、400kV 电压等级的线路的功率损耗为

- 6.3MW，为 600MVA 传输功率的 1.05%。
- 25.2MW，为 1200MVA 传输功率的 2.1%。

导线温度的增加也会限制功率传输的容量。

通过这种方式，依据电压等级和物理性质，功率传输容量和传输距离建立了输电线种类的选择标准。图 3.39 阐述了不同的输电技术的总体情况。

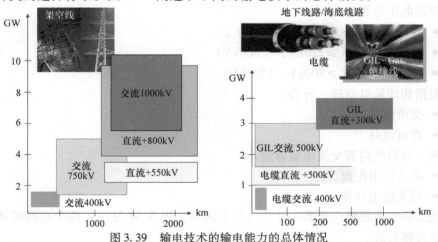

图 3.39 输电技术的输电能力的总体情况

很明显，中欧工业化国家非常适合使用 400kV 电压等级，因为在这些国家，变电站间的输电距离小于 300km。

高成本限制了采用地下线路。资本支出（CAPEX）随着电压等级的提升而增高。因此，以德国为例，电缆和架空线路与线路总长度的比率大约为

- 中压线路 300000km : 180000km。
- 高压线路 4600km : 70000km。
- 特高压线路 120km : 45000km。

400kV 交流电缆的大电容产生大量无功功率，因此，进一步限制了采用 400kV 交流电缆。对于更长的电缆距离来说，需要额外的无功补偿设备。

有些特殊应用场合，需要传输大功率，但不能架设架空线路（例如，日内瓦或法兰克福机场上空的区域），在这种特殊应用中，采用气体绝缘线路。全世界只有几个 100km 的 GIL 在运行。

3.3.2　交流输电

钢塔、瓷绝缘子、硅树脂绝缘子或玻璃绝缘子、接地导线和相导线共同构成了交流架空输电线路，其中，导线为钢芯铝导线，钢芯提供机械稳定性，外部铝导线提供较低的电阻。在相导线的横截面中，典型的铝钢比为 240mm² 铝/40mm² 钢。

同塔双回双相位系统最高可用于 400kV 的电压等级。此外，还可扩展 400kV 双线塔，即每条线另有两个 110kV 系统。对于线路区域受限的国家、需要几年的法律程序来允许建造线路的国家，这种组合是非常有效的。欧洲中部已经建造了多至六相系统的线路塔。在更高的电压等级，单回输电很常见。因此，要保证 $N-1$ 可靠性，将建第二回线路。

图 3.40 是线路塔结构的实例，其含有多种电压等级、不同类型绝缘体。

a)　　　　　　　　　　b)　　　　　　　　　　c)

图 3.40　超高压和特高压交流输电线路的塔结构：a) 有瓷绝缘子串的 400kV 双回路系统，b) 有玻璃绝缘子串的 750kV 单回线，c) 有硅复合绝缘子的 1000kV 单回线（来源：IEC）

1—接地导线

采用一根地线,保护400kV双线,使其避雷,如图3.40a所示。两个系统的地线和相导体构成三角形,地线防雷区可覆盖此整个三角形。750kV或1000kV的线路中,相导线间有更大的距离,不能采用这种方式。因此,可以预见,将采用两根地线。

由图3.40可见,采用分裂导线构成一相。

超高压及以上电压等级线路使用分裂导线,分裂导线具有以下两个功能:

1)增加导体表面的等效直径,以降低导体表面电场强度"E",从而减小电晕(空气环境的电离)造成的电能损失。

2)增大导线的截面积,减小电抗,从而减少电流通过时造成的电能损耗。

分裂导线的效果如图3.41所示。

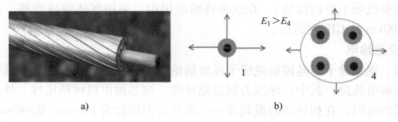

a)   b)

图3.41 a)铝钢导线;b)分裂导线的效果

根据图3.42,可以通过电阻R、电抗X和电容器C的等效值来表示每一条线路。这些参数定义了运行中的输电线路的特性。

沿线路,线路电阻R造成电能损失和电压降。

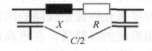

图3.42 电力线路的等效模型和参数

线路电抗X引起无功功率损耗和电压降,其值与电流大小成正比。

线路电容器C产生了无功功率,其值与电压成正比,提高了线路末端的电压值。

X和C对线路的影响,是相反的:

● 如果线路重载,那么起主导作用的是电抗X,电压会降低。这种影响是危险的,因为它能导致电压崩溃,从而造成电力系统的不稳定。2003~2005年间,北美、瑞典/丹麦、意大利、希腊和俄罗斯大停电事故中,电压崩溃是其主要原因(参见5.1节)。

● 如果线路轻载,起主导作用的是电容C,将会升高电压。这种影响也是非常危险的,因为它可能导致过电压,过电压会损害设备,并导致保护跳闸。

对于每一条线路的建设而言,存在自然功率或波阻抗负载(SIL),线路两端的电压相等(感性无功功率损失等于产生的容性无功功率)。从逻辑上讲,选择额定输送能力S_r大于SIL。以此方式,沿线路有功功率的流动方向,电压是减小的。

表 3.4 总结了分裂导线的根数、线路参数的平均值、SIL 和最常用的功率传输容量 S_N。

表 3.4　输电线路的典型参数

V_{ph-ph}/kV	导线根数	X' /(Ω/km)	R' /(Ω/km)	C' /(nF/km)	SIL/MVA	S_N/MVA
110	1	0.4	0.12	9.5	33	60
220	2	0.35	0.08	12.5	160	250
400	3 ~ 4	0.32	0.02	14	600	1000
500	4	0.3	0.018	15	1000	2000
750	6	0.28	0.012	13.5	2300	4000
1000	8	0.26	0.008	14	4100	11000

来源：西门子公司，D. Retzmann。

可以看出，电抗值是电阻值的很多倍。电压级别越高，电阻值和电抗值就越低。

电容受分裂导线的直径（增加）和相地间的距离（减少）的影响。因此，对电压等级的依赖性不是很明显。

因此，可以预见，智能电网会追求更大的输电容量，并用高温导线增强现有的输电线路。这种导线可连续传输超过 3kA 的负载电流。尽管输电功率有如此大的提升，电抗 X 和电容 C 的比值并没有变化。电网规划人员的任务是，通过采用高温导体，以避免任何电压管理的麻烦。

GIL 的参数与架空线路的参数相似。因此，在线路中，把架空线路和 GIL 结合在一起，是没有任何问题的。

但是，电缆的参数有很大的不同。和架空线路相比，其电抗 X 的值略低，但是，电容却是架空线路的电容的 10 倍以上（见图 3.43）。

$X = 0.12 \sim 0.25 \Omega/km$

$C = 0.15 \sim 0.8 \mu F/km$

波阻抗负载(SIL)：

电缆：$SIL \geqslant 10 \times SIL_{OHL}$ 架空线

图 3.43　单相超高压电缆的构造及其参数的范围

因此，电缆的 SIL，比架空线路（OHL）的 SIL，大 10 倍以上。

然而，由于缺少空气的自然冷却，散热设计严重地制约了电缆的功率传输能力：通常，电缆的散热设计为 20 ~ 25W/m（根据电缆制造商的数据），远远低于 SIL。SIL 以下的正常负载，沿电缆将无功功率平衡，多余无功功率转移到一台盈余 Q 发电机中。

从而，限制了超高压电缆线路的长度。较长的线路需要安装电抗器，其补偿无功功率，以保证运行电压维持在规定的范围内。

在超高压电压等级，电缆相线是单根线。

直埋电缆和 GIL 的例子，如图 3.44 所示。

图 3.44a 显示了一条 400kV 电缆通道。双 GIL 系统的地下铺设和一根 GIL 相导线的构造，如图 3.44b 所示。它由金属壳体、内导线和绝缘支撑构成，金属壳体内充满高压密封的 SF$_6$ 气体。

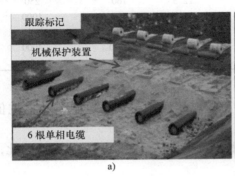

图 3.44　a）一根双系统 400kV 地下电缆；b）400kV GIL 系统（法兰克福（Frankfurt）机场）
（来源：a）Amprion GmbH、b）西门子公司）

3.3.3　直流输电

在换流站中，交流变直流和直流变交流需要有效快速地控制阀。

当前，有以下两种换流阀技术：

- 电流源换流器（CSC）或采用光触发晶闸管（LTT）的线路换相换流器（LCC）。

- 采用绝缘栅双极型晶体管（IGBT）的电压源换流器（VSC）。

两种技术的主要特点总结如图 3.45 所示。

通过门极的光触发，控制阀。门状态打开或阻止电流通过阀。该换流阀限制了额定电压（约 6kV）和电流（约 4kA）。因此，只有通过塔中的换流阀的并联和串联级联，才能达到换流站的额定电压和功率。

图 3.46 显示了一座这样的阀塔，其位于奉贤特高压直流换流站的阀厅

CSC 或 LCC
光触发晶闸管

≤±800kV
≤10GW
点对点
网络换流
需要外部电压
没有黑启动
需要无功功率
通过电流过零灭弧

VSC
IGBT

≤±350kV
<2GW（1GW/换流器－2012）
多终端
自换流
产生电压
可以黑启动
控制无功功率
灭弧角可控

图 3.45　高压直流技术

内，该换流站属于中国国家电网公司向家坝－上海 800kV 特高压直流输电工程。

图 3.46　一个 ±800kV 换流站的变压器套管和换流阀塔（来源：ABB 公司）

变换过程如图 3.47 所示，采用六脉冲换流器方案（图的左下方）。

三相交流系统 A – B – C 实现相地电压在邻相之间以 120°的角度偏移。控制阀的电压将被"切割"成不同的区域，这样，连接同极性的最高电压到直流电路中，提供直流电压 V_d。如果控制阀的电压有一个正方向，则触发信号可以合上控制阀，使其由闭合状态变为导通状态。

按照反接方案，一侧的阀 1、3、5 连接到直流电路的正极电压，另一侧的阀 2、4、6 连接到相反的负极电压。每当相邻相的值相等时，电压升高的换流器产生换流。在这种"自然"序列中，正波 α 的触发角等于 0°，负波 β 的触发角等于 180°（图 I）。图 II ~ 图 V 阐述采用角度联合，如何控制直流电压 V_d。在这些情况下，根据自然的导通时刻，延迟导通晶闸管。当 $\alpha = 180°$，$\beta = 0°$ 时，直流电压最大值的极性反转了。在图的左侧，图示了直流电流流过控制阀的次序。交流相电流只能流过导通的换流阀。在所有阀的电流和中会产生一个持续电流流出直流电路。在电流过零点时，将关闭该晶闸管。

考虑换流器方案，如果直流电压为负值（图 IV、图 V），则电流朝反方向流动。这一事实反映了 CSC 技术的典型限制，即改变功率传输方向需要改变电压极性。

经过此换流后，直流电压持续变化，且叠加了频率谐波。以下两种方式可以使谐波充分衰减：

* 采用并联直流滤波器来构建 LC 振荡回路，以抑制电压谐波。
* 在 12 脉冲换流器方案中，两个交流系统并联运行，此方案中，移相 30°。通过两个并联变压器，达到相移，其中，一个变压器的二次绕组是星形联结的，另

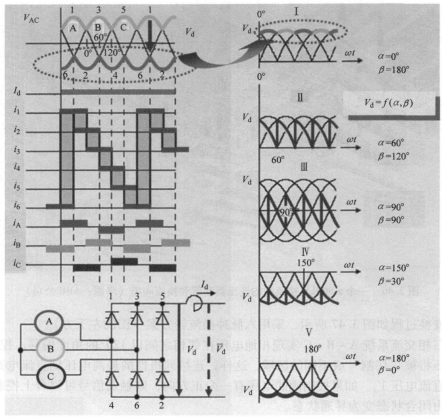

图 3.47 交流 – 直流换流顺序

一个变压器的二次绕组是三角形联结的。

图 3.48 阐述了相关方案。

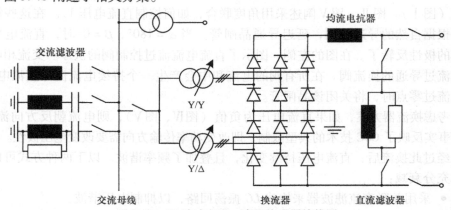

图 3.48 12 脉冲交流 – 直流换流器接线图

设计交流滤波器时，要消除交流电路中的换流器产生的谐波失真。补偿电抗器用于避免小功率输电情况下的电流中断，并限制直流故障电流。

线路换相换流器要求电流跟随电压。因此，必须在交流母线处补偿无功功率。通常，精心设计交流滤波方案，以使在 50Hz 频率下产生无功功率。

DC – AC 变换使用相同的方案，并使直流电压中断，此时，每相每隔 10ms 极性变化一次（半波 50Hz）。为主导谐波频率，采用有谐振回路的相同的滤波技术。

自换相电压源换流器（VSC）技术的主要优点是，具有更好的控制灵活性。这种技术使可以在过零点以外切断电流。这些阀允许在不改变电压极性的情况下，双向流通电流。从而，可能构建网状或多端口高压直流网络。也可以控制无功功率，换流站也可以自动恢复电压，从而使用黑启动能力。然而，VSC 技术的电压水平，以及随后的功率传输容量，仍然低于 CSC 或 LCC 方法下的相应值。

此外，换流站的能量损失比 VSC 技术的能量损失高 50%，换流站的能量损失平均达到总能量的 1.5%。因此，大功率输电项目采用传统的 CSC 换流技术。世界上第一个 ±800kV/5000MW 换流站位于中国。此换流站的一个视图如图 3.49 所示。

图 3.49　±800kV 复龙 – 向家坝 – 上海的换流站（来源：ABB 公司）

超高压/特高压直流输电连接的附加一次设备为变压器和线路本身。例子如图 3.50 所示。

因为额定功率大，且电压高，制造特高压直流变压器为单相变压器。和站在附近的人相比，800kV 变压器和套管的尺寸令人印象深刻（图 3.50a 的左下角）。图 3.50 还介绍了 ±800kV 线路塔的尺寸参数和一个实景中的线路视图。

线路的电阻（±800kV 线路中，0.007Ω/km）与交流输电线路相似，因此，电能损耗也在同一个水平上，例如，一条 1000km 线路，功率传输为 5GW，其电能损失为 2.7%。

目前，切断直流故障电流的最快最好设备是换流器自身。虽然开发和原型测试已经进行了很多年，仍然不存在真正的直流断路器，基本上来说，直流断路器可以

 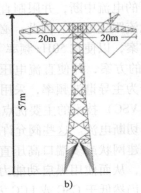 

图 3.50 ±800kV 直流输电装置：a）变压器；b）线路杆塔的测量尺寸；c）运行中的线路
（来源：西门子公司）

通过以下方式实现：

- 火花式中断。
- 改良传统的交流断路器为直流断路器。
- 半导体电子电流控制。
- 这些方案的一种组合。

具有有限直流电流中断能力的金属回路转换断路器，已经成功应用在许多直流方案中[3]。其包括并联电抗器 – 电容器谐振电路，可产生人为电流过零点。

3.3.4 使用有功功率控制和无功功率控制的柔性交流输电

未来的电力系统必须是灵活的、安全的、符合成本效益和环境友好的。在智能电网的帮助下，可以同时解决这些需求。在未来的电力系统的发展过程中，柔性交流输电系统（FACTS）将会发挥越来越重要的作用。

FACTS 主要包括：有功控制器、管理无功功率的电容器和电力电子设备，例如，换流器控制阀和电力电子控制元件结合在一起，其有专用的控制和保护系统。

可以用交流有功输电的方程式来解释 FACTS 的三个功能，如图 3.51 所示。

通过以下几个方面，FACTS 对功率传输产生影响：

1）并联补偿：控制输电线路的一端或两端电压。较高电压会产生较高的功率传输。

2）串联补偿：通过串接电容器，减少线路电抗。

3）负载控制：线路两端的电压相位差的影响。

在一个或两个线路端，使用并联的电容器和电抗器，进行并联补偿。电容器产生无功功率（ +Q ），使电压增加，电抗器吸收无功功率（ –Q ），使电压减小。电力电子控制可以改变无功功率平衡，在 40ms 内，使从最大 +Q 到最大 –Q，或者，实现相反的无功功率平衡。

根据换流技术，采用以下两种补偿装置：

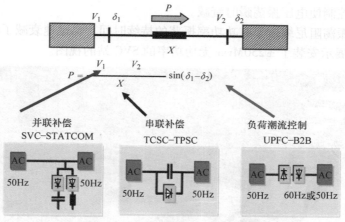

图 3.51　FACTS 的运行原理和接线

- SVC（静止无功补偿器）：基于 LTT 控制阀。
- STATCOM（静止同步补偿器）：基于 IGBT。

并联补偿装置实行电压控制和无功功率控制。此外，快速控制设备对电力系统稳定性有积极的影响，允许故障后功率和电压的快速衰减。2004 年意大利大停电的根本原因就是电压振荡。

图 3.52 显示了一个如何改善系统的稳定性的例子。在电网 1 和变电站 A 间的线路短路之后，观察到变电站的电压的大振荡和流向电网 3 的有功功率的大振荡。采用以下两种方式可控制无功功率：

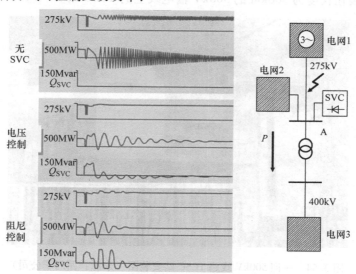

图 3.52　SVC 对系统稳定性影响的说明

（来源：西门子公司，D. Retzmann）

- 电压控制使电压振荡瞬时衰减。
- 功率振荡阻尼缩短了有功功率振荡的持续时间，也迅速衰减了电压振荡。

图 3.53 展示安装了 ±250Mvar 无功功率的 SVC 站的视图。

图 3.53　±250Mvar SVC 站（来源：西门子公司）

串联补偿连接串联电容器到输电线上，通过这种方式减小线路电抗（$X = X_\mathrm{L} - X_\mathrm{C}$）。为了控制，可能会连接电容器到含电抗器和换流设备的并联电路。这种设备被称作 TCSC（串联补偿控制晶闸管）。

如果增加了额外的保护功能，称其为 TPSC（串联补偿保护晶闸管）。图 3.54 中展示了安装在长度为 500km 的 500kV 输电线上的 TCSC 站。

图 3.54　一回 500kV 线路 TCSC 站安装图（来源：西门子公司）

这种安装方式有以下的影响：

- 功率传输能力增加了一倍。

- 拓展了系统稳定性的限制。
- 可以迅速衰减故障后的功率振荡。

潮流控制的基础如下：

- 采用高压直流输电（HVDC）-背靠背式耦合器（HVDC B2B），实现交流-直流-交流变换。
- 换流器的串并联建立的 UPFC（统一潮流控制器），是基于 IGBT 功率换流器来影响电压相角的。

在全球范围内，采用 HVDC B2B，以连接两个进行电能交换的自动同步电力系统，同时不相互影响频率或电压质量。

在东欧和西欧之间的电力系统中，一直运行有三种这样的设备，直到1994年，部分东欧国家建立起连接到 UCTE 系统的同步连接。

图3.55 展示了匈牙利和斯洛文尼亚之间的 UPFC 系统在潮流竞售时的效率。在正常情况下，只有31%的国家之间的潮流通过直流输电系统传送。其他的69%的潮流流过邻近的电网传送，并导致额外的电能损失。UPFC 的安装大大改善了这种情况，把直流功率输电能力提高到82%。

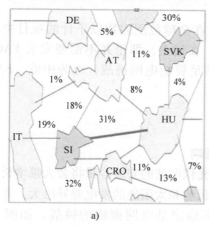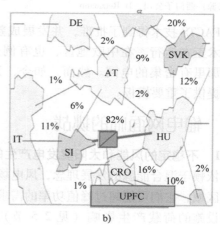

图3.55 潮流情况：a）无 UPFC 运行时；b）有 UPFC 运行时（来源：西门子公司，D. Povh）

表3.5 描述了 FACT 原理产生的影响。

表3.5 FACT 的原理、基本接线和影响

原理	设备	接线	对系统性能的影响[①]		
			潮流	稳定性	电压质量
线路电抗的变化	TPSC		·	· · ·	·
串联补偿	TCSC		· · ·	· · ·	·

（续）

原理	设备	接线	对系统性能的影响[①]		
			潮流	稳定性	电压质量
电压控制	SVC	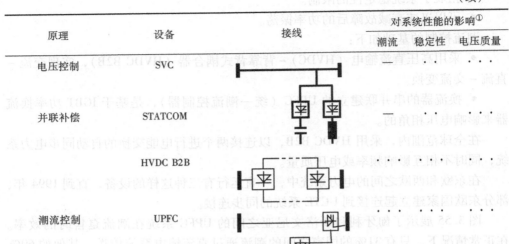	—	· ·	· · ·
并联补偿	STATCOM		—	· ·	· · ·
	HVDC B2B		· · ·	· · ·	· · ·
潮流控制	UPFC		· · ·	· · ·	· · ·

① 影响：—表示很小或无；·表示小；··表示中等；···表示强。
来源：西门子公司，D. Retzmann

FACTS 技术得到了批准，并发展成熟，在全球范围内数以千计的项目中，这项技术正在运行。在中欧地区，也有例外，在过去，那里并不需要安装 FACTS，因为那里有密集的电网。然而，如今，为满足智能电网挑战，也为中欧，FACTS 技术提供了重要模板。

3.4 输电网面临的挑战

3.4.1 不稳定的风能和太阳能发电产生的影响

依赖于混合能源的发展理念，风电场和光伏电站的安装容量将会大幅增长，在控制区域，它们可能超过峰值功率的需求。风能和太阳能的发电差异巨大，并会对电网设施的荷载产生影响（见 2.5 节）。不稳定是电网面临的挑战，如图 3.56 所示。

很少使用风电场或光伏电站的总装机容量。长时段来看，单一发电厂的风力输出功率下降到零。光伏电站只在白天发电，在一天之中，任何一片云彩都可能导致发电中断。依靠多年的经验，典型的发电统计学得到了发展。建立一个年功率利用率的等效面积，光伏电站和风电场的平均使用时间，如图 3.56 所示。

这一行为对电力系统有两个方面的影响：

1）应当能预测风能和太阳能发电，并将其纳入计划管理之中。但是，预测工具的准确性十分有限。预测方案可能会发生重大的偏差，这就要求必须大大提高备用容量利用率。

2）电网设施的负载也是不稳定的。因为在功率平衡中的巨大份额是不稳定

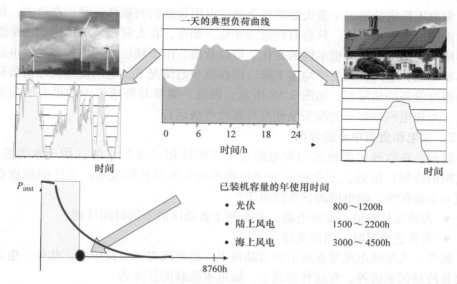

图 3.56　风能和太阳能的典型负荷曲线以及可能的发电功率

已装机容量的年使用时间

- 光伏　　　　　800～1200h
- 陆上风电　　　1500～2200h
- 海上风电　　　3000～4500h

的，电网调度变得更复杂，与过去相比，需要更多的关注和支撑设备。

如今，为把不稳定的可再生能源纳入计划管理中，输电系统运营商采用复杂的预测工具。例如，一个德国的输电系统运营商使用三个不同供应商提供的预测软件，通过把三种软件的预测结果结合起来，制定日前计划。

然而，仍然有可能发生发电预测的重大偏差。图 3.57 展示了一个这样的例子。可以观测到 4GW 的偏差，这不是唯一的一次，而是一年以内出现多次。在这个例子中，预测发电量的 40% 的偏差，强调需要对预测方法是否合格进行判断，并且采用重复的日内预测，以减少预测误差。较短的预测周期，意味着预测可以达到更高的准确率。

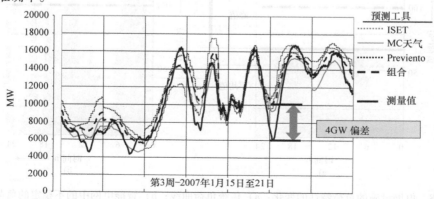

图 3.57　通过多种方法的预测值和实际项目实测值的风电案例
（来源：Vattenfall Europe Transmission GmbH）

95

发电不稳定的第二个重大影响是会造成电网设施的间歇性负载。在过去，每一天，设施负载是相似的，只会有轻微的变化。如今，在大规模、不稳定的功率馈入的环境下，情况发生了根本性的变化。可以看出，由于底层电网中分布式发电的份额不断增加，电网负载的平均值下降。但在极少数情况下，电网设施的峰值负荷可能会超过设备的热限制，如图 3.58 所示。因此，需要对拥堵管理的更多的监测和方法，以使电网以如今的高安全和高可靠性等级运行。

3.4.2　发电和负荷中心的分离

　　以前，在欧洲中部地区的发电站建立在矿区和（或）水源（用于水力发电、核电站的冷却）附近。工业和城市中心和本地发电站共同发展，关注的焦点在于区域和本地配电。输电网的任务仅限于

- 为满足日峰值，交换电能，并有利于各地区的不同时间计划。
- 在紧急情况时，提供支持。

　　如今，大型风电场建在海上或者陆地上，远离现有的负荷中心。此外，电力能源交易跨越国家边界。在这种方式下，输电系统新的任务为

- 更远距离的大容量电能输送。

　　这样一种趋势的最好的例子是德国。在德国，2022 年之前必须关闭所有的核电站（主要位于南方），这些核电站提供的电能等于 2010 年所有发电量的 25% 左右。此外，2030 年之前，在北部和波罗的海海域，将建立大容量的风电场，这些风电场装机容量为 28GW，远离位于德国中部和南部的负荷中心。如前面 1.3 节所示，这一发展将会使发电站和负荷中心分离很远。

　　现有的输电网并没有准备好应对这些新任务。因此，必须大大加强输电网，以迎接新挑战，如图 3.58 所示（也可见图 1.11）。因此，根据图 3.59，输电系统运营商制定了输电网发展规划[4]。

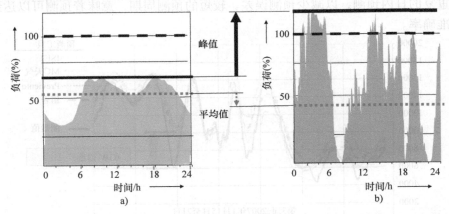

图 3.58　电网设施的负荷特性的变化：a）传统负荷曲线；b）智能电网中的不稳定的负荷情况

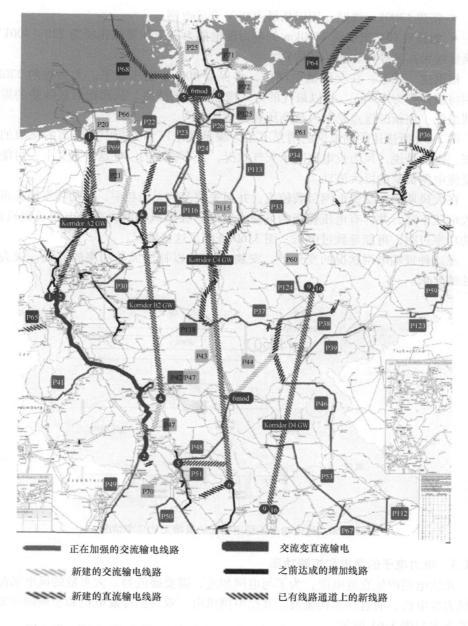

图 3.59　德国 2013 年输电网发展规划（来源：NEP 2013，2013 年 7 月第 2 版，
www. netzentwicklungsplan. de [4]）

输电网的发展需要以下项目[5]（根据方案 B2022）：

- 四条超高压直流（EHVDC）线路，长度为 1800km，容量为 12GW。
- 另外，将 300km 交流线路改造成超高压直流线路。

- 新建1700km线路，用以拓展400kV交流电网。
- 加强现有交流线路3400km的电力输电能力（电压等级拓展为220～400kV，替换导线为高温导体和新的结构）。

根据这一理念，在交流输电网中，将保留400kV电压水平，大多数的220kV电网将被替换为400kV。将以最优的方式增强现有的线路，从而把对新线路的需求降到最低。创新的重点是引入超高压直流叠加电网。

图3.59所描述的输电网的增强不是为满足发电厂和负荷中心分离的挑战的所有图。也就是说，风力发电取决于天气状况，是不稳定的。在这种意义上，可能出现交流电网负荷的巨大波动。

在大风期间，交流电网负载较重，并损失较多的无功功率，无功功率损耗可能导致电压下降，并伴有电压骤降的危险。或者，在微风期间，交流电网负载较轻，无功功率过剩，可能导致过电压。图3.60证明了这些情况。

在这种极端电网状况的变化下，安装FACTS以补偿无功功率的波动，成为强制性的要求。

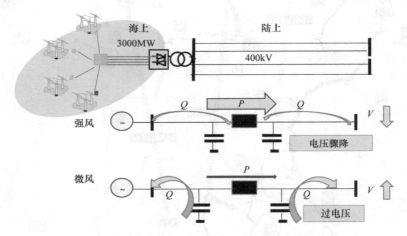

图3.60　风电功率不稳定引起的极端无功功率情况

3.4.3　电力电子的馈电和短路功率

光伏电站产生直流电能，为了与电网相连，需要换流器。大多数的风电场配备有风力发电机，通过功率换流器，其给电网供电。双馈感应发电机和变频同步发电机的方案如图3.61所示。

连接风电场的换流器不能提供与同步发电机相当的大的短路功率。图3.62描述了一台连接同步发电机的换流器的功率、电压和电流特性的故障穿越。

与电压降低相关，短路电流将显著低于发电机的额定电流。但是，在电网上，由保护设备提供的安全系统运行和故障识别要求提供短路电流，依据它们的大小和相角，可以将这些电流与负载电流清楚地区分开（最小的短路电流）。为快速和选

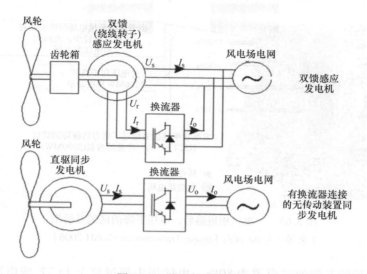

图 3.61　风电场常用类型

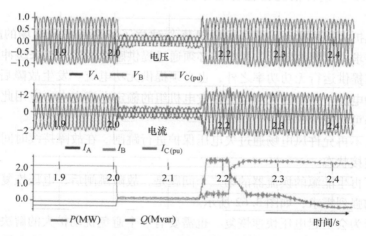

图 3.62　连接同步风力发电机的换流器的故障穿越
（来源：西门子公司，PSSE—没有短路电流增加的方法时，Netomac 软件的仿真）

择性清除故障，始终要求有足够的短路功率。此外，如果在大风期间，关闭所有具有同步发电机的传统发电站，因为缺少短路功率，短路点附近的电压降很明显。图3.63 表明了这种情况，其为真实的三相短路，在输电系统运营商（TSO）"50Hz输电公司"400kV 输电网中，在萨克森（Saxony）-安哈尔特（Anhatt）地区（德国），风力发电占主导地位。

在电压降<80% 的区域，安装了约 4500MW 的风电。当 80% 的风力发电容量馈入电网中时，就是强风状态。因此，欠电压保护将跳闸 3700MW 的风力发电，

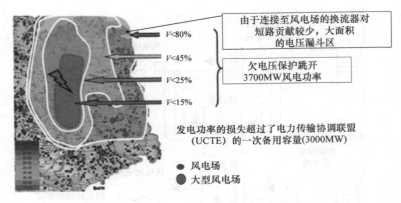

图 3.63　一次三相短路后，电压下降的区域及后果
（来源：Vatte nfall Europe Transmission GmbH 2006）

将欠电压保护的参数通常设置为 80%。电能损失超过整个 UCTE 输电网的一次备用容量的 20%。这种情况会轻易地导致大规模的系统扰动，甚至可能出现断电事故。

为避免扩大这种扰动，德国输电规范[6]建立了特别考虑风电场的故障穿越行为的新的要求。电网故障后，风电场必须通过提供感性无功电流来缓冲电压。除了在故障之前提供运行无功功率之外，也必须提供无功电流。发生故障后，20ms 内，应提供无功电流，并限制无功电流在发电机组的额定电流之内。应用此规则，示例中的电压降可能减少 3 倍。

其次，不再允许风电场通过欠电压保护进行跳闸。在故障持续时间内，风电场必须保持连接状态。

连接可再生能源的换流器的第二个问题是，故障跳闸后，电压恢复过程中，对无功功率的强烈需求，如图 3.62 所示。

这种行为会延迟电压快速恢复，也需要有一个避免扰动扩大的解决方案。德国输电规范[6]也给出了解决这一问题的答案。图 3.64 给出了关于风电场故障穿越能力的新要求的相关图。

故障出现和随后的故障清除后，有风力发电机的电压高于区域 1 和 2 之间的电压边界线，所有这些风力发电机仍然可以连接至电网。当电压下降到小于额定电压的 55% 时，这种措施是具有强制性的。

在较低电压的情况下，只有在某些条件下，风电场才能短暂地中断与电网的连接。故障出现后 1.5s 和跳闸后 1.35s 时，应完成按区域 2 所述的电压恢复。原则上，在这个区域中，所有发电机都继续连接到电网。只有在特殊的情况下，允许短时间的扰动。然而，如果在 0.5s 之后，由于强大的无功功率需求，电压不能恢复，则在区域 3 内的蓝色曲线下部，风力发电机应迅速断开。

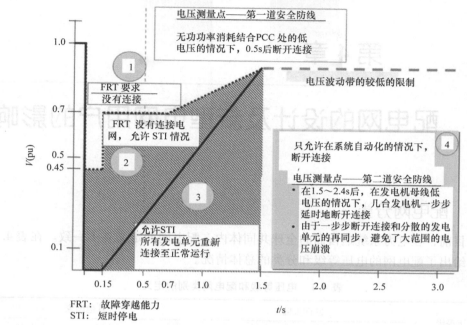

FRT: 故障穿越能力
STI: 短时停电

图 3.64 风力发电机故障穿越的电网规则[6]

在将电压恢复到运行标准范围之后，需要进一步地监视电压发展。在超出标准范围的情况下，在 1.5～2.4s 的时间范围内，在区域 4 中，自动执行逐步断开连接。通过这种方法，确保故障发生后 2.4s 时，电力系统恢复稳定运行。

适当的控制和自动设施可以避免发生扰动扩大到电压崩溃的情况。大多数的风力发电设备制造商能够满足上述要求。

参 考 文 献

1. B.M. Buchholz. Lectures "Electricity grids", "Energy automation" and "High voltage technologies" within the education program "Power transmission and distribution – the technologies at a glance". Siemens Power Academy Nuremberg, 2003 - 2009. https://product-training.siemens.com/power-academy/index.jsp?L=EN (February 2009)

2. H.J. Herrmann, A. Ludwig, H. Föhring.; H. Kühn.; F. Oechsle.: German Practice of Transmission System Protection. CIGRE, Study Committee B5 Colloquium paper 306, Madrid, 2007 October 15-20

3. D. Andersson, A. Henriksson. Passive and Active DC Breakers in the Three Gorges-Changzhou HVDC Project. www05.abb.com/global/scot/.../icps01passive.pdf (Oktober 2013)

4. Deutsche Übertragungsnetzbetreiber. Netzentwicklungsplan 2013, zweiter Entwurf 17.07.2013 http://www.netzentwicklungsplan.de/content/netzentwicklungsplan-2013-zweiter-entwurf (August 2013)

5. R. Bauer, C. Dörnemann, B. Klöckl, P. Lang. Übertragungsnetz der Zukunft – Aktueller Stand der Planungen der HGÜ- Verbindungen im deutschen Netzentwicklungsplan. Internationaler ETG- Kongress Berlin, 5.- 6. November 2013

6. Transmission Code 2007. "Network and System Rules of the German Transmission System Operators". August 2007, Verband der Netzbetreiber – VDN – e.V. beim VDEW

第 4 章

配电网的设计及新型电网用户的影响

4.1　配电网分类

目前，在电力系统运营商的全球共同体内，配电网的定义并不一致。在表 4.1 中，给出了配电网的电压等级和分类的总体情况。

表 4.1　电压等级和配电网类别的定义

电压等级	欧洲大陆		其他国家	
	额定电压/kV	类别	额定电压/kV	类别
低压（LV）	0.4	本地配电网低压	0.2, 0.4	配电网
中压（MV）	6, 10, 20, 30	本地配电网中压	4 ~ 35	配电网
高压（HV）	110	区域配电网	>60 ~ 110 ~ 150	次级输电网

配电网旨在以具有最大的经济性和可靠性的方式向用户分配电能。因此，根据电压水平和对供电可靠性的影响，应用 $N-1$ 可靠性准则的做法是不同的。

区域配电网（次级输电网）的高压电网必须满足的 $N-1$ 准则，输电网也要满足 $N-1$ 准则：电网设施跳闸之后，必须无任何延时地继续运行。因此，高压配电网的配置、自动化、远程控制设施、保护方案和运行实践通常与输电系统相同。

因此，在本章中，考虑的重点主要集中在中低压本地配电网的实践上（第 3 章考虑了次级输电网）。

一般来说，$N-1$ 准则也适用于中压配电网和低压配电网。但是，与叠加电网（高压电网）不同，故障后，有可能直到恢复，供电都是中断的（见第 1 章 1.2 节图 1.7）。

通常，区域配电网和本地配电网由不同的配电网运营商（DNO）运行。

4.2　一级和二级中压配电网

中压配电网是从叠加电网（主要是 110kV 电网）的变压器的输入处开始的，其中，变压器连接到中压母线。

在大约 80% 的 110kV 中压变电站中，采用按长度方向分段的单母线系统，该单母线系统由断路器和隔离开关保护。在可靠性要求更高的情况下，使用双母线系统。图 4.1 给出了一种中压配电网方案，将此配电网分为一级中压配电网和二级中压配电网。

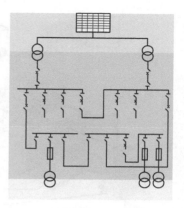

　　一级中压配电网的设备的设计，必须适用于负载电流和短路电流，其中，负载电流高达 4000A，短路电流高达 72kA。与变电站母线相连的馈线配有断路器和保护装置。通常，一级中压

图 4.1　中压配电网的接线图

配电网的开关装置封装在金属隔间内，并位于建筑物中。

　　中压馈线的现代断路器基于真空管。由于不存在任何电离介质，电流中断后的涌流在真空中迅速熄灭。图 4.2 展示了一种真空灭弧室和两种不同类型的完整的中压断路器。

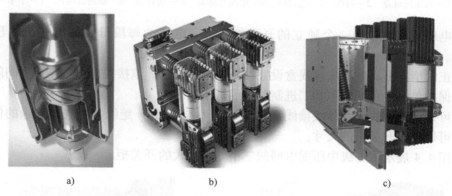

图 4.2　a）真空灭弧室；b）、c）真空断路器组件。a），b）来源：西门子公司，
c）来源：Schneider electric energy GmbH

　　一级中压配电网中的大部分馈线间隔是三相封装在开关柜中的，该开关柜含图 4.3 所示组件。

　　断路器（CB）固定在小车和组件盒中。通常，在连接区的母线或输入电缆的连接器的耐压室，合上断路器的触头。断路器上部区域与母线段连接。

　　在"断开（OFF）"状态中，从开关柜中移出断路器。通过这种移动，可以实现与连接区域的可见断点，这意味着，在现代中压开关柜中，不再使用专用隔离开关。

　　在所有三相中，连接器都包含套管式电流互感器。

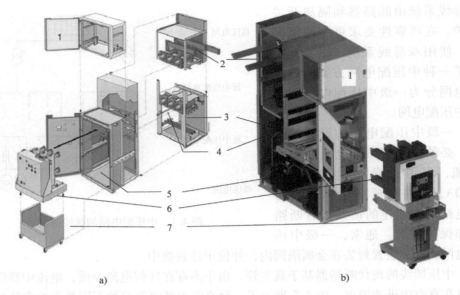

图 4.3　开关柜的结构。a）来源：西门子公司，b）来源：Schneider electric energy GmbH
1—低压配电盒　2—母线　3—连接区　4—电流互感器　5—组件盒　6—断路器组件　7—小车

电压互感器装在一个独立的开关柜中，变电站的每段母线只有一个电压互感器。

正常情况下，其低压接线盒设置在开关柜的顶部。该接线盒包含连接到间隔控制和保护单元触点的模拟和二进制信号的低压接线。

可以设计模块盒和母线接线盒为空气或气体（SF_6）绝缘。在气体绝缘的情况下，可以减小开关柜的尺寸。

图 4.4 展示了一级中压配电网的三个差别最大的开关柜。

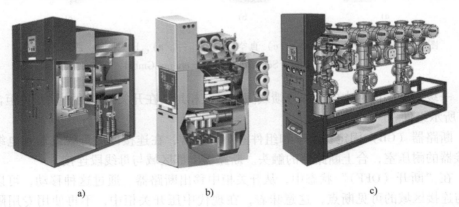

图 4.4　中压开关柜：a）空气绝缘三相封装；b）气体绝缘三相封装；c）用于双母线系统的
气体绝缘单相封装。a），c）来源：西门子公司，b）来源：Schneider electric energy GmbH

a）单母线空气绝缘中压开关柜。

b）单母线气体绝缘中压开关柜。

c）单相气体绝缘封装的最复杂的双母线开关柜。

更复杂的单相封装气体绝缘开关机构是为特殊要求而设计的。母线和母线隔离开关分别配置在独立的气体小室中。

不同类型的一级开关柜的应用取决于配电网运营商（DNO）的理念、环境条件以及开关柜对消费者供电的重要性。

二级中压配电网将电能引至变电站外部，至供电区域。每根馈线构建了一根连接后续中压／低压变压器终端的链条。

这些终端基于三种接线原理，如图4.5所示。设计馈线和变压器终端限制在630A的持续负载电流之内。因此，在10kV时，馈线的功率容量不超过10MW；在20kV时，馈线的功率容量不超过20MW。

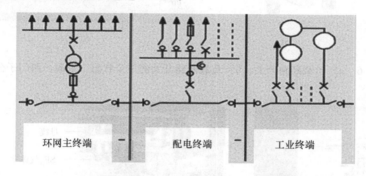

图4.5　二级中压配电中变压器终端的基本接线图

设计大多数变压器终端为环网主终端，该环网主终端有输入/输出中压馈线和中压/低压变压器的中压输入线。因为经济原因，这些终端不使用断路器。可以通过三状态负载断路开关，开合中压侧的所有三根中压馈线，如图4.6所示。

中压馈线配有短路指示器，该短路指示器可以沿带一些连接终端的整根电缆定位故障位置。

一个典型的用于中压二级配电环网主终端的气体绝缘开关柜的封闭视图和横截面图展示在图4.7中。

馈线熔断器主要用于变压器中压侧的保护。额定功率高于630kVA的变压器推荐使用断路器。设计变压器为油浸变压器或铸造树脂变压器。

图4.8提供了这两种类型的变压器的内部视图。安装油浸变压器时，可以带有油筒，也可以不带油筒。

根据变压器的供电区域的功率峰值需求，选择其额定功率，例如，400kVA、630kVA或1200kVA，这样，在紧急情况下，可以额外承担相邻低压电网的功率峰值需求。

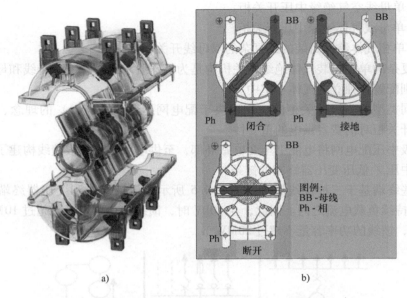

图 4.6   a）负载断路开关；b）负载断路开关的三个状态。来源：西门子公司

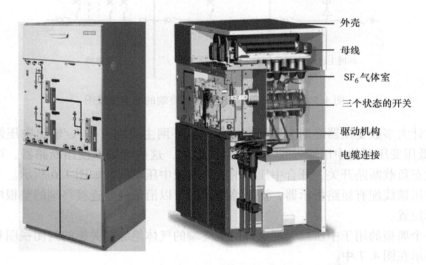

图 4.7   二级中压配电开关柜。来源：西门子公司

在变压器馈线的低压侧，采用带有集成的过电流保护或熔断器的断路器。低压配电母线的单输出馈线装有熔断器。在图 4.9 中，展示了典型的低压配电面板。

环网主终端位于紧凑接线盒中，或位于所谓的小型变压器外壳中。图 4.10 给出了此类终端的一些示例。

配电终端用于有并联馈线的中压电网的大量扩展中。连接辅助输出馈线到单根

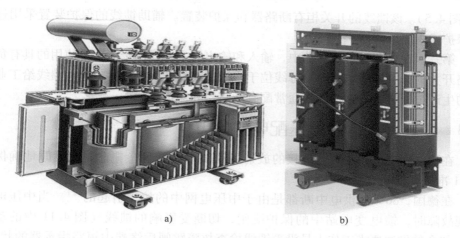

图 4.8 a）油浸变压器；b）树脂浇注变压器。来源：西门子公司

图 4.9 环网主终端与 400V 配电盘。来源：HSE 股份公司

图 4.10 中压变压器终端的例子：a）紧凑型单元；b）容器；c）外壳。a）来源：西门子公司，
b）来源：Schneider electric energy GmbH，c）来源：HSE 公司

母线，通过连接到主馈线的输入和输出电缆的一根馈电线，输送该母线的电能

（见图4.5）。该馈线的开关柜有断路器和保护装置。辅助馈线的保护装置采用过电流保护或中压熔断器。

第三，在典型的工业终端中，输入和输出的主馈线位于能正常使用的具有负载断路开关的开关柜中。然而，母线位于中压馈线的开关柜之间，这些馈线给工业工厂的生产过程供电。这些馈线通常配有断路器和保护单元。

4.3 中压配电网和低压配电网分类

在配电网中，基于"可连接的放射状馈线端或开环"概念，有延时地确保其 $N-1$ 准则。

在德国，86%的供电中断都是由于中压电网中的故障引起的[2]。当中压电网出现故障时，馈电变电站中的保护跳闸，切断受影响的馈线（图4.11中的动作1）。如今的做法要求工作人员沿着馈线检查故障跳闸后终端中短路指示器的状态。通过这种方式，可以定位故障的位置，在此之上的我们的例子中，故障位于终端b和终端c间。通过打开两个终端间的负载断路开关，可以消除故障（见2.1节和2.2节）。通过合上负载断路开关3和合上断路器4，恢复供电。通常，这个人工程序需要的时间在1~2h间。中断时间的统计平均值为63min（德国）[3]。

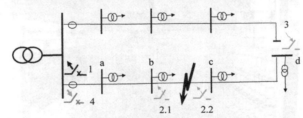

图4.11 开环概念的原理

根据这个原理，采用下述各种电网结构：
- 网状运行电网。
- 开环电网。
- 开环备用馈线电网。
- 对侧供电站电网。

相关电网接线如图4.12a~d所示。

根据当地情况，选择网状运行电网、对侧供电站电网和开环电网。使用对侧供电站电网的概念，能够使可靠性达到最高。然而，在大多数情况下，附近没有可用的对侧的变电站。

如果需要，开环电网中的备用馈线可以支持改进可靠性。然而，这一概念需要的投资费用更高。

很少采用放射状运行电网（见图4.13a）。其中，在中压结构中，不能采用可连接馈线终端原则。在低电压层，通过对侧供电站的概念，实现 $N-1$ 准则，其

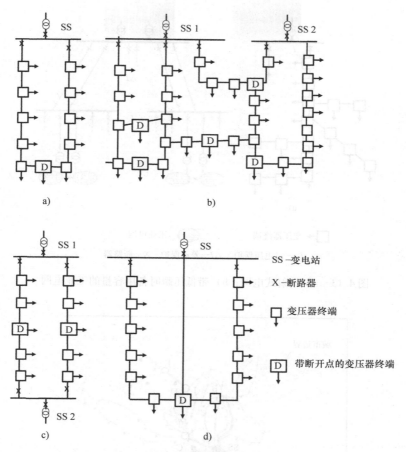

图 4.12　采用可连接馈线端原则的各种中压电网接线图。a）开环，b）网状运行，
c）对侧供电站供电，d）备用馈线

中，对侧供电站不是指变电站，而是指一组中压/0.4kV 变压器终端。

工业电网（见图 4.13b）对可靠性的要求更高。通常，不允许短时供电中断。因此，通常使用冗余的中压馈电线来给工业终端供电。其他终端不连接到这些并联馈线，主要由差动保护（ΔI）保护这些终端，如图 4.13b 所示。自动切换开关顺序确保通过连接低压电网，也可以提供备用电源。该电网配置的每个设施都是为总负荷设计的。

原则上，以模拟的方式，为消费者供电的低压馈线直接使用开环回路原理。

图 4.14 给出了一个真实城市电网，其包含不同终端类型和电网配置。

该城市规模如下：14.5 万户，居民大约 32000 人，三个大型工业区，一些商业、贸易、服务和行政部门的消费者，这些居民共同构成了总的用电需求。峰值负荷发生在冬季，最大值为 38MVA。该城市由一条 110kV 的双回线供电。

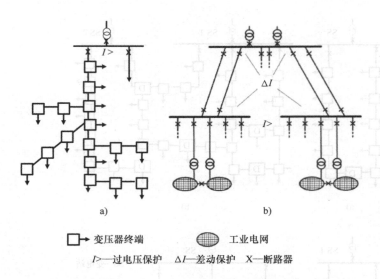

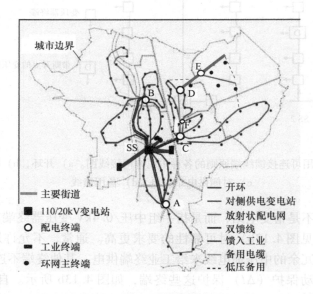

□→变压器终端　　　⬭ 工业电网

$I>$—过电压保护　ΔI—差动保护　X—断路器

图 4.13　a）放射式电网；b）带低压瞬时备用容量的工业电网

图 4.14　20kV 城市电网接线地图

　　110/20kV 变电站配备有一个户外气体隔离型 110kV 开关柜，该开关柜配有常用的 H 形接线，该 H 形接线配有两台线路断路器、两台变压器馈线断路器和一台连接两根馈线的断路器，如图 4.15 所示。与空气绝缘 110kV 发电厂的设计相比，气体绝缘开关柜的安装能够节省 70% 费用。

　　两台并联的 40MVA 变压器给一级中压配电开关柜供电。20kV 开关柜基于双母

图 4.15　110/20kV 变电站的户外部分总体视图。来源：西门子公司
1—110kV 开关柜　2—110kV 电缆　3—110kV 套管
4—110/20kV 变压器　5—110kV 管形导体　6—20kV 开关柜

线系统。开关柜位于独立的建筑物中，该建筑物在 110kV 发电厂和变压器的左侧。

20kV 开关柜含 23 个开关，其中，2 个开关用于变压器馈线，18 个开关用于输出馈线，2 个开关用于每根母线段的电压互感器，1 个开关间隔用于两根母线之间的耦合。图 4.14 中的电网包含 6 个配电终端。通过双回路电缆线，终端 A、终端 B 和终端 C 直接连接到变电站母线。从这些终端引出开环回路，回路进入城市的供电区域。

此外，终端 A 和终端 B 为来自变电站母线的所有馈线构建了对侧供电站。

在终端 C、终端 F 和终端 D 之间，配置有网状运行电网，对于环路 C - F - D - C 来说，其开环点在 D 处，对于环路 C - F - C 来说，其开环点在 F 处。此外，通常，为获得更高的可靠性，备用电缆连接终端 C 和终端 D。由低压备用线路来保证达到 N - 1 安全，如棕色标记所示，在放射状运行电网中，由终端 D 供电。

由双回路电缆给三个工业区供电。工业终端的输出馈线配备有保护装置，以满足生产过程的需要，保护装置举例如电机保护装置、失步保护装置、频率保护装置、电压保护装置、过负荷保护装置。

这样，所考虑的城市配电系统可以设计达到较高可靠性，该城市配电系统包含了所有类型的终端和电网配置，如图 4.5、图 4.12 和图 4.13 所示。

4.4　中性点接地概念

在正常工作情况下，中性点接地方式不影响电网的运行。然而，在最常见的故障情况下，即相对地故障的情况下，干扰的持续时间、受影响消费者的数量、运营商的工作负荷、电网设施的电压和电流压力，以及会造成二次接地故障的损坏程度，都取决于中性点接地的方式[4]。

采用不同方式取决于电网运营商的经验和理念。根据表4.2，德国配电网的统计调查显示，在德国，谐振频率接地是最常用的中性点接地方法。

表4.2　接地方式统计案例（德国）

接地方式	占比（%）
谐振接地	67
中性点不接地	16
中性点低阻抗接地	12
其他（联合接地、直接接地）	5

选择最有效的中性点接地方式取决于线路类型（架空线路或电缆）、线对地电容、电网大小和故障电流。

在过去，大多数电网最开始是使用架空线路系统。但是，如今，许多电网已经转化为电缆系统或架空线路和电缆混合系统。例如，在所有德国城市和村庄，安装了地下电缆。为了将农村连接到电网中，仅在城市外部使用架空线路。

图4.16 显示了从架空线路到电缆线路的转变。

图4.16　从20kV架空线到城郊电缆的转变

相对地故障电流范围与不同中性点接地方式相关，相对地故障电流范围是选择不同中性点接地方式的标准。根据中性点接地方式，相对地故障电流可能会从小电流变化为大的短路电流。这些关系如图4.17 所示。

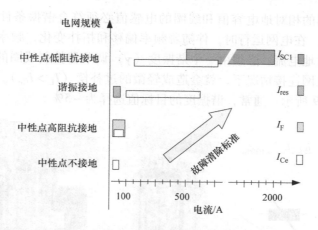

图 4.17 中性点不同接地方式的故障电流范围

有小的容性接地故障电流 I_{Ce} 的电网采用中性点不接地的方式运行。电容接地故障电流高达 500A 及更大的电网中使用谐振接地方式，这种方式会导致在故障位置处产生 35～50A 的谐振故障电流（I_{res}）。对于低阻抗接地的电网，通常阻抗限制了最大故障电流（I_{SC1}），使其在 500～2000A 之间。在任何情况下，故障电流水平必须大于电网的容性接地故障电流。在高阻抗接地的情况下，故障电流（I_F）不超过 100A，电网的容性接地故障电流和电阻作用是相同的。

4.4.1 谐振接地

采用谐振接地的系统具有连接到馈电变压器中性点的单相电抗器（消弧线圈）（见图 4.18）。在正常的工作条件下，电网中性点电压为零，因此，不会产生流经线圈的电流。在相对地故障条件下，流经线圈的电流等于电网的容性接地故障电流，由流经线圈的电流确定线圈的尺寸。电网的电感和电容形成一个振荡电路，在谐振的情况下，该振荡电路提供高阻抗值，从而限制线路接地故障电流，进而使故障电弧消失。

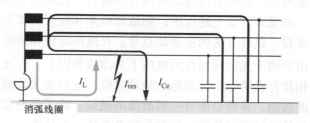

图 4.18 谐振接地系统

谐振接地的优点使其特别适用于架空线路系统。由消弧线圈产生的感性电流能够补偿故障位置处的容性故障电流。在有利条件下，在几毫秒内，在过渡相故障点处的电弧熄灭。

因此，电网的相对地电容值和线圈的电感值必须符合谐振条件（或通过电感进行容量补偿）。在电网运行时，伴随着频率偏移和拓扑变化，频率偏移和拓扑变化影响容性线对地电流。必须由一个谐振度（γ）调节器控制线圈的电感，这样一来，在不同的电网连接情况下，就会造成轻微的过补偿（$I_L > I_{Ce}$）。曲线和谐振度的公式如图 4.19 所示。通常，谐振度的目标值选择为 -5%。

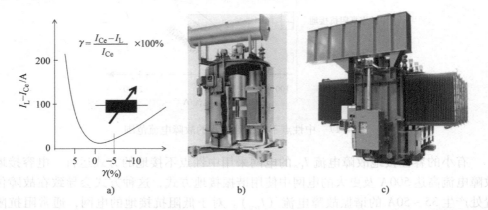

图 4.19 谐振度调节：a）谐振曲线和谐振度公式；b）横断面；c）具有可控电感的消弧线圈。
b）来源：西门子公司，c）来源：Schneider electric energy GmbH

为实现该控制，采用具有可移动铁心的彼得森（Petersen）线圈（见图 4.19b、c）。铁心进出线圈的运动相应地改变线圈的电感。

在故障相位的电弧消失后，恢复电压上升，因此，在控制中心没有任何必要的动作的情况下，电网可以继续运行。在永久性故障的情况下，故障位置处的电流极小。在这种情况下，电网可以继续运行，并且，启动故障定位措施。

采用基于零序电流有功分量的灵敏的方向过电流继电器，可以检测出故障馈线。其目的是，不使客户供电中断的情况下，断开故障设备或故障线路部分。

在典型中压电网中，有环形馈线的电网开环运行，在环网主终端的负载断路开关处，断开负荷。如果未安装上述保护，则故障检测和断开需要大量的开关操作。

从运行的角度看，这种方法的主要缺点是，在故障定位和消除阶段，故障可能会进一步发展。由于两个无故障相位的电压上升 $\sqrt{3}$ 倍及以上，在互连电网中的其他位置处，另一个相位存在第二个线对地故障的风险。这种交叉故障是短路，必须由保护方案探测到此短路，并将会断开一根故障的馈线。除了此种交叉故障外，还存在间歇性和限制性接地故障的危险，这种危险会造成运行故障。

4.4.2 中性点不接地

在图 4.20 中给出中性点不接地的主要的三相系统。在正常工作条件下，只要三相系统的线对地电容对称，实际上，系统的中性点电位就与地的电位几乎相同。中性点不接地系统的特征是，容性接地故障电流范围在 30 ~ 60A 之间。该电流的大小取决于电压等级和互连电网的长度。电缆的特定接地故障电流比相同长度的架空线的接地故障电流大 30 ~ 40 倍。相对地故障使故障相电容放电，放电时有放电电流峰值。

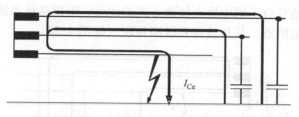

图 4.20　中性点不接地系统

在谐振接地情况下，发生故障时，未故障相的线对地电压增加了 $\sqrt{3}$ 倍。通过振荡，对两个正常相充电，直到该正常相电压为线电压。由馈电变压器的电感和电网的线对地电容，确定此振荡的频率。此振荡会持续几毫秒，会导致电网设备受到冲击。为了检测故障馈线，采用灵敏的零序电流的容性方向过电流继电器。

4.4.3　中性点经固定阻抗和低阻抗（限流）接地

在有固定接地的系统中，馈电变压器的中性点固定地连接到地面，例如，通过铜棒或电缆接地（见图 4.21a）。每个线对地故障都是一个短路，其故障电流可以达到三相故障电流那么大。

由于线对地故障电流大，为了使变电站和电网终端能安全接地，需要采取充分措施，所以，几乎不使用固定接地系统。

采用连接到变压器中性点的阻抗，以实现限流中性点接地（见图 4.21b）。在正常运行时，没有电流通过阻抗。在相对地故障的情况下，有单相短路电流，保护必须检测到该电流，并立即跳闸该电流。

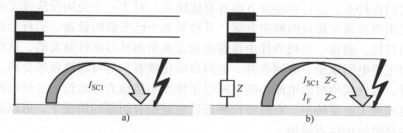

图 4.21　a）中性点直接接地；b）中性点低阻抗接地

带限流装置的中性点接地提供了故障电流，对故障检测来说，此电流必须被检测，同时，尽可能降低损坏、感应干扰以及接触电压的危害。此外，考虑瞬态涌流，使用中性电阻器是有好处的。

在有放射状馈线的典型配电网中，线对地故障将影响断路器下游的所有消费者。

通常，采用故障电流指示器来选择故障部分，并尽可能减少恢复时间。

4.4.4 组合方式

为了尽可能地结合不同中性点接地方式的优点，谐振接地系统配备了一个单相断路器和中性点电阻器，其与彼得森线圈并联（见图4.22）。

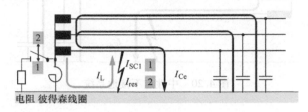

图 4.22　短时接地方式

在正常条件下，可将电网作为谐振接地系统。当有永久性相对地故障时，有一电阻，其与彼得森线圈并联，将在小于100ms的时间内，接入该电阻。采用此种方法，选择故障电流级别，以触发故障指示灯和启动线路保护，但不跳闸。采用协调故障电流等级和采样电流等级，或采用时间延迟，来实现此功能。电阻断开后，永久故障作为谐振接地系统，电网将带故障继续运行，在不中断供电的情况下，运行人员将尝试断开故障部分。此方法称为"短时限流中性点接地故障检测"。

如果存在永久接地故障，在有必要触发故障指示器和切断故障馈线时，如果一直接入电阻器，就可以使用另一种方式。在这种情况下，必须协调故障电流等级和保护设置。此方式称为"短时限流中性点接地故障断路"。

4.4.5 接地方式总结

中性点接地方式及主要特点的总结如图4.23所示。有许多不同的中性点接地方案，它们在技术、运行和经济方面各有优缺点。对于一个公用设施或工业电网运营商，必须单独确定最佳的解决方案。其结果基于已安装的设备、运行经验和为未来设定的目标。通常，寻找最佳中性点接地方案是由外部事件触发的，这些外部事件举例如主要电网重组、电网合并、电网自动化或客户对可靠性要求更高。

通常，容性接地故障电流小的电网以中性点不接地方式运行。这些电网位于小型公用设施或工业系统中。在故障检测或铁磁谐振有问题的情况下，可以选择将系统转换为高阻抗中性点接地。

在有架空线路的系统中，一些国家在故障条件下最常用的方法是谐振接地继续运行。在有很大电缆份额的情况下，短时限流中性点接地的优点是，为永久性接地故障，提供自熄电弧或可靠的故障定位。

在电缆电网中，低阻抗中性点接地是有好处的。明确的电网结构、先进的保护方案和自动化策略可以提供最短的停电时间，并排除进一步的故障。

为了获得谐振接地的优点，发明了短时接地方式。在有限电流接地的系统中，

谐振接地	不接地	经阻抗接地/直接接地	组合方式

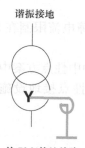 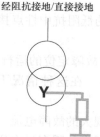 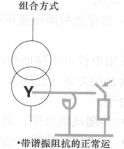

•约70%接地故障自动熄灭 •限制残余电流到35A(电缆)、60A(架空线) •接地故障期间，不中断供电 •通过保护继电器检测故障 •通过开关操作隔离故障区 •故障扩大的风险增加($V\uparrow>\sqrt{3}$)	•接地故障期间，现象类似谐振接地(自动熄灭、连续运行) •所需的设备的投资少 •仅对小型电网(如工业电网)的容性电流(小于35~60A)有效 •故障扩大的风险增加($V\uparrow>\sqrt{3}$)	•接地故障的现象与单相接地相同 •阻抗应到达以下要求：限制短路电流，使设备压力最小化，减小接触电压和跨步电压；清除故障检测条件 •采用数字保护，确定故障位置	•带谐振阻抗的正常运行，在第一次接地故障时，有可能自动灭弧 •检测到接地故障时，接入阻抗(V_0>) •通过数字保护、选择性跳闸或下一条措施，确定故障位置 •在跳闸和带谐振接地连续运行之前，断开开关，检测时，开关不动作

图 4.23　各种接地方式的主要特征

该谐振接地能快速和有选择性地检测故障，在空气中，电弧会自熄灭。

在实际经验中，要考虑找到最有效的中性点接地方法的复杂性。

4.4.6　有效选择中性点接地方式的实践经验

4.4.6.1　工业 6kV 电网

一家大型工厂正在运行一个 6kV 电网，其中性点不接地。其容性接地故障电流约为 100A。

采用瞬态接地故障继电器定位接地故障。然而，这些瞬态接地故障继电器在运行中是不可靠的，而且容性接地故障电流异常大。通常，接地故障导致多极短路。虽然可由短路保护系统清除这种故障，但是，需要或长或短的时间完成此操作。此外，从接地故障到多极短路的过渡过程，与低压电网中的主要电压降有关。鉴于这种不尽如人意的情况，电网运营商力求优化 6kV 供电系统的中性点接地方式，从而，展开适当调查。

研究的第一步是进行现场测量，以确定电缆阻抗，特别是零序阻抗。其目的是，判断不同故障电流水平和故障持续时间的安全接地条件，并分析通信线路上接地故障电流引起的干扰电压。

在这些分析的结果中，检测和评估了以下选项作为可能的解决方案：

－ 带改进接地故障定位的中性点不接地。

－ 谐振接地。

－ 带接地故障电流限制的低阻抗中性点接地，此时接地故障电流限制在

2000A 以内。

- 带接地故障电流限制的低阻抗中性点接地，此时接地故障电流限制在 500A 以内。

采用中性点不接地和改进故障定位的运行，是所研究的各种中性点方案中最具成本效益的方案（见图 4.24）。在这种情况下，不需要使用中性点接地设施。但是，由于

- 伴随接地故障，会出现大的故障电流。
- 伴随接地故障，会出现大的瞬态过电压。
- 接地故障的总持续时间中，会出现工频率过电压。

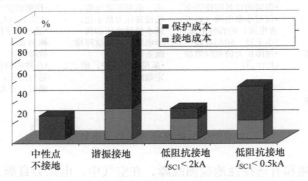

图 4.24 不同中性点接地方式的投资成本比较

仍然存在故障发展为多极短路或双重接地故障的严重危险。因此，接地故障将导致测量设备的冲突，一方面是定位和隔离故障上的测量设备的冲突，另一方面是故障传播上的测量设备的冲突。鉴于这些不利的技术问题，即使改善了故障定位，也不推荐中性点不接地的电力系统继续运行。

在调查的所有中性点方案中，投资成本最高的是谐振接地方式。这与中性点接地变压器和彼得森线圈一样，需要相当大的成本，而且，由于必须安装窗式电流互感器和更复杂的馈电线保护装置，导致保护装置的资本支出非常高。与不接地中性点方式相比较，由于接地故障电流较小，在接地故障位置的故障发展成为多极短路的风险很小。然而，与不接地中性点方式相同，这种方式存在暂态过电压和工频过电压的问题，可能导致第二个接地故障，进而转变为双重接地故障。

操作人员需要采取行动来定位和隔离接地故障，这与设想的电力系统运行自动化不一致。鉴于上述财务和技术原因，决定不将电力系统转换为谐振接地。接地短路电流限制在 2000A 的低阻抗接地方式的成本，与具有改进的中性点不接地方式的成本接近。对于不可避免的接触电压和通信系统的干扰，预期不会出现问题。但是，根据计算出的 800A 的最小故障电流，显然，必须增加现有馈线保护的跳闸时间，以防止涌流情况下的跳闸。过电流保护和熔断器的选择性配合带来更多的问

题。最后，预期保持低压侧的电压降尽可能的小。

有接地短路电流限制的低阻抗接地被证明是最好的选择，其接地短路电流限制在 500A 以下。使用新的数字过电流继电器，可能检测到远低于最大负载电流的接地故障电流。在接近故障点的一相中，限制低电压侧的电压降在 4% 以内。虽然解决方案涉及的成本高于其他方案的成本，但是，对于多相故障，保护更换也是有益的，而且能够提供有价值的新信息，例如，故障记录和诸如自我监控的新功能。

经过两年以上的运行，可以认为有接地电流限制的低电阻中性点可以简化电网运行，其接地电流限制在 500A 以内。如预期的那样，在测试期间，发生了两个接地故障，并选择性地快速清除了此两个接地故障。由于电网的无延时的 $N-1$ 安全性，不会发生供电中断。

4.4.6.2　工业 20kV 系统

一个拥有大约 100MW 峰值负荷的大型工业园区不得不关闭其自身的发电厂。因此，必须重组整个 20kV 电网，才能满足新的电力潮流。应用这一重大变化，来分析运行实践和改进故障管理。在过去，采用谐振接地，运行 20kV 电网。旧电网配置的经验表明，在定位和断开前，相对地故障发展成为多相故障和双重接地故障，是有可能的。这种故障导致重大停电和损坏。

由于环境原因，有必要停用已安装的旧的油浸变压器和彼得森线圈。在决定更换线圈并投入改进的接地故障检测之前，为了确定最佳的中性点接地方式，进行了一项研究。此研究中显而易见的是，使用电阻将最大相对地电流限制为 1kA 及以下，此使用电阻的中性点接地方式是最佳解决方案。其主要优点是

- 电网运行自动化。
- 瞬态和工频过电压的电压水平最低。
- 有线对地和多相故障的具有辨别性的电网行为。
- 接地故障条件下，无需切换操作。
- 无故障不确定自衰减的危险。

将接地故障测试，作为从公共电网中受电的新变电站的调试工作的一部分，并进行了接地故障测试。用于接地故障测试的电网的单线图，如图 4.25 所示。在 20kV 变压器馈线的 C 相处的变压器终端 TT B 处，有 20kV 接地故障。

图 4.26 显示了接地故障测试的结果，该故障测试确认了通过保护定位故障位置，并按预期有选择地跳闸。检测故障电流，其值为 0.81kA。没有暂态过电压。

在相对地故障中，测量低电压，显示一相电压降为 15%。这些结果与事先计算的电压和电流完全匹配。

迅速地实施了电网的运行转换和新的中性点接地方式，实施中，没有任何大的问题。三年的运营经验证明，新电网是灵活的，即使员工人数减少了，也可保证可靠供电。电网中的实际故障表明了新的中性点接地方式的行为和保护概念。没有造成任何供电中断，就清除了故障。因此，完成了该项目的主要目标，即在关闭工业

发电厂后，电网可维持可靠运行。另外，利用了电网现代化和优化的机会。

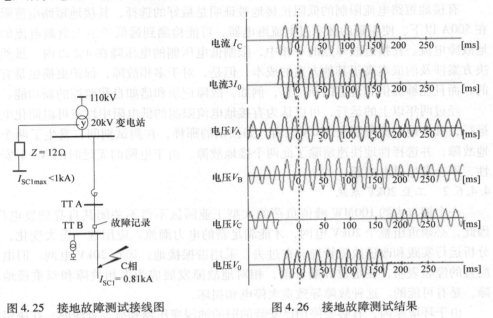

图 4.25　接地故障测试接线图　　　　　图 4.26　接地故障测试结果

4.5　配电网保护

4.5.1　中压配电网

在中压配电网中，在中欧大部分变电站和配电终端中，已采用数字保护继电器。现如今，通常采用组合设备，其有几种保护和控制功能。自 1995 年以来，不同的供应商已能提供这些设备，这些设备能够执行各种保护原则。

图 4.27 介绍了组合保护和控制装置的内部结构。

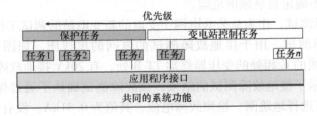

图 4.27　用于保护和控制的组合设备的内部架构

设计组合设备时，有一个基本的核心，该核心服务于共同的系统功能，如存储器管理、模拟和二进制输入信号的永久性检查、显示和设置功能等。通过应用程序接口，保护和控制任务使用共同的系统功能。在一个优先级链中组织每个应用程序任务。较高优先级的任务可以中断较低优先级的任务，并使用中央处理器。因此，分配这种链条中的最高优先级给主要的保护功能。将最低优先级分配给控制功能，因为不需要在毫秒内实时处理这些控制功能。

在中压开关间隔中，用于保护和控制的组合装置有大的显示屏，这种组合装置的广泛应用对开关柜的设计有很大的影响。现在，可以放弃以前使用的机械控制元件，以前，这些机械控制元件在机柜前部。使用显示器上的各种显示设施、控制按钮和光标移动，执行所有的控制和监测任务。图 4.28 显示了一根 20kV 母线的开关间隔，在机柜前部没有任何外部机械控制元件。

a)   b)

图 4.28 20kV 高级开关间隔柜，用于保护和控制的组合设备进行控制。a）来源：西门子公司，
b）来源：ABB 公司

除了主保护功能外，通常，数字保护还提供一套额外的保护功能。每个功能独立于其他功能运行，并且，采用依赖用例的参数集，可以启用或禁用这些功能。此方法使馈线、电动机或发电机保护等设备能够广泛应用于各种任务。

使用无方向过电流保护作为主要原理，其适用于中压配电网配置的主要应用，该配电网是由单个电源供电的放射状或开环中压配电网。

在德国，在中压电网馈电变电站处，距离保护继电器的广泛应用是一个例外。其原因是，需要保持电网配置的局部时间变化的可能性，该电网配置从有可连接馈线端的放射状网到网状运行。此外，方便的干扰记录和故障定位功能往往能促进远程保护的应用。

通常，对于使用可连接馈线终端配置的电网，推荐使用无方向过电流保护作为主要功能。

由于选择性原因，环网运行电网需要方向性过电流保护装置。在没有断开点的闭合网状电网中，距离保护的应用是很常见的。

在中压配电网中，最常用的保护原则见表 4.3。

表 4.3　中压配电网主要实施的保护功能

保护有关的功能	类型 1[①]	类型 2[②]	类型 3[②]
距离保护			X
过电流保护 $I \gg$ ，$I > t = n$ 或 $t = f(I)$[③]	X	X	X
方向过电流保护	X	X	X
电压保护		X	X
负序保护		X	X
频率保护		X	X
热过负荷保护	X	X	X
电动机保护	X	X	X
带故障检测的接地故障保护	X	X	X
间歇性接地故障保护	X	X	X
断路器故障保护	X	X	X
自动重合闸	X	X	X
同步			X
故障定位		X	X
扰动记录和报告	I	I, V	I, V, P, Q

① 电流输入。

② 电压/电流输入。

③ $I \gg$ 瞬时，$I >$ 定时限或反时限。

过电流保护装置为三相电流和接地电流提供三个不同的元件。大电流元件 $I \gg$ 和过电流元件 $I > t = n$ 运行总是带一个整定为毫秒的定时限时延。

通常设置元件"$I \gg$"的时延为 0 或 <10ms。因此，称该元件为"瞬时过电流"级。

第三个元件 $I > t = f(I)$，提供了一组反时限跳闸曲线，这意味着时延取决于测量的电流值。

通过使用过电流原理，如果沿一根馈线（例如，在一个配电终端中）顺序安装了保护继电器，就需要保护分级。

图 4.29 给出了用于馈电变压器和两根馈线的分级例子。

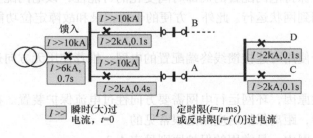

图 4.29　在一个开环中压配电网中的分级保护

以这样一种方式协调 $I>$ 元件的设置，从而实现保护跳闸的选择性。通常，选择过电流设置 ≥2.5 倍最大负载电流，或超过 1.2 倍额定电流。

时间设置或反时限曲线的选择保证了相比变电站中的 $I>$ 元件跳闸，可以更快跳闸配电终端（馈线 C 或 D）后面的故障。通过将馈入线跳闸，此 $I>$ 元件跳闸，或者，将整根馈线 A 跳闸，或者，将整根母线跳闸。如果后续保护不可用（馈线 B），则可以缩短选定的时延。

如果采用距离保护——通过距离区域的配合，将以类似的方式分级。

在变电站的变压器和两根馈线中，设置元件 $I \gg$。所有三个保护装置中，针对此元件，电流设置为 10kA，时间设置为 0。这意味着，如果短路电流超过 10kA，则检测到此种情况会导致瞬时跳闸。如果故障发生在母线或变电站闭合环境中的馈线上，则可以测量到这么大的短路电流。

需要瞬时跳闸，以避免损坏开关柜及其设施。但是，如果在馈线上出现故障，则不需要瞬时跳闸馈入线路。在这里，通过"反向互锁"的原理，实现选择性。

反向互锁的原理基于以下几点：如果故障位于电网方向的馈线保护后方（见图 4.30 中的情况 2），则 $I \gg$ 元件的采集器会向馈入线路保护装置发送跳闸阻止信号。

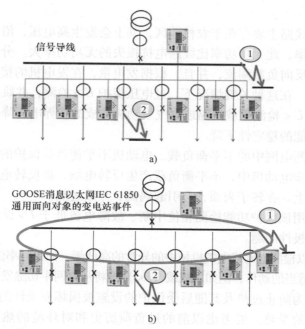

图 4.30 用于互锁的信号传输：a）通过线，b）通过通信

在实时（≤1ms）收到该信号后，将阻止 $I \gg$ 元件跳闸。因此，只有馈线保护发送跳闸信号到馈线断路器。保持馈入线路和其他馈线运行。

否则，如果故障在母线处（图4.30中的情况1），则在馈线保护处没有检测到故障。馈入线路保护不会接收到互锁信号，并会瞬间跳闸。通过使用这种反向互锁原理，实现快速母线保护。

在过去，从环网上的每个馈线保护设置处，设置 $I \gg$ 检测信号，如图4.30a所示。现在，在变电站中，采用基于以太网和光纤光栅的高级通信系统。这些系统的性能足够强，足以安全实时地将检测信号传送到馈入线路保护（见图4.30b）中。通信标准 IEC 61850 为此提供了专门的广播服务，命名此服务为面向通用对象的变电站事件（GOOSE），见8.3节。

现在，通过采用经光纤电缆的这种先进的通信服务，可以避免昂贵的线路连接，因为此光纤电缆也用于其他控制和监视任务。

方向过电流保护应用于电力网中，其中保护配合取决于短路电流的大小和到故障处的功率方向。要求这种类型的保护用于并联馈线或变压器，并联馈线或变压器在两个或更多个电源供电的线路区，通常在环网运行的电网中。过电流保护可增加专门的方向元件，运行时需要输入相电压。

电压保护的任务是保护电气设备不会承受欠电压和过电压。这两种运行状态都是异常和危险的，因为过电压可能导致绝缘问题和损坏等问题，而欠电压可能会导致稳定性问题。

轻载长距离线路主要存在于农村地区，其上会发生高电压，沿线路产生的线路电容发出无功功率，此无功功率比线路电抗损失的无功功率大。分布式发电可能导致放射状馈线的反向负载潮流，并且，根据发电量，在发电机的接入点，可能会出现负载比过电压。在这种关键情况下，过电压保护 $U >$ 检测，并跳闸。

欠电压保护 $U <$ 检测重载线路或电气发动机造成的临界电压降。它阻止不允许的运行状态和可能的稳定性下降。

负序保护检测电网中的不平衡负载。电动机不平衡负载保护的应用具有专门的作用。在三相异步电动机中，不平衡负载产生反转电场，该反转电场以电动机双倍频率作用在转子上。在转子表面，会引起涡流，导致过热。

此外，可采用该保护功能检测相位中断、故障电流低于 $I >$ 设定的非对称短路和电流互感器的极性问题。

频率保护可以检测电网或电气机械中的异常的高低频。如果频率位于允许的整定范围之外，则启动适当的动作，例如，减载（$f <$）或将从电网中切除发电机（$f >$）。

过热保护是为防止过热及其随后受保护的设施被损坏而设计的。保护功能要复现所保护的设施的受热。要考虑以前的过负荷历史和对环境的热损失。特别之处是，过热保护允许监测设备的热状态，这些设备是，架空线、电缆、变压器、电动机或发电机。

电动机保护包括电动机起动保护、禁止重起和负载阻塞保护等功能。起动保护功能可以保护电动机免受长时间起动的过程，增加过热保护。如果重起可能导致超过电动机允许的热限制的阈值，禁止重起保护会阻止电动机重新起动。转子发生突然堵塞时，负载阻塞保护可保护电动机。

接地故障保护必须根据电网中应用的中性点接地方式，设计接地故障保护。根据此接地方式，接地电流输入端配有：

- 用于不接地或补偿电网的灵敏的输入变压器（$I_E < 1.5A$）。
- 一台标准变压器，用于有大接地故障电流的电网的 1/5A 额定电流（其可测量电流高达 100/500A）。

给高级保护装置配备两个接地电流输入端子和两种变压器。

使用灵敏的接地故障检测，以确定受接地故障影响的线路，并确定其方向。然而，确定故障方向需要输入中性点对地偏移电压 U_0。此功能可以在以下两种模式下工作：

标准过程使用"$\cos\varphi / \sin\varphi$ 测量"，并评估接地电流中与可整定方向特性垂直的分量。

第二种方法是"$U_0 \Lambda I_0 - \varphi$ 测量"，计算接地电流和中性线对地电压之间的夹角。也可整定其方向特性。

在固定接地或低电阻接地电网中，采用标准输入变压器。另外，也可以采用灵敏的接地故障检测，以检测高阻抗接地故障。

间歇性接地故障的典型特征是接地故障自动消失一段时间后，才能再次复燃。间歇性接地故障由绝缘老化或电缆接头进水引起，主要发生在电缆中。

接地故障脉冲可以持续几毫秒到几秒钟。如果脉冲持续时间非常短，则不是在接地故障路径中的所有保护装置能收到此故障信号。这就是普通接地故障保护，或者无选择性地检测出故障，或者根本未检测出故障的原因。由于接地故障保护的时延，对于启动跳闸而言，这种脉冲持续时间太短。

尽管如此，这种间歇式接地故障也有对设备造成热损坏的危险。因此，间歇式接地故障保护的运行方式如下：检测到间歇性接地故障脉冲，并记录和累积其持续时间。如果一定时间内的总时间达到整定值，则达到热负荷能力的极限，启动跳闸。在跳闸以提供一个正在发展的危险的警告之前，也对接地故障的间歇性发出信号。

断路器故障保护监视相关断路器的正确跳闸。如果在可整定的时间延迟之后断路器未运行，为了通过另一个围绕的备用断路器跳闸来隔离故障断路器，断路器故障保护将发出跳闸信号。在图 4.29 中，如果馈线 C 的断路器故障，则线路 A 的断路器跳闸，或者，此断路器故障，则馈电变压器的断路器跳闸。

在中压配电网中，保护设施以相同的原理工作。在输电网和次级输电网中，采用了专门的设施保护，在中压配电网中，不需要此种专门的设施保护。

自动重合闸功能主要用于有架空线路的电网。经验表明，大约 80% 的故障与电弧相关。在自然界中，故障电弧是暂时性的，当保护跳闸中断供给电弧的能量时，故障电弧就会消失。这意味着可以再次连接上线路（约 1~2s 的短暂断电后）。在死区时间后，会完成重新连接，这样，空气的去游离可能发生。在自动重合闸后，如果故障仍然存在，则保护将重新断开断路器。

在连接电网的两个部分（例如，一条馈线和一条母线）之前，同步功能提供同步检查。同步检查评估两个部分的电压幅值的偏差，以及电压之间的相位差和频率差。以这种方式，同步检查校验了切换不会危及电网的稳定性。

故障定位器是对保护功能的补充，并计算到故障处的距离。此设备可以快速清除故障，提高供电的可靠性。故障定位器是独立的，且具有独立的功能，其功能采用电压测量值、电流测量值以及线路参数。受保护的设施可以是参数不均匀的线路。为了精确计算，可以将这样一条线路分为几部分，并独立地配置各部分。

先进的保护装置也提供故障或干扰记录，这意味着，在故障前、在故障时和在故障后，在毫秒级的光栅中，注册和表示测量的模拟值。通过 PC 上的接口，可以读取这样的注册曲线，并在 PC 上呈现此注册曲线。还可以预见，通过通信链接，进行远程读取。

此外，干扰报告可以以事件日志的形式表现接收、跳闸和复位事件的顺序。

4.5.2　中压配电网的馈电变电站

在欧洲，中压叠加配电网主要使用 110kV 的电压范围。

一般来说，110kV 的电网都是网状运行的，必须无时延地满足 $N-1$ 准则。

因此，这些电网配有输电网中常见的远程控制和保护方案。例如，线路保护方案包括一套主保护和一套后备保护。图 4.15 中的 H 形 110/20kV 变电站的完整保护方案，如图 4.31 所示。

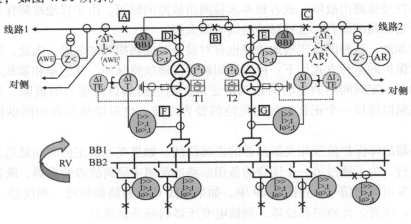

ΔI—电流差动保护　　　　Z <—距离保护　　　　　🔲—瓦斯保护
L—线路，T—变压器，　　AR—自动重合闸　　　　I^2t—过负荷保护
TE—变压器接地　　　　　I>>—瞬时过电流　　　　RI—反向互锁
BB—母线，E-接地　　　　I>,t—反时限过电流　　　Ⓐ—断路器 A

图 4.31　一座 H 形接线的 110/20kV 变电站的保护方案

该方案中的 110kV 线路配备了一套距离保护作为主要保护，并配有一套差动保护作为后备保护。距离保护采用远程保护方式，这意味着，其将所接收的信号发送到线路端另一端的保护装置。即使故障发生在变电站附近，该故障和对侧距离保护中的一套保护的距离 1 段的范围不一致，使用这种方法，两套保护装置也可以同时跳闸。

在这个方案中，主保护和后备保护装置必须使用通信链接，以和所保护的线路的对侧的变电站通信。此通信链接必须是独立的。以同样的方式，独立的仪表互感器必须冗余提供主保护和后备保护的模拟值。

110kV 母线包含 5 段母线，其有断路器 A ~ E。如果切断母线段 B，则 H 接线将构建两条母线。否则，有开关的 B 段母线的单母线可能会建立各种配置，该配置有两条线路（或一条线路）和两台馈线变压器（或一台馈线变压器）。

110kV 母线保护满足电流差动原理，需要对隔离开关和断路器位置进行监测，以将差动标准映射到电流配置方案。

在 110kV 架空线路中，采用自动重合闸。然而，20kV 馈线配有电缆，在这种情况下，不能预测有自动重合闸。

过电流保护保护 110kV 电压等级的馈电段，该保护也是变压器的后备保护。

变压器的主保护是差动保护。另外，以下两种保护保护变压器：

● 由内部绝缘中的损坏引起气流，该气流出现在主油箱和外部储油柜之间，气流大到一定程度时，瓦斯保护动作。

● 热过负荷保护。

在 20kV 侧，保护方案遵循 4.5.1 节中的考虑。

4.5.3　低压配电网

在低压配电网中，通过馈电终端的中压/低压变压器，提供短路功率，且必须实施适当的保护功能。

已标准化低压配电网的保护。通常，采用低电压 – 大电流熔断器。对变压器的馈入，其标准阈值为 630A 或 800A。在工业电网中，可能需要更大的变压器额定功率，这样就必须相应地使用有较大额定值的熔断器。

通过熔断器配合，实现保护的选择性。这意味着，沿着馈线，从中压/低压变压器到用户，熔断器的额定值是逐级减小的。图 4.32 显示了一个低压电网的分级方案。

考虑到单个用户电路的熔断器具有 16A 的阈值，用户接线盒中含有 35A 或 63A 的熔断器，因此，在中压电网中采用熔断器分级。沿着低压馈线，也采用这种熔断器分级。有些熔断器是与公共电网相连的接口，其熔断器的阈值 ≥ 100A。

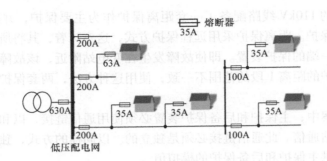

图 4.32　低压配电网的熔断器分级保护

4.6　配电网运行

4.6.1　确保电能质量

根据法律，配电网运营商有义务保证向社会供应可靠、可持续、生态的和经济有效的电能，该电能可达到最好的电能质量。

电能质量的定义是基于以下三大支柱：

- 供电可靠性。
- 电压质量。
- 服务质量。

通过对停电频率、停电平均时间或电量不足期望值等指标的统计分析，校验供电可靠性。在规划阶段，考虑配电网的新建、扩展或增强，采用概率计算方法，有助于评价配电网的可靠性指标。最常用的可靠性指标见表 4.4。

表 4.4　全球使用的可靠性指标[2]

指标	名称	定义	单位
SAIFI	系统平均停电频率指标	平均每个用户的停电频率	次/年
SAIDI	系统平均停电持续时间指标	平均每个用户的停电时间	min/年
CAIFI	用户平均停电频率指标	平均每个停电用户的停电频率	次/年
CAIDI	用户平均停电持续时间指标	用户停电的平均持续时间	min/年
ASAI	平均的系统可用性指标	测量/所需的系统可用性	%
ENS	电量不足期望值	所有未及时向停电用户输送的电能之和	MVAh/年

欧洲标准显示，最好的供电可靠性（SAIDI）达到了 16min/年。欧洲监管机构的标准如图 4.33 所示。

大多数停电是由中压配电网中的故障引起的。在德国，停电情况如下[2]：

- 中压配电网 84%。
- 低压配电网 14%。
- 110kV 区域配电网 1.9%。
- 输电网 400/220kV 0.1%。

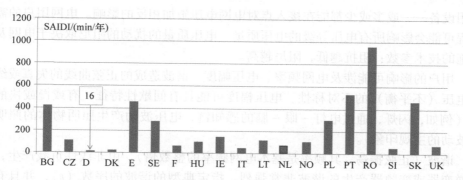

图 4.33　欧洲系统平均停电持续时间指标的基准。来源：2011 www. energy – regulators. eu

- 发电厂发电 0%。

图 4.34 显示了每个电压等级的故障总数的分布、每 100km 的故障率和引起供电中断的故障次数（德国的例子）。可以说，大多数故障发生在 20kV 的电网中，这是由于这个电压等级是迄今为止总线路长度（290000km）最长的电网，并且，该电压等级的每 100km 的故障率更高。20kV 电压等级的电网用于负载集中的大城市，农村电网的距离更远，农村电网有架空线，必须将农村与供电变电站连接起来。相比之下，30kV 电网的总线路长度只有 18000km。

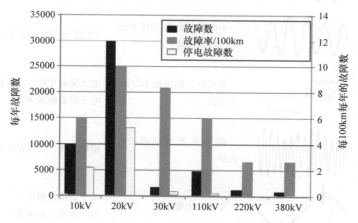

图 4.34　德国不同电压等级的故障统计数据[2]

可以看出，在中压配电网中，只有 50% 的故障导致停电。

作为先进的一次技术、优秀的保护理念和选择最适当的接地原则的结果，配电网运营商可以评估这一事实。

电网技术参数（例如，短路功率或电网阻抗）、电网设施的特性，特别是电网用户的技术过程和参数影响电压质量。

大多数在用的发电厂、机器和设备——从大功率的换流器控制的电动机到小型家用设备——或多或少都能在接入点对电网电压施加相反的影响。电网用户的需求过程可能会影响所有电压等级的电压质量。电压质量的扰动的阻尼取决于电网及其设施的技术参数：阻抗越低，阻尼越高。

　　用户的影响可能涉及电网频率、电压幅度、谐波造成的正弦曲线的失真或线对地电压（不平衡）的不对称性。电压幅度可能具有间歇性特征，有或慢或快的变化（例如，闪烁，通过电灯－眼－脑的感知链，电压波动产生照明物体的照明密度波动的主观印象）。

　　谐波（正弦振荡，其频率是基本电网频率的整数倍），由非线性负载产生，并且逆变器或变频器产生的谐波非常强烈。指定典型的谐波的序数（v），并且有不均匀的次数：1 次、3 次、5 次等，其中，通常 5 次谐波占主导地位。

　　诸如短路、大气闪电或开关操作等事件可能导致快速的电压骤降和暂态过电压。表 4.5 总结了电压质量扰动、原因及其可能造成的不利后果。

表 4.5　电压质量的扰动及其影响

扰动类型		可能的原因	后果
电压骤降		成功清除故障，起动大型电动机	关闭设备，尤其是电子设备
过电压		不受控制的有功功率或无功功率的输入	可能损害设计裕度不足的设备
谐波、谐波失真		非线性负载谐振 DC/AC 换流器	电压失真导致电动机额外发热，电子设备的误操作
闪烁、电压波动		起动大型电动机，电弧炉	组件变弱，人为误操作
暂态过电压		雷击，切换事件	电子设备误操作，电子设备寿命减少
停电		故障	设备绝缘失效，设备停机
三相不平衡		不平衡负载	有断开过载相的风险，机器过热

　　在欧洲电工技术标准化委员会（CENELEC）的标准 EN 50160 中，定义了中压

和低压电网的电压质量要求。该标准描述了公共低压和中压配电网的额定电压的允许最大范围和偏差。将此标准嵌入在配电网运营商和电网用户之间的供应合同中。用户必须保证对电网施加的反向影响适当，配电网运营商保证电压质量符合欧洲标准 EN 50160 的要求。在偏差的情况下，必须采取适当措施。

大的谐波失真可能需要安装谐波滤波器，为减弱相关次数的谐波，该谐波滤波器有一个谐振电路。

通过采用动态电压恢复器，可以补偿快速电压下降和闪烁，该电压恢复器非常快地馈入无功功率，以稳定电压。通常，在工业电网中，采用这种设备。该工业电网给制造过程供电，而制造过程对电压扰动极为敏感（例如，半导体工业、计算机工业、化学工业等）。

通过变压器步进调节和馈送到配电网的发电机的控制，缓慢的电压变化可以保持在允许的范围内。

欧洲标准 EN 50160 的主要要求见表 4.6。

表 4.6　EN 50160 的电压质量的变化幅度和要求[5]

参数	低压	中压	验证	要求
频率	50Hz ± 1% 50Hz + 4%，− 6%	50Hz ± 1% 50Hz + 4%，− 6%	平均 10s	1 年 99.5% 100%
额定电压	230V 相对地电压	与电网有关		
缓慢变化	+10%，− 15% ± 10%	± 10%	平均 10min	100% 1 周 95%
快速变化	通常 5%，少数时候 10% $P_{lt} \leq 1$①	通常 4%，少数时候 6% $P_{lt} \leq 1$①	在 2h 内 12P_{st}① 值（600s）的序列	1 周 95%
电压骤降 < 1min	指示性的 p/a 几十到 上千	指示性的 p/a 几十到上千		多数 < 1s 下降 < 60%
谐波失真	$V = 5 \sim 25$ 从 < 6% 到 < 0.4%	$V = 5 \sim 25$ 从 < 6% 到 < 0.4%	平均 10min	1 周 95%
停电 < 3min	指示性的 p/a 几十至几百	指示性的 p/a 几十至几百		70% < 1s
停电 > 3min	< 10 到高达 ≤ 50	< 10 到高达 ≤ 50	计划停电和非计划 停电的时间总和	根据地区不同

① P 表示闪烁强度，lt 表示长期，st 表示短期。

通常，提供适当的电压质量是工业配置的前提条件。

服务的质量表现了供电公司与消费者之间关系的质量。作为供电过程分离的结果，消费者和电力贸易商、配电网运营商、计量服务提供商（如果该功能没有分配给配电运营商）交互。因此，电力市场的所有三个角色必须在其消费者关系中提供服务质量。

尽管供电和电压质量是可靠的，但对于消费者、其连接设备或工厂的供电安全，服务质量并没有直接影响。因此，关于服务质量的一般标准尚不存在。然而，在欧盟内部，针对服务质量的主要特征，个别国家提出了指导方针。表4.7概述了欧洲服务质量的最常见特性，即时间范围和违反情况下可能的财务处罚。

表 4.7　服务质量特性、限制和处罚的范围[2]

服务特性	时间限制	罚款/欧元
预约安装	2～3h	0～35
连接和计量的安装	2～5 天	0～50
简单工作的费用估计	5～20 天	0～65
对计量问题的回应	5～20 天	0～35
对有关收费和付款的查询的回应	5～20 天	0～30
每年计量读数的数量	1～6	0～30
对消费者来信的回应	8～20 天	0～20
对消费者申诉的回应	5～20 天	0～35

根据许多国家建立的规则，表4.7表明这两个指标所处的值的范围相当广泛。例如，在德国，必须在两天内完成消费者接入安装和计量安装，做到了这点，通常不会有任何处罚。

然而，在西班牙和意大利，接入建立可能需要五天的时间，罚款可以达到30欧元。另一方面，爱尔兰需要在三天内安装，并公布最高罚款为50欧元。

在自由化的意义上，每个消费者都可以自己选择贸易商和计量服务提供商，并与贸易商和计量服务提供商订立合同，但其仍然依赖于本地的代理配电网运营商。

4.6.2　过程管理

配电控制中心（DCC）完成配电过程管理的核心。在屏幕上，以接线方式、图、资料、表格和报告的形式，高级配电控制中心呈现电网拓扑、测量值、计量值、事件消息。可以使用键盘进行控制。

如今，配电控制中心并不仅仅涉及电网的管理任务。通常，根据城市总体供电结构，建设多机构配电控制中心。这种多用途配电控制中心可以完成诸如电能、气、热和水之类几种媒介的过程管理任务。图4.35显示了多机构配电控制中心的视图，该中心有三个独立的工作场所，以控制电能、燃气和区域供热网。

在电网管理的所有三个领域，培训工作人员。实际经验表明，员工有积极性拓展其自身的知识、执行联合任务。在整个供应过程中，此多机构方法产生协同效应和效率。

电力分配的管理主要集中在两个基本系统上：

- SCADA——监控和数据采集。
- GDOF——一般决策和优化功能。

图 4.35 多机构配电控制中心，有三个工作独立的工作场所，用于电力、燃气及供热。

来源：HSE 股份公司

SCADA 系统执行下述功能：

- 在紧急负载、电压质量干扰和故障的情况下，报警。
- 采集和处理测量值和计量值。
- 切换命令和进一步控制（例如，变压器分接头变换）。
- 监视电网拓扑。
- 评估和归档所完成的应用程序功能的结果。

GDOF 系统功能更集中在功率平衡功能上，该功能对电网运行有很大的影响：

- 负荷和本地发电预测。
- 负荷控制。
- 电能购买和输入的优化。
- 环境仿真。

通过屏幕上的适当可视化的视图，电网运营商能够估计当前电网状况。

以此方式，可以完成下述功能：

- 电网监测。
- 切换和控制过程。
- 启动消除故障和干扰的行为。

配电运行人员的工作地点如图 4.36 所示。中间的屏幕呈现一部分电网的拓扑。可以向上/向下滚动该屏幕，并放大/缩小该屏幕。图标显示开关设备的状态。可以通过光标选择接线图的每个元件，并且可以打开详细信息，例如，电压和潮流。其他屏幕可能会显示不同的事件报告、电网带负荷记录和其他信息。对于这些任务，配电控制中心提供与其所监视和控制的设施的通信链接。

图 4.36 配电控制中心中的电网运行场所。来源：HSE 股份公司

在区域配电网和输电网中，通常，所有节点元件都与控制中心相连，并且可能监视和控制所有节点元件。这是确保不中断电网服务的 $N-1$ 准则的前提条件。

出于经济原因，在配电控制中心中，远程控制设施的数量是有限的。一般来说，对于一级配电部分来说，完整地提供了其监控和数据采集功能。这样，本地配电网监测的设计是不同的。

在本地的中压配电网中，远程控制馈电站和配电终端。可视化大多数变压器终端的状态为可变值。必须在本地手动执行操作。工作人员必须向配电控制中心提交变化的情况，从而在拓扑接线中，手动设置变化值。

在配电控制中心中，考虑监视的设施，完成测量值的允许变化范围和偏差。由屏幕上的灰色图标和声音报警信号，标记每次超出阈值的信号。

低压电网的监测范围在变压器输入处结束。

通信链路需要专用的安全措施，以避免外部攻击，并确保在供电中断的情况下进行通信。

一般来说，不能远程监控和控制低压电网。根据 4.3 节（见图 4.13b）所考虑的情况，工业电网通常会出现例外情况。

切换和控制过程是配电控制中心日常重复任务的事件。

可以计划性控制操作，也可以非计划性控制操作。执行计划性操作，为优化目重构电网拓扑，或者，将关闭设施和将设施接地，以完成维护、测试或更换工作。非计划性控制包括开关操作序列或危险电网环境，该开关操作序列是为了隔离故障设施，危险电网环境包括供电恢复操作。不由配电控制中心执行计划性控制操作，但必须在本地执行计划性控制操作，该计划性控制操作需要典型的操作顺序。此类操作的准备工作需要详细的操作计划，事先由配电控制中心确定该详细的操作计划。同时，用电话将本操作报告给配电控制中心。

配电控制中心支持故障定位、消除和恢复供电。在中压配电网的屏幕接线中，可以看到停电的中压配电网部分。然而，并不能观察到低压配电网中的扰动。只有当消费者呼叫并报告干扰时，才会识别低压配电网中的扰动。

一般来说，精确的故障定位要求维护人员沿着馈线行进，并检查终端中短路指示灯的状态。也由配电控制中心的运营商协调这项工作，该运营商进一步有责任以报告形式记录所有的发现和处理行为。将所有故障报告传递至中心办公室，以便统计报告情况。

图4.37给出了操作顺序，该操作顺序用于检测故障位置和恢复停电用户的供电。

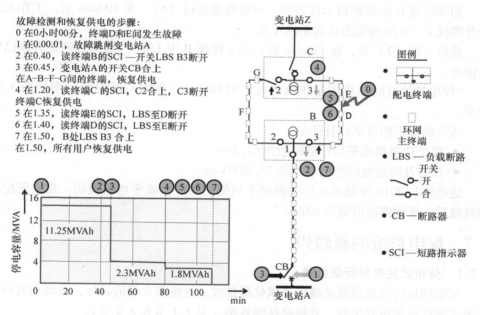

图4.37 在一个20kV电网中的故障定位和恢复供电的例子

所呈现的电网接线遵循"可连接的放射状馈线末端"概念。在这个例子中，结合了这个概念的两个配置方案如下：

- 配电终端 B 和 C 之间的开环接线。
- 变电站 A 和 Z 之间的相对变电站接线。

如上所述，传统做法要求维修人员沿着馈线行进，检查终端中短路指示灯的状态，并为供电恢复进行适当的切换操作。

在环网主终端 E 和 D 之间出现故障后，在变电站 A 的整根馈线 A – C 的保护跳闸识别消费者停电（1）。因此，A 和 C 之间的所有终端都不能提供供电服务了，这等于 15MW 的电力中断。

按图4.37所示的步骤，实行传统的供电恢复。

首先，员工开车到配电终端 B，到达所需的平均时间为 40min（2）。这里，可以看见，短路沿方向 D 通过。工作人员按照方向 D 断开负载断路开关（LBS）3，并向配电控制中心确认此操作。调度员现在可以合上馈线 A – C 的断路器，也对馈线 A – C – F – G（11MW 的需求）上的大部分消费者，恢复供电（3）。

在下一步中，在平均 80min 后，工作人员到达了配电终端 C，确认没有检测到短路电流，合上 LBS 2，并断开 LBS 3（4）。现在，恢复给终端消费者的供电，该消费者与 400kVA 的需求相连接。

维修人员的下一个目标是馈线 C – D 的终端。95min 后，检测到短路电流没有流过终端 E（5）。

相邻终端 D 的短路指示灯表明，短路电流流过（6）。在 100min 后，工作人员断开馈线 E – D 的两端的负载断路开关。

最后一步（7）是，在 110min 后，合上终端 B 中 LBS3，则所有消费者现已恢复供电。

"停电持续时间"图表示供电恢复的时间线，"停电持续时间"图如图 4.37 所示。

所示的例子的可靠性特征是

- 每个功率单元平均停电时间为 61.5min。
- 没有及时送电的停电电量是 15.35MVAh。

这些值与 2010 年德国统计数据的平均值相对应，该平均值表明，在中压配电网故障后，平均停电时间为 63min[3]。

4.7 配电系统的新趋势

4.7.1 分布式发电和新型负载

配电网运行的新挑战是减少二氧化碳排放，这也是全球的目标，以增加可再生能源在能源平衡中的份额，并提高能源效率（见 1.1 节和 1.3 节）。

在许多国家，法律确定可再生能源发电有优先权，但是，法律不能控制可再生能源发电（见 7.1 节）。

从大量的小型分布式能源资源（DER），可再生能源的很大一部分将输入配电网。根据此趋势，配电网的运行条件将发生根本性变化。图 4.38 显示了此种变化情况。通常，潮流是从上到下的方向（左侧）。

然而，在低压和中压电网中，DER 的连接可能会导致双向潮流，其在低压、中压和高压电网之间流动。如果负载低于发电量，则会出现自下而上（反向）的潮流。而且，由于直接影响发电水平的气象条件是不稳定的，因此，白天的负载发电平衡可能会多次变化。因此，在白天，潮流变得易变，并且其方向发生多次改变。

此外，通过电动汽车替代传统的内燃机车，以实现能源效率和环境保护目标。

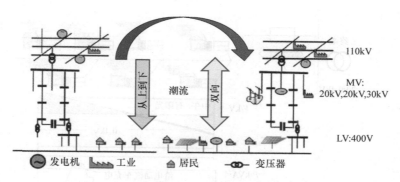

图4.38 因为集成 DER，配电网中变化的运行环境

德国联邦交通运输部预计，2020 年将有 100 万辆电动汽车，2030 年将有 600 万辆电动汽车。事实证明，汽车的"电动燃料"主要来自可再生能源。然而，一辆电动汽车快速充电所需的功率可能高达 15~20kW。这相当于低压电网中标准 35A 熔断器跳闸功率的 52%~70%。

因此，对于大多数低压电网来说，沿着低压馈线，多辆电动汽车的同时快速充电创造了一个苛刻的运行环境。

考虑家庭、小型企业和公共建筑的采暖系统，模式变化也支持实现能源效率目标。有些项目已经开始安装小型热电联产（CHP）机组，其供几千瓦的电力和热能。

此外，由热泵的安装可以期待显著提高热效率。在未来几十年，热泵的连接将显著增加。

4.7.2 对电能质量的影响

由于 DER 的份额很大，尤其是不稳定的能源以及电动汽车等新型负荷的出现，可能会出现极端情况，这可能会导致电网设施和用户侧设备在短期内的压力过大。

过负荷和（或）过电压的影响如图 4.39 所示。

有一根长馈线，该馈线有许多相连光伏电站，其电压为 400V，在此根长馈线中，在中午，可能会发生超过设备设计阈值的反向潮流。电压沿着馈线增大，可能超过标准阈值，该标准阈值为额定电压的 +10%。在晚上，太阳不再照射，但是，用户工作后回到家中，想要同时给大量的电动汽车充电。这时，在供电方向，可能会发生设备过负荷。

考虑电压质量，新的电网用户有反向干扰，由此可以看见电网面临巨大的挑战如下：

- 因发电机接入，所产生的过电压。
- 因大功率的同时负荷，所产生的欠电压。
- 风电场和光伏电站不稳定。

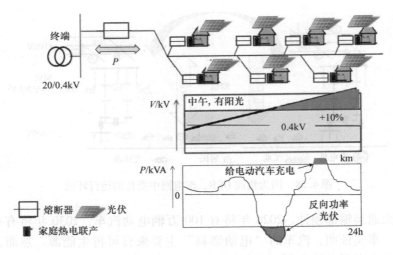

图 4.39 400V 配电网中可能存在的运行压力情况

- 风电场和光伏电站的电力电子换流器以及电动汽车的充电单元产生的谐波失真。

因此，配电规范[6]为可再生能源发电厂的接入确定了新的指导方针。

在发电厂最严苛连接点处［公共耦合点（PCC）］，为了避免电压超过允许的范围，必须限制所有发电机组的电压枢纽处有 $\Delta U_{max} \leqslant 2\%$。

为了避免不可接受的电网的相互作用，在发电厂的连接点处，合闸或分闸操作突然产生电压变化量，必须限制该突发电压变化量为以下值：

- 单个发电机组的分合闸操作：$\Delta U_{max} \leqslant 2\%$。
- 整个发电厂或多台发电机组的分合闸操作：$\Delta U_{max} \leqslant 5\%$。

为了评估 PCC 上一个或多个发电厂的接入，考虑到电压有波动情况，在 PCC 上，必须观察以下的长期波动强度：$P_{lt} \leqslant 0.46$。

原则上，为了确定发电厂产生的谐波电压，用适当的相位关系，叠加所有连接到所讨论的电网的谐波发生器。从计算的角度看，这就需要有大量的计算消耗。所以，为了简化问题，假设只有那些谐波电流相互叠加，这些谐波电流是连接到变电站或线路部分（两个变电站间的线路）的发电厂的谐波电流。表 4.8 显示了总谐波电流的允许值，该谐波电流在变电站或线路部分注入，与发电厂的连接点处的电网短路功率相关。

考虑上述所有的影响，相关发电厂的制造商有义务确保允许的阈值。

总之，关于配电网新用户的影响，清楚地表明，配电网运营将变得更加复杂，需要智能电网意义上的智能协调、控制和监测。

表4.8　总谐波电流允许值[6]

谐波次数	相关谐波电流的允许值 $i_{\nu,u}$/(A/MVA)		
	10kV 电网	20kV 电网	30kV 电网
5	0.058	0.029	0.019
7	0.082	0.041	0.027
11	0.052	0.026	0.017
13	0.038	0.019	0.013
17	0.022	0.011	0.07
19	0.018	0.009	0.006
23	0.012	0.006	0.004
25	0.010	0.007	0.003

参 考 文 献

1. B. M. Buchholz. Lectures "Electricity grids", "Energy automation" and "Medium voltage technologies" within the education program "Power transmission and distribution—the technologies at a glance". Siemens Power Academy Nuremberg, 2003–2009. https://product-training.siemens.com/power-academy/index.jsp?L=EN (February 2009).
2. ETG-Task-Force: Versorgungsqualität im deutschen Stromversorgungssystem. Studie der Energietechnischen Gesellschaft im VDE (ETG), Frankfurt, Juli 2005.
3. Störungs- und Verfügbarkeitsstatistik—Berichtsjahr 2010. FNN Forum Netztechnik und Netzbetrieb im VDE. Berlin, Dezember 2011.
4. B.M. Buchholz, T. Connor. Practice of neutral grounding for different network conditions. Distribution 2003, Adelaide, Australia, 17–19.11.2003.
5. EN 50160:2011-02. Voltage characteristics of electricity supplied by public distribution networks.
6. Technical Guideline: Generating Plants Connected to the Medium-Voltage Network. Bundesverband der Energie- und Wasserwirtschaft e.V. Berlin, June 2008.

第 5 章

输电网的智能运行和监测

可再生能源电力生产具有波动性，在其生产自由化、放松管制和所占份额逐渐增加的情况下，欧洲输电系统运营商承担了对电力系统进行复杂指导的责任。其负责电网控制、发电-负荷平衡、提供电力系统服务，这些服务有频率控制、电压控制，以及确保有足够的备用容量等。为应对这些服务，电网控制中心的运行人员需要了解系统的当前状况的全面信息，这些信息包括：机组组合、负荷变化，以及邻近系统的信息。根据这些信息，可以确定边界状态，并及时开始采取措施以保证系统稳定性。不断变化的电网运行环境导致调度员的工作压力日益加重，出现误操作的概率逐年上升。

采用先进的电力自动化技术，有助于提高系统的可监测性，可以指导调度员，使其在紧急情况下自动执行适当的应对措施。在这种情况下，产生了"拥堵管理"的概念。如果观测到电网负荷潮流不能满足 $N-1$ 准则，拥堵就会发生。拥堵持续时间很短，产生的原因可能是，发电站或电力设备突然断电，或者与已确定的计划相比出现了重大的偏差，实际值远远大于预测值。

在本章的 5.1 节中，介绍了 21 世纪先进工业化国家出现大型电力系统扰动的根本原因。在接下来的几节中，介绍了现代电力系统控制的实践，以及智能化、可避免的拥堵管理。

5.1 大面积停电的根本原因和经验教训

5.1.1 概述和电压崩溃现象

电力系统是由数以百万的设备组成的大型控制论系统，其应保证各个部分协调运行。主要的挑战是

1）输电能力、电力需求和发电容量之间的平衡的相互影响。

2）相配合的保护功能、控制功能和通信功能，实现根据实际情况对电力系统进行灵活、实时的调整。

分析 2003 年 8 月和 9 月的北美、伦敦、瑞典、意大利、2004 年的雅典、2005年的莫斯科和 2006 年 11 月的德国（见图 5.1 中总体情况）发生的电力系统停电和大型扰动，发现原因是多种多样的。在这里，可以理解系统停电为电力系统的完全

崩溃，发电厂的广大区域发生故障，供电中断。这种情况下，恢复系统的所有服务需要更长的时间。

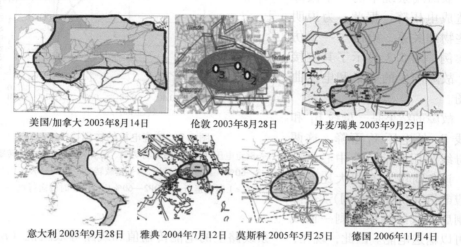

美国/加拿大 2003年8月14日　　伦敦 2003年8月28日　　丹麦/瑞典 2003年9月23日

意大利 2003年9月28日　雅典 2004年7月12日　莫斯科 2005年5月25日　德国 2006年11月4日

图 5.1　2003~2006 年间工业化国家的大规模系统扰动

另一方面，如果扰动持续时间不长，电力系统可能在大扰动冲击下并未崩溃，仍能继续提供服务。

上述事件发生的主要原因是，缺少系统边界状态的信息，并且不具备紧急情况下的应急预案。此外，在美国/加拿大、瑞典/丹麦、意大利、雅典和莫斯科这五个例子中，事件发生的催化剂是电压崩溃。

因为线路电压降，负载无功需求会大大提升，在此情况下，电压崩溃便有可能发生。这主要发生在电机驱动的负载上。在两种情况下，额外的无功需求导致电网的阻抗电压降增加。这两种情况是，①线路断开，从而削弱电网拓扑；②分别增大系统等效阻抗。在电压崩溃的影响下，供电系统可能彻底停电。

图 5.2 说明了电压和感应电机负载的电矩的转速之间的依赖关系。在正常运行点 OP1（额定电压和额定转速），机械转矩 2 和机械负载 4 的曲线相交。对无功功率的需求（曲线 1）是较低的。由于减小了供电电压，大大下移了反映转矩 – 转速相关性的曲线（新曲线 3），从而调整了机械的新的运行点（电气和机械转矩的平衡），该新的运行点以降低了的速度运行。这表明，运行点 OP2 的运行电压为额定电压的 60%。但是，速度降低时，需要更多的无功功率使系统稳定运行。更高的无功需求导致供电网中产生进一步的电压下降：电压继续下降，会导致电力系统崩溃。

只能采用以下三种手段，来避免这种情况的发生：①断开部分供电，尤其是切断无功负载；②紧邻负载，进行额外的无功补偿；③减小供电网的阻抗（例如，合上备用变压器）。这样，系统电压就可以得到恢复，电机加速到额定速度，减少了其对于无功功率的需求。

双回线系统中的一个故障
会造成电压降，据此，为说明
这些物理关系，给出了一个仿
真案例。图 5.3 显示了其主接
线、故障产生的后果和电压曲
线图。

故障的结果是，母线 B_1 和
母线 B_2 处电压 V_L 下降，这两
条母线是用于给负荷中心供电
的，该负荷中心有很大比例的
感应电机（例如，空调）。故障
跳闸后，双回线中只剩一回线

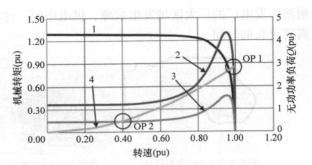

图 5.2 感应电机的物理特性

1—额定电压（V）下的无功功率　2—100%V下的电气转矩
3—60%V下的电气转矩　4—负载转矩　OP1—100%V、
$Q=1$ 时的运行点　OP2—60%V、$Q>4$ 时的运行点

路可以输送电能。因此，现在，一条线路上的电能传输值和线路等效阻抗（L_1 而
不是 L_1 并联 L_2）是故障之前的两倍。但机械负载所需的无功功率已经明显地增加
了。不执行相应的安全措施，即不进行负荷跳闸（1），也不进行无功补偿（2），
电压就不可能恢复。

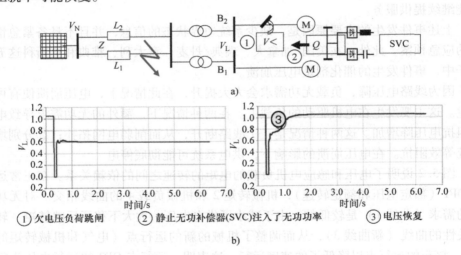

① 欠电压负荷跳闸　　② 静止无功补偿器(SVC)注入了无功功率　　③ 电压恢复

b)

图 5.3　故障后的电压崩溃和应对措施

图 5.3 展示了电压的发展过程：

- 左下图：电压崩溃，其中，电压未恢复到规定范围。
- 右下图：在顶部，显示正确的恢复动作 2，完成该动作，以避免系统崩溃。

方案 1：在监测到较大的无功潮流后，可以由欠电压保护执行方案 1，即该欠
电压保护与整定调整相结合。如果没有这种结合，在正常的电压恢复过程中，可能

发生保护装置的过保护现象。

方案 2：即快速补偿无功功率，由静止无功补偿器（SVC）实行。此示例表明，实时监测拥堵和快速采取正确的措施，都可以防止较大的系统干扰出现。

5.1.2　2003 年美国东北部/加拿大大停电

美国 2003 年 8 月 14 日的大停电沿伊利湖的南岸开始。那一天天气十分炎热，12：00 时的温度为 31℃，可以监测到，在市中心，空调用电占总用电的份额很大。第一能源公司——负责这一领域的输电系统运营商（TSO）——在这一天面临着 12635MW 的年度峰值负荷[1]。

在中午和 1：30 间，三个发电厂断电，造成供电功率减少了 1757MW，输电系统之间也产生了额外的负荷潮流（见图 5.4）。在 2：00，第一能源公司的 SCADA 系统失效，冗余系统也不可用。在 2：02 至 3：45 间，五条 345kV 线路跳闸（由于几处树枝接触短路）。这些事件发生的时间间隔都大于 10min。然而，由于 SCADA 系统失灵，这些线路跳闸并未自动报告给 TSO，即第一能源公司。因此，由于线路断路，系统正在运行的拓扑强度降低，又因未详细分析发电厂的情况，所以不能仅凭电话通话就停止运行发电厂。

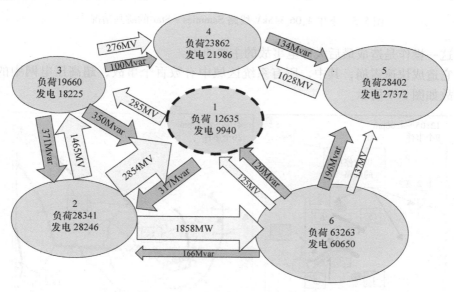

图 5.4　TSO 之间的区域负荷情况和潮流[1]

1—第一能源公司　2—美国电力公司　3—美国密歇根州电力协调系统
4—独立电力市场运营商　5—纽约 ISO　6—PJM

图 5.4 展示了第一能源公司的负荷情况和周围的输电系统运营商。

在下午 3 点，监测到代顿（Dayton）电力电灯公司和第一能源公司之间出现最严重的区域间潮流，其值高达 2850MW。而此潮流所通过的路径，由于上述跳闸，被削弱了。

仍在运行的线路严重过载，无功功率损耗十分严重。345kV Sammies 变电站的电压下降到 320kV，与此同时，无功潮流增加了。

在下午 4:06，在有 MHO 距离保护特性的过负荷区域（区域 3），距离保护发跳闸命令，断开了另一条 345kV 线路（Sammies – Star 线路）（见图 5.5）。

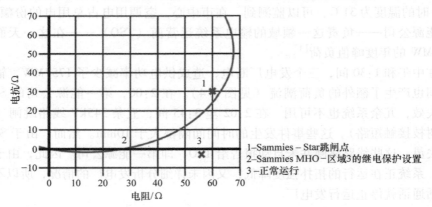

图 5.5　下午 4:06 345kV 线路 Sammies – Star 的跳闸情况[1]

这一操作是造成最后大停电事故的主要原因。

它造成快速雪崩，其中，所有系统区域中有数百个事故，超高压电网中的 26 个事故如图 5.6 所示。

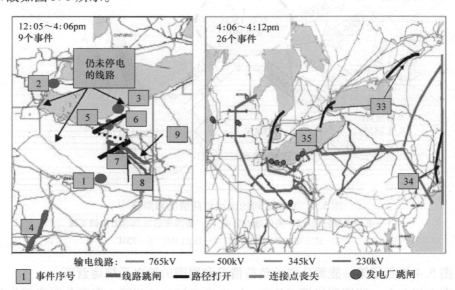

图 5.6　直到 4:06 时刻的事件序列和 6min 后的最终停电情况[1]

仅仅 6min 后，不仅第一能源公司，还有 6 个相邻的系统，被隔离为自治孤岛，并且面临着大面积的停电事故。

从这个事故中吸取的教训如下：

- 在任何情况下，SCADA 系统和通信连接都要是安全的，必须精心设计 SCADA 系统和通信连接，让它们不可中止运行。
- 每当输电网被削弱数小时的情况下，应当为调度员提供正确的指示，这些指示带有自动电网拥堵管理。
- 应当调整保护参数，使其适应电网的运行状态。

此外，由于受影响的变电站的保护信号具有不同步的时间戳，使得这次美国/加拿大的大停电恢复任务变得十分复杂。如今，强烈要求通过卫星使所有智能电子设备（IED）的时间同步，以此来对电网系统进行保护和控制。

5.1.3 2003 年伦敦大停电

在 2003 年 8 月 28 日，美国/加拿大大停电事故两周以后，伦敦市遭遇了一场大停电。伦敦电网网状运行，由 275kV 双回路电缆系统建成环路。双回路环路中的一回线路连接着温布尔顿（Wimbledon）变电站、新十字门（New Cross）变电站、赫斯特（Hurst）变电站和小布鲁克（Little Brook）变电站。系统内有两条电缆线路由于维修而未投入运行：温布尔顿到新十字门的电缆线路和赫斯特到小布鲁克的电缆线路，如图 5.7 所示[2]。

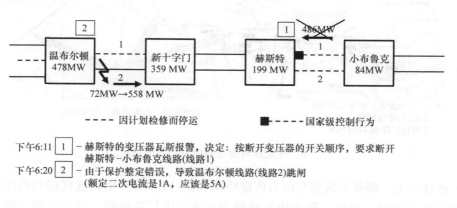

图 5.7 导致伦敦停电的事件[2]

在下午 6:11，在赫斯特变电站，监测到变压器的瓦斯警报，调度员决定切断相关的变压器。由于该变电站的主接线的原因，不得不切除赫斯特和小布鲁克之间剩余的线路。此操作断开了 275kV 环形回路，赫斯特变电站和新十字门变电站可以继续供电，但必须通过温布尔顿变电站。

这个操作造成的后果就是，温布尔顿到新十字门的线路的潮流从 72MW 剧烈地增加到 558MW。监测到这个功率增大，温布尔顿的保护装置立刻切断了该线路。

继电保护技术员的失误造成了这次跳闸。保护的二次电流被整定为 1A，而不是 5A。

由于这次跳闸，赫斯特和新十字门变电站供电的区域经历了一次大停电。该区域的发电厂也被迫关闭，失去的发电功率超过 700MW。

最后，应当指出：

- 在操作前，每个操作需要提前进行电网安全计算。
- 严格避免所有可能使系统进入 $N-1$ 不安全状态的操作。
- 必须归档保护的整定值，并且，根据变电站文件，定期检验保护整定值。

5.1.4　2003 年瑞典和丹麦大停电

美国/加拿大发生大停电后第 5 周，即 2003 年 9 月 23 日，瑞典和丹麦的电力系统面临崩溃。导致停电的电网和事件如图 5.8 所示。

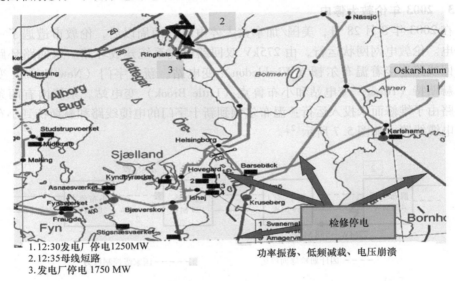

1. 12:30发电厂停电1250MW
2. 12:35母线短路
3. 发电厂停电 1750 MW

功率振荡、低频减载、电压崩溃

图 5.8　导致瑞典南部输电网停电的情况

在这一天，断开了两条与电力传输协调联盟（UCTE）电网连接的超高压直流（EHV DC）线路，另外一条 400kV 线路和一座发电厂在维修，这均削弱了电力系统网络。

在中午 12：30，因冷却问题，关闭了一座 1250MW 的发电厂。5min 后，在 400kV 灵哈尔斯（Ringhals）变电站，发生了母线故障[3]。

母线跳闸断开以后，提供 1750MW 功率的发电厂与电网的连接断开，造成了其他电路上强烈的功率振荡。

自动甩负荷之后，频率开始下降。然而，频率稳定不能阻止停电事故的发生。随后发生的电压崩溃是系统大断电的根本原因。

经过这一事故后，再次提出要求：应当对输电网进行更好的监测。此外，$N-1$ 准则必须包括母线故障，同时，要考虑到连接着的发电设备。

5.1.5　2003 年意大利大停电

在 2003 年 9 月 27 日晚上，意大利发生了被称为"白夜"的停电事故，造成了比平时更多的电能消耗。通过邻近电网，6500MW 的永久功率输入意大利北部。消耗了其中约 50% 电能，以驱动意大利抽水蓄能电站。

在瑞士北部，这是一个暴风雨之夜。在 9 月 28 日凌晨 3:01，由于树枝接触短路，距离保护断开了一条 400kV 线路。在利沃诺-梅特伦（Lavorno-Mettlen）线路自动重合闸失败后，瑞士调度员意识到肯定会大停电，他回忆说当时系统再也无法满足 $N-1$ 安全准则。要求意大利方面减少输入功率。然而，最初功率减少了 200MW[4]，这不足以使系统重新建立 $N-1$ 安全。在瑞士第二条线路跳闸 20min 后，其余 10 条线路跳闸了，这 10 条线路属于 UCTE 电网，通往意大利。这一过程是通过继电保护装置在过负荷区域的跳闸实现的。

结果，意大利完全与 UCTE 电网断开。图 5.9 显示了相关的 UCTE 报告的摘录[5]。

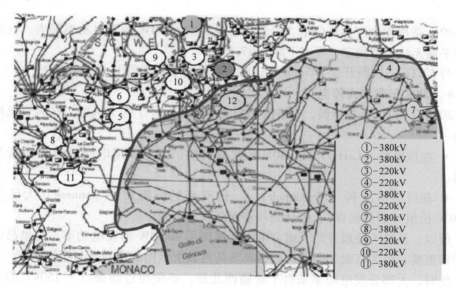

①-380kV
②-380kV
③-220kV
④-220kV
⑤-380kV
⑥-220kV
⑦-380kV
⑧-380kV
⑨-220kV
⑩-220kV
⑪-380kV

图 5.9　意大利电网从 UCTE 电网断开时的跳闸顺序[5]

连接断开后，意大利面临 27% 的功率缺额，当时其负荷功率为 24400MW。系统紧急进行了 10.8GW 的甩负荷，并激活了 1.5GW 的一次备用功率[5,6]，然而，这些都无法阻止系统崩溃的发生。

电压和频率的这些关系和后续走向（基于仿真模拟），如图 5.10 所示。

由于系统剧烈的功率振荡和电压振荡，保护方案（失步保护、电压保护、频

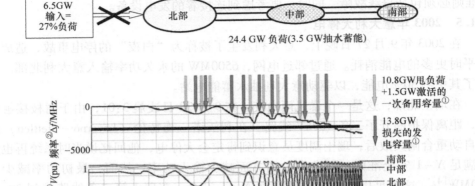

图 5.10 断开连接后的电网情况、频率和电压变化过程
(来源：①来自参考文献 [6]，②由作者自己仿真)

率保护)造成发电厂逐步停电。这至少造成了 13800MW 的发电功率损失。电能的供需平衡无法维持稳定，频率下降至 47.5Hz。

与 UCTE 电网断开仅 2.5min 后，意大利面临着全国范围内的大停电。

5.1.6 2004 年雅典大停电

2004 年 7 月 12 日早晨，希腊南部的电力系统断开了两个机组，这两个机组分别为

● 在拉里昂 (Lavrio) 的 280MW 燃油机组，因为厂用电网的故障而断开该机组。

● 在迈加洛波利 (Megalopoli) [伯罗奔尼萨斯 (Peloponnese) 大区] 的 125MW 机组 (燃烧褐煤)，因计划检修而断开该机组。

所以，从这天凌晨开始，南方电网就损失了 405MW 的发电功率。拉里昂发电厂非常重要，因为其毗邻雅典，而雅典负荷占其所承担负荷的绝大部分[7]。

此时，大部分发电功率来自于希腊西北部，必须经过四条以上 150kV 的架空线路才能输电到雅典，这些架空线路的输送距离很长。

此外，由于各种各样的原因，在这一天，下述输电元件不可使用：

1) 来自雅典供电区的西部供电区域的 150kV 双回线的某回线路系统。

2) 连接到比雷埃夫斯 (Piraeus) (雅典) 地区的发电厂的两根 150kV 电缆。

3) 在北部 400/150kV 的 Koumoundourou 变电站和比雷埃夫斯发电站 AHSAG 之间的一条 150kV 线路 (上述四条很长的架空线中的一条)。

这些设施的不可使用造成的后果是，400/150kV 的帕里尼 (Pallini) 变电站出

现了不正常的重载，其中有三个自耦变压器几乎满载。

这种情况导致在整个雅典电网出现了不正常的低电压。雅典地区的电压持续降低，低至正常电压值的 90%。一旦拉里昂发电厂同步运行，开始发电，电压降低得到遏制。然而，在中午 12:12，拉里昂发电厂仍然在其技术上最小状态，并处于手动控制状态，最后，由于蒸汽包的高水位，该发电厂再次被切除了。拉里昂发电厂的再一次被切除，使整个系统处于紧急状态，因为在雅典和希腊中部的其他发电厂已经无法满足系统对于无功功率的需求。雅典地区的三个 150kV 变电站的电压发展情况如图 5.11 所示。

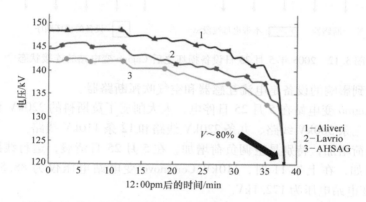

图 5.11　雅典变电站的电压降过程[7]

在 12:25，希腊 TSO 控制中心要求进行 100MW 的减负荷操作。在 12:30，手动切除 80MW 负荷。然而，这并不足以阻止电压下降，因此，在 12:35，希腊 TSO 要求再次进行 200MW 的减负荷操作。在这段时间里，负荷已达到其峰值——9320MW。

没有时间执行第二次减负荷命令了。

在 12:37，在希腊中部的弱网架区域，阿利韦里（Aliveri）发电厂的 3#机组自动跳闸。在 12:38，手动断开阿利韦里发电厂的其余仍在发电的机组。电压开始崩溃以后，在 12:39，南北线的低压保护将系统分离。系统分离后，断开了雅典和伯罗奔尼撒（Peoponnese）半岛地区的所有仍在发电的机组，从而导致了大停电。

大停电之后 10 天，电网才连接了稳定设施。

其中一项设施是连接一组 132Mvar 电容器组合，用以保证电压的稳定。在 2004 年奥运会时，这些设施保证了该地区供电的可靠性。

5.1.7　2005 年莫斯科南部大扰动

2005 年 5 月 23 日至 25 日，六个依次发生的事件损坏了设备，导致完全断开了 500/220/110kV Cagino 变电站和本已连接的莫斯科南部 TEC22 发电厂[8]，如图 5.12 所示。

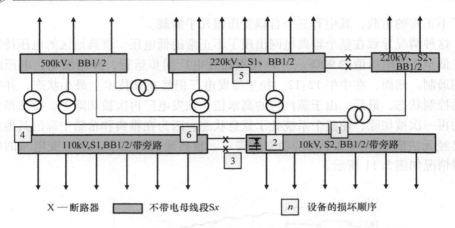

图 5.12　2005 年 5 月 25 日设备损坏之后 Cagino 变电站的连接状态[8]

主要受到影响的设备是电流互感器和空气吹弧断路器。

由于 Cagino 变电站在 5 月 25 日停电，大大削弱了莫斯科的 220kV 和 110kV 电网：断开了三条 500kV 线路、九条 220kV 线路和 12 条 110kV 线路。

由于负荷增加，特别是空调负荷增加，在 5 月 25 日清晨，运行线路重载，电压下降，例如，在上午 11 时，110kV Certanovo 变电站电压仅为 88.5kV，220kV Baskakovo 变电站电压为 172.1kV。

随后，典型的电压崩溃发生了，造成了莫斯科南部地区的大停电。

在这里，如果采用更好的电源系统监测措施，并且及时激活大量无功功率，就可以防止系统崩溃。

5.1.8　2006 年德国和欧洲大陆的系统大扰动

在 2006 年 11 月 4 日晚上 9:38，为了让一条船只通过，按计划关闭了一条双回线系统，这使得大大削弱了德国北部的 400kV 电网。

在整整一天内，给这一区域送电的风力发电功率增加了，从早上的 200MW 上升到深夜的 12000MW，从而造成 400kV 电网迅速严重过载。

为了改善这种情况，在晚上 10:10，事先没有进行任何 N-1 安全评估的情况下，E-On 公司控制区域（2011 年以后，该公司被称为滕特（TenneT）公司）的调度中心增加了另外的电网耦合连接。

然而，这个操作导致了在从北到西南方向的线路出现了更高的负荷，几秒钟后，过负荷保护装置断开了最初的两条线路。这些线路断电以后，开始了雪崩式更多的线路跳闸[9]。

图 5.13 显示了：计划操作，相关的输电网的一部分（1），那天的风力发电发展过程（2），耦合操作（3），两条线路跳闸（4）和（5），大功率潮流的方向（6）。

由于线路中断，UCTE 电网被分成三个自治岛系统，各岛系统的发电量和负荷

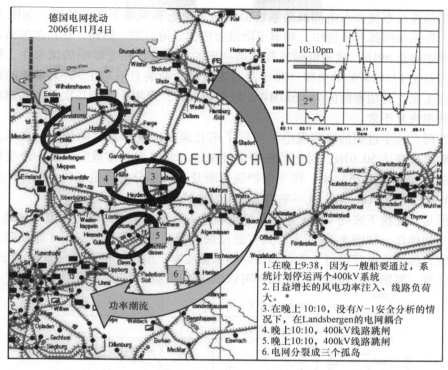

1. 在晚上9:38，因为一艘船要通过，系统计划停运两个400kV系统
2. 日益增长的风电功率注入、线路负荷大。
   *
3. 在晚上10:10，没有N−1安全分析的情况下，在Landsbergen的电网耦合
4. 晚上10:10，400kV线路跳闸
5. 晚上10:10，400kV线路跳闸
6. 电网分裂成三个孤岛

图 5.13　2006 年 11 月 4 日输电网和事件位置（*来源：Fraunhofer IWES）

的不平衡，如图 5.14 所示。

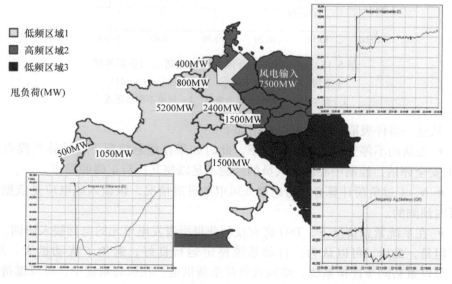

图 5.14　过负荷跳闸后的孤岛电网及其频率图[9]

西部孤岛系统和东南部孤岛系统面临功率缺乏和频率下降的情况，如图 5.14 所示。在东南部孤岛系统中，频率下降没有造成任何后果。然而，在西部孤岛系统中，频率降至 49Hz。这是低频减载的第一步的整定值，在受影响的国家中，保护系统断开了 13350MW 的负荷（除了没有安装减负荷装置的瑞士）。大多数的减载负荷在法国，其功率数值为 5200MW。减负荷以后，启用一次和二次备用功率本可以使频率恢复正常。

然而，由于过剩的风能发电，导致了东北地区出现了危急的情况。在东北地区，频率最高达 50.6Hz，对于系统稳定性来说，此频率非常危险。在一个受影响的控制区（见图 5.15）中，频率保护装置断开了大部分的风电场（4448MW 中的 3010MW），在 0.1ms 内，这一举措消除了发电峰值。

但是，在接下来的 40min 里，系统重新接入了 2800MW 的风力发电，这是一个不恰当的操作，如图 5.15 所示。只有通过快速激活无功备用容量，才能使频率保持稳定，传统发电厂进行了重新调度，抽水蓄能电厂承担了相当大一部分的负荷的供电任务。原则上，所有三个区域都可以成功处理这种情况，避免扰动扩大。

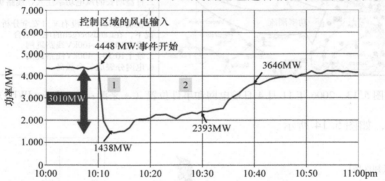

图 5.15　频率保护断开风力发电及随后的重新连接

（来源：Vattenfall Europe Transmission GmbH）

1—频率保护立即断开风力发电　2—风电不同步重连

从这一事件吸取的教训可以总结如下：

● 在新的不停变化的电网情况下，此时如果在危急情况下，计算机没有进行 $N-1$ 安全评估，控制中心调度人员的经验不足以使其执行正确的操作。

● $N-1$ 过负荷计算必须考虑馈入风电的进展情况，该馈入风电应是依据最新的日内预测的。

● 在系统紧急情况下，TSO 将有权利获得所有发电单元的电网接入协调。

但是，最后，可以认为，自动系统整定运行良好，避免了扰动扩大。38min 后，可以重新同步连接系统，给减载负荷重新供电。在孤岛系统中，可以维持频率波动下的功率平衡。

因此，不认为这次扰动是一次系统停电。

5.2　控制区域和系统服务

作为输电系统的运营商，TSO 负责各自控制区域的电网的安全和可靠运行，并且负责和其他电网互连。在欧洲大陆，大多数国家已经建立了一个基本的控制区域。但是，在德国，4 个控制区域分别由 4 个 TSO 负责，如图 1.8a 所示。

TSO 都必须依法运行其调度控制中心，确保电网供电以最安全的、最经济的和无害于环境的方式运行，以维护公众利益。

其主要任务如下[10]：

1）在任何时间，输电网的安全运行应当确保电网都符合 $N-1$ 准则。

2）在任何时间，保证供需平衡，为开放的电力市场提供接口，为商业化输电进行基本的必要的物理工作。

3）控制下属电网和邻近控制区域间的电力功率的输入/输出。

TSO 保证对控制区域进行正确的操作，为电网用户提供系统服务，力保供电质量。其中最重要的系统服务为[11]

- 电力系统管理。
- 频率控制。
- 电压控制。
- 供电恢复。

5.2.1　电力系统管理

电力系统管理在输电层包括两个方面，即运行计划和完成电网相关任务与供需平衡。

首先，优先考虑的、电网相关的任务是

- 电网的拓扑结构的监测和控制，包括：监测电压的运行范围和潮流。
- 保证电网处于 $N-1$ 安全水平内。
- 识别紧急情况，并启动拥堵管理。
- 请求和执行倒闸操作。
- 电压/无功功率、功率/频率的控制操作。
- 调试和维护所有电网设施，包括：为了计量和定价的必要的设施，计量定价时要考虑输电系统调度员之间的横向能量交换和与所连接的次级输电网相关的纵向能量交换。

其次，电力系统管理包括供需平衡。这涉及完成经批准的功率交换的操作，这些功率交换基于"平衡组"计划和发电厂的发电计划，同时，还需要记住对备用容量的需求。

控制区域包括任意数量的平衡组，这些平衡组包含：

- 功率注入节点（通常是发电厂的发电机组的测量点）。

- 反映需求的流出节点。

许多平衡组管理者（BGM）的职责是保证控制区域的能量平衡。平衡组一起工作，可以简化流入和流出为几个流入和流出节点。为了简化平衡问题，平衡组管理必须确保：提前注册计划，根据此计划，与其他平衡组之间进行功率交换，在哪里执行功率交换，哪里就要充分注意发电厂的稳定性。

对任意一个平衡组，TSO 应当和 BGM 订立合同。在商业和管理方面，BGM 的责任有

1）将分配给该区域的调度员的平衡组的注入节点和流出节点，及时告知负责该区域的调度员。

2）在两个平衡组之间，只交换一个计划，以此方式，集中电能交换。

3）在下午 2 点到 4 点间，上交日前计划给 TSO。该计划包含：第二天每 15min 一个平均功率值，共 96 个值。

控制区域运行人员补偿平衡组中仍存在的不平衡功率（不平衡处理）。

应当向每个对供电连接有责任的系统运行人员，详细指明每个注入节点和流出节点的分配情况。

只能分配流出节点给一个平衡组。通常情况下，供电公司或销售商会向所有消费者提供日前负荷计划，以此来承担平衡组的责任。在开放型市场中，每个消费者都有机会独立选择他/她领域内的供应商，同样也可以独立选择负责电网接入的配电网运营商。由于这些规则，供电公司服务不同区域的消费者，也并未分配某销售商给某一特定地区或配电网运营商。图 5.16 介绍了目前的情况，其中，并未提供一种计划用于输电网和配电网的物理连接点。

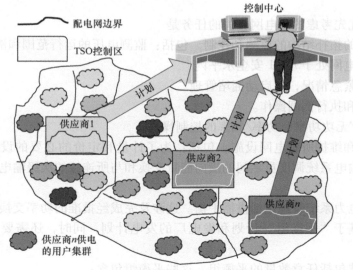

图 5.16　控制区域当前负荷计划管理图[12]

每个供电商都给其配电网用户提供计划，这些计划基于标准负荷曲线，考虑了用户的规模、用电公司的特点和年用电时间等情况。如果负荷曲线没有严重偏离标准，并且没有超出物理连接点的限制，那么这一做法是有效的。

注入点可以被分配给多个平衡组。注入功率的平衡和电力能源市场密切相关（见 5.3 节）。

在某些欧洲国家，法律规定可再生能源的优先级（又可见 7.1 节）。TSO 必须负责可再生能源的平衡组管理。此外，TSO 也负责读取、处理和转发相关的测量值。

最后，重要的电力系统管理功能，包括：对控制区内的负载和可再生能源发电进行预测，管理电力市场之间的相互关系以完成负荷计划，进行拥堵预测和管理，对发电厂的瞬时部署进行监测，对系统服务进行协调和使用。

将由指定给 TSO 的管理部门执行电力系统管理的核心功能。履行这些职能需要全面的技术设施，包括：特别的过程仪器、数据处理设备、传输来自发电站／电网的测量值和状态报告的通信设备。

5.2.2　频率控制

在电力系统中，必须不断调整系统发电，以满足负荷需求。需求方面的变化或发电厂的扰动破坏这种平衡，导致系统频率的偏差。为满足频率控制的需求，输电系统运营商需要有权接入控制功率，使其平时能够履行保护系统稳定性的责任。因此，TSO 中要求永久保证拥有 3 个类别的充足的控制功率，其时间特点如图 5.17 所示。

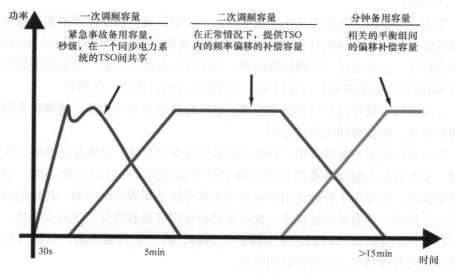

图 5.17　各控制功率类的时间限制和目的[11]

- 一次调频（或备用）容量。
- 二次调频（或备用）容量。
- 三次控制功率或分钟备用容量。

通过投标，TSO 来与控制功率的供应商签订合约。在开放的电力市场，为了获得此控制功率，TSO 将邀请投标人，在具有竞争性的条款和条件下，获得控制功率。投标人请求满足最低需求的证据，在预资格审查程序中，必须提供。TSO 和相关投标人之间签署有框架协议，这是提供不同类型控制功率的条款和条件制定的依据。竞标程序的结果应予以公布。

此外，TSO 应采取措施，以确保在其电网中，不仅最大项目负载可以安全传输，而且一次调频容量、二次调频容量和分钟备用容量也可以传输（二次调频容量和分钟备用容量可以成功代替一次调频容量）。

这三类控制功率有不同的初始条件、参数和应用目标。

一次调频的目的是，在重要发电厂突发停电后，在紧急情况下，确保能控制频率。快速下降的频率会激活一次调频。

根据 UCTE 规则[10]，欧洲大陆整个同步互连系统需要 3000MW 的一次调频功率，为其各自的控制区域，该容量应当由不同的 TSO 提供，以此容量为依据来进行计算。这些 TSO 应当负责其一次调频容量的份额的连续安全维护。在 30s 内，必须提供所需的所有一次调频容量。

如果每个发电单元（例如，发电厂单元）的额定容量超过 100MW，就必须具备一次调频。

作为一个整体，在同步互连系统中的每个控制区域将保证供需平衡，这考虑到了和其他控制区域之间的计划协议（见 UCTE 规则[10]）。TSO 对各自的控制区域有安全责任，主要通过二次调频的部署，TSO 将实现频率稳定。根据测定的实时频率与 50Hz 标准频率的偏差，在以 min 为间隔的时刻，激活二次调频。

二次调频容量可以是增加有功功率，也可以是减少有功功率。这两种类型的二次调频容量，都必须同时签订合同。

在大型供需不平衡事件中，TSO 应部署分钟备用容量，以恢复足够的二次调频范围。签约投标人的分钟备用平衡组和 TSO 平衡组间，按计划交换功率，当计划功率交换时，完成用于分钟备用容量的请求和分钟备用容量的传输。传输的请求将基于以下原则：具有最低的成本、拥有足够的可用容量和确保系统的安全性。

在下一刻钟的开始时刻，至少提前 7.5min，将产生传输请求。投标人有义务提供相应的物理意义上的分钟备用容量。

表 5.1 总结了考虑提供控制功率的最低要求，在预先资格审查中，投标人必须提交证明，证明其能提供控制功率。

表5.1   示例：各控制功率类的主要要求[12]

要求	一次调频容量	二次调频容量	分钟备用容量
最低供电容量	1MW	5MW	5MW
功率梯度	3.5%/s	2%/s	<7min
可用性	<30s～5min	<5～220min	≥15min
激活	频率	在线	待命
合同周期	每周	每周	每天
可能有容量池吗?	有	有	有

最后一行"容量池"是指，有机会集中小的发电、存储或需求侧管理（DSM），以满足所需最小规模功率。因此，小型分布式能源资源（DER）、存储单元或DSM行为可能会构建一个"容量池"，以便能够提供1MW或5MW的所请求的控制功率。但是，"容量池"的每一个单独的发电厂必须通过预先资格审查。

5.2.3   电压控制

电力系统各电压等级的运营商（TSO和DNO）都要承担相应的职责，即为安全供电提供电压控制元件。电压控制形成了测量的一部分。在有责任的电网运营商的协调下，有关电网、发电单元、连接到电网的用户和（在互连系统中）毗邻电网的边界区域，都应参与维持电压稳定。

TSO和DNO有责任在其设备安装时进行平衡的无功功率管理，包括所连接用户的需求。TSO和DNO必须维护用于无功功率控制的设施（这些设施安装在电网上，或者在与电网连接的发电站内），或者，根据合同协议，提供这些设施。这些设施必须足够齐全，并且拥有必要的功能（切换/控制功能），以确保有指定的限制值和商定的运行电压参数时，有足够的适应性。

因此，发电单元连接到输电网或配电网时，每个发电单元必须满足规定的考虑了功率因数的基本要求。举例如图5.18所示。

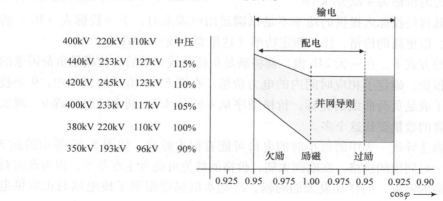

图5.18   发电机单元的无功功率控制的范围[13]

在运行电压的范围内，根据所要求的无功功率，正如 TSO/DNO 指定的，每个发电厂应当运行发电单元，以支持此适应性。因此，在高压条件下，通过励磁和需求无功功率因数高达 0.95，发电机运行。反之，如果电压很低，发电机需在输电网注入无功功率，使无功功率因数高达 0.925（在配电网，无功功率因数为 0.95）。

应在双边合同中，指明供应和购买无功功率的条件。

5.2.4 供电恢复

TSO 与相邻的 TSO 或次级 DNO 和发电站运营商一起，有责任保证系统可靠运行，使其在大规模故障后迅速恢复，根据各自的系统基础，为预防性措施和运行措施，制定适当的计划。

用于供电恢复的预防性措施的提供者可能是 TSO、电网用户和邻近或次级电网运营商，甚至可能是发电站运营商。根据所要求的措施，提供商必须采取相应的技术措施来恢复供电，并向 TSO 证明其设施的效率。

TSO 需采取一些措施，使电网有孤立运行的能力，适当装机容量的黑启动能力，并向其他 TSO 和电网用户提供"供电恢复"的系统服务。投标人按合同提供具有黑启动能力的设备时，TSO 必须补偿投标人。

5.2.5 发电计划：价值顺序原则

根据平衡组管理者递交的计划，每个下午，TSO 为控制区域完成日前负荷计划。通常，合同性电力输送承担了大部分的负荷（例如，在工业区）。

必须由市场行为来消耗进一步的发电量。电力能源的几个投标者提供每小时电价，以满足所需用电量。

根据价值顺序原则，由最低价格的投标人满足基本负荷，例如，凌晨 4:00 时，投标人 1、投标人 2（B_1、B_2）提供的价格分别为 3 欧分/kWh 和 4 欧分/kWh，如图 5.19 所示。与此同时，他们必须按照合同，满足较少的夜间负荷。为了满足用电需求，需要有最后一批投标者，根据此最后一批投标者的最高价格，确定这一小时内的电力的价格为 4 欧分/kWh。

当最低价的投标人提供的功率不足以满足用电需求时，下一投标人（B_3）将根据合同，以更高的价格，注入额定功率（这里为 5 欧分/kWh）。

在这种方式下，在一天 24h 内，都将满足负荷曲线。最后一位满足负荷需求的投标人的报价，确定了相应时间内的电力价格。在图 5.19 所示的例子中，9 个投标人参与了满足负荷曲线的竞标，价格顺序从 4 欧分/kWh 到 20 欧分/kWh。现实中，投标者的数量要比这个多。

这种做法导致一天中的每小时的电价可能有很大差异，如图 5.20 所示的是 3 年内的某个时间段的价格。在欧洲大陆，价格的峰值可能发生在冬季，因为此时对电能有极高的需求，同样在夏天的时候，冷却水的温度限制了核电站的正常供电运行。

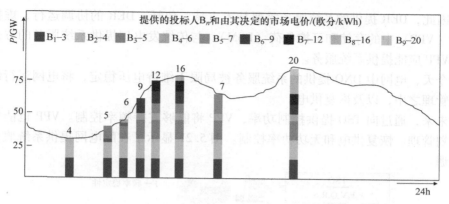

图5.19　价值顺序原则下负荷曲线包络图[12]

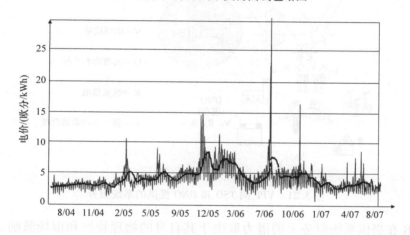

图5.20　平均半天和每周的电价变化[13]

5.2.6　分布式能源资源提供的系统服务

分布式能源资源（DER）基于可再生能源来源（RES）（风能、太阳能、生物质能、水能）和热电联产（CHP）发电厂。直到2012年，在欧洲大部分国家，运行时大多数不使用远程控制机制，而是根据政治和管理框架，来提供最大可能功率。已安装的DER功率的进一步发展可能接近负荷峰值（2013年，在德国，高达85%），DER发电功率可以超过低谷负荷。这就需要采取创新的办法，以将DER整合进入可持续电力系统的运行之中。强制性要求DER对系统服务的贡献。

今天，TSO有义务管理和经营输电网，要做到这一点，TSO需要从自由市场购买相应的系统服务。但是，TSO无法有效地管理数千DER单元提供的系统服务，其中每个DER单元只提供该服务的一小部分。

为了管理频率控制，设立了三种不同种类的最小控制功率限制，见表5.1。在表中，还提到了TSO允许小单元容量池，将控制功率集合起来提供。

因此，DER 提供的系统服务需要技术支持，包括：DER 的协调运行，虚拟发电厂（VPP）中的存储和可控负荷（DSM）。与传统发电厂提供系统服务的方式一样，VPP 应能提供系统服务。

今天，电网中 DNO 提供的系统服务被局限于维持电压稳定，将电网运行纳入系统管理之中，以及恢复供电。

未来，通过向 TSO 提供控制功率，VPP 将能够支持频率控制。VPP 也能够参与计划管理、恢复供电和无功功率控制。图 5.21 显示了在配电网提供系统服务的新机遇。

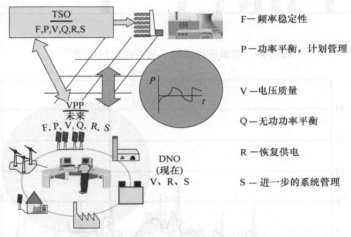

图 5.21　VPP 向 TSO 和 DNO 提供的系统服务

DER 在提供系统服务上的潜力取决于其自身的物理特性和市场激励。表 5.2 概述了不同种类 DER 的通常的潜力和需求侧集成（DSI）。DSI 包含：DSM 和需求侧响应（DSR）。DSM 是指有效的负荷控制。DSR 是指动态电价对需求的影响。

表 5.2　DER 和 DSI 的潜力[14]

发电厂类型	功率曲线	系统服务			
		频率控制	功率平衡	电压控制	恢复供电
光伏	不稳定	否	预测	若 IGBT 型，则是	若 IGBT 型，则是
风电	不稳定	负的控制功率	预测	若 IGBT 型或 SVC 型，则是	若 IGBT 型，则是
基于水电、生物质或化石燃料的 DER	可控的	控制功率	是	是	是
DSM	开关负荷	控制功率	是	否	是
DSR	否	预测	否	否	否
储能	可控	控制功率	是	是	是

例如，光伏电站在白天注入功率，这也是大负荷时期。因为在大负荷期间，与控制功率的价格相比，电价更高，所以通过减少电能生产来提供控制功率是没有意义的。根据日前预测来制定其计划。如今，光伏电站使用 IGBT 换流器（见 3.3.3 节）。因此，能够通过无功功率控制和恢复供电，来支持电压的稳定性。

　　风电场可能在晚上低谷负荷时产生最大发电功率。在这里，风电场负的控制功率的提供十分有用，并且会带来额外的利润。总的来说，如果风电场的注入功率造成了电网的拥堵，那么应当关闭风电场。可以通过上面提到的方式，为光伏电站提供其他系统服务。

　　通过在某一时间断开负荷，DSM 提供正的控制功率。如今，如果切断负荷不影响产品质量，许多企业便利用这个机会来创造额外的收入。例如，在一次 10min 的扰动时间后，才提供二次调频容量，此时继续生产过程，铝厂就可以提供大量的一次调频容量。

　　DSR 不能得到有效控制，因此，它不适用于控制功率市场。

　　最后，燃油发电厂和储能单元是完全可控的，也可提供所有类型的系统服务。

　　作为一项规则，在相关电能生产费用最小的情况下，燃料发电厂（生物、矿物、有 CHP 和无 CHP）和水电厂有其最佳运行点。

　　在经济上，只有当电能价格远远超出其生产费用时，才有利于电能生产。断开和重启的频率取决于成本与价格的关系，成本包括：关闭和启动的费用。图 5.22 表明了这种关系。原则上，在发电的技术限制之间，通过运行参数范围内的控制，根据表 5.1 的规则，每个火电厂都有机会提供三种类型的所有备用容量。因此，燃料发电厂可以同时参加电能市场和备用容量市场。

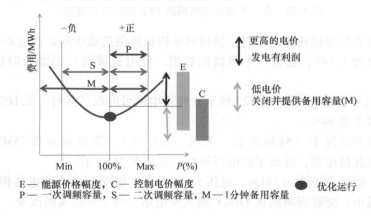

E— 能源价格幅度，C— 控制电价幅度
P— 一次调频容量，S— 二次调频容量，M—1分钟备用容量　　●　优化运行

图 5.22　提供控制功率的发电费用和经济性[14]

　　在低电价时期，关闭机组是有利的。如果黑启动时间和功率梯度响应了需求，则在关闭机组期间，可能提供分钟备用容量，是有利可图的。

　　对于所有类型的 CHP（利用化石燃料和 RES），电力驱动运行的关键是热能的存储。大多数 CHP 都是专为热驱动运行模式设计的，其中，CHP 的功率或多或少取决于热需求。热存储允许主动存储管理，因此，CHP 发电厂能预先产生热量，进行存储，同时，按照计划表，生产电能。此外，与电存储发电厂相比，热存储的投资和运行费用较少。存储容量的大小应符合市场规则。例如，必须提供分钟备用容量，以满足 4h 不中断，因此，热存储不仅要持续供热 4h（负备用），还必须存储 CHP 额外产生的热功率 4h（正备用）。这也表明需要有智能热存储管理系统。

在保证供电质量时，考虑到电压质量和供电可靠性，VPP 可发挥很大的作用。图 5.23 显示了一个 20kV 农村电网，仅通过一条双回路架空线，给该电网供电。

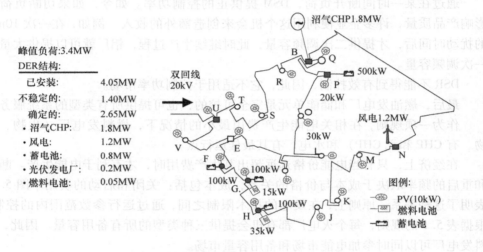

图 5.23　在一个农村配电网的 DER 的位置和规模[13]

该线路必须穿过树林，有时，该树林中树枝掉落造成中断此馈电双回路线。每年平均停电为 1.14h，这是一个极高的数值，停电造成每年不能及时输送的电能为 3MWh。

DER 的安装示意图如图 5.23 所示，使得电网可能孤岛运行。无 DSM 的稳定孤岛运行的概率是 94%。

在最坏的情况下（峰值负荷、无风、无阳光），需要最高 0.75MW 的 DSM。VPP 安装在此村庄后，提高了供电可靠性，如图 5.24 所示。

此外，该线路长度为 18km，电压为 20kV，电压受到该线路电压损失的影响。在电压曲线中，能够观测到在 110kV 馈入变电站上每个分接头的改变。

现在，VPP 的有功功率控制和无功功率控制能够时刻保持电压在额定级别（见图 5.24）。

因此，VPP 中 RES、CHP、储能和 DSM 的整合允许其同时参与能量市场和功率控制市场。考虑了电能生产、提供系统服务（包括备用容量），定义最佳运行工况。对此最佳运行工况，专门的优化工具十分有效（见 6.3 节）。

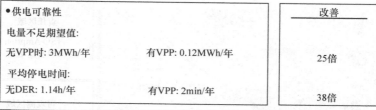

●供电可靠性	改善
电量不足期望值： 无VPP时：3MWh/年　　　　　有VPP：0.12MWh/年	25倍
平均停电时间： 无DER：1.14h/年　　　　　有VPP：2min/年	38倍

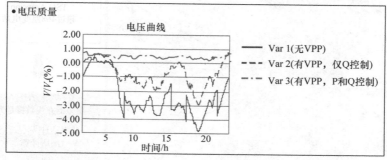

图 5.24　在一个农村配电网中，VPP 对电能质量特性的改善[13]

5.3　电力系统观测和智能化拥堵管理

5.3.1　电力系统需要更多的观测

如今的输电网是同步互连运行的，覆盖欧洲和地中海地区较大的区域，如图 1.6 所示。能源市场的开放和不稳定的可再生能源极速增长，导致在其控制区域内的电网和互连节点中流动着潮流，潮流已变得极度不稳定。多年以来，通过建造新的输电线路，以加强电网结构。但是，用户对建设线路颇有微词，且社区不允许使用土地，均造成了输电线路建设的长期延迟。

因此，与以前相比，拥堵现象可能会发生得更频繁，因为在过去，在发电厂断开后，或者超过 1 个重要的电网设备停电后，只在紧急情况下出现拥堵。现在，某一电网的拥堵可能会对邻近电网的安全运行产生强烈的影响。

为了实时评估这种影响，欧洲互连电网组织 ENTSO－E 决定强制性地对所有欧洲大陆的 TSO 引入"可观测区域"[12]。可观测区域覆盖所有邻近的电网元件，这些元件的停电会导致其他地区 5% 的潮流变化，在其自身所在的电网中，潮流变化则更多。

在线安全评估计算必须包含这些元件。邻近的 TSO 有义务提供下述数据：
- 变压器、线路、发电站的相关参数。
- 相关电网部分的电压、功率潮流。
- 拓扑结构数据的实时测量值。

例如，在 Amprion TSO 的控制区域，这种方法使在线信息交换增加了超过200%，如图 5.25 所示。

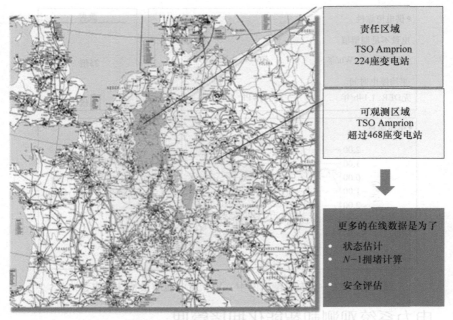

图 5.25　一个 TSO 的责任和可观测区域（来源：Amprion GmbH）

为了实时识别电网中即将来临的拥堵和危险情况，根据其责任和可观测区域，有必要评估电网的当前状态和未来状态（接下来的几小时），同时也要评估次级输电网的状况。将 TSO 邻近的与次级输电线路相连的相关电网部分纳入相关计算的模型之中。此外，必须进行负荷预测和功率注入预测，应将预测包含在安全评估计算中。

将观测范围拓展超过控制区域边界，此观测允许估计未来的拥堵情况，并开始采取措施，以能进行实时智能管理。

评估的方法与拥堵管理行为有着密切的联系。

图 5.26 总结了先进拥堵管理的方法。

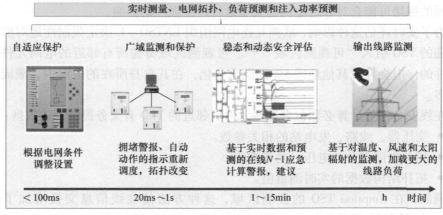

图 5.26　智能拥堵管理方法的总体情况

在监测区域，实时数据的采集和电力系统状况的预测是评估即将发生的拥堵的基础。如果监测到危险状态，可能会执行以下四个类别的行动：

1）在不断变化的情况下，调整保护整定，以保持保护的高水平的选择性。

2）在非计划的故障或停电之后，广域监控采用 PMU，识别拥堵。如果有必要，可以在几秒钟之内执行适当的操作，以改善电网的运行情况（例如，减负荷、有功功率注入的重新分配、无功功率控制）。

3）对可观测区域和选择的预测时间，持续进行电网稳定状态计算和电网动态计算。如果计算结果显示拥堵或违反了 $N-1$ 准则，则马上生成警报。先进的安全评估工具可以提出建议，指导如何改善电网的情况，将系统还原到 $N-1$ 安全准则下。

4）基于观察到的气象条件，输电线上通过的负荷可以高于规定负荷。

以下章节中将详细介绍上述方法。

5.3.2 电网安全运行的预测方法

5.3.2.1 来自于不稳定的 RES 的功率注入的基本预测原则

随着不稳定的 RES 对功率平衡的作用日益增大，RES 注入功率的预测对于电网的安全也越来越重要[12]。

需考虑以下两个发展趋势：

● 光伏电站和小型风电场的装机容量在进一步增长，这将会影响配电网和次级输电网的运行。

● 在陆地和海上，建立了许多装机容量为几百兆瓦的大型风电场，直接与输电网连接的风电场数量还会持续增多。

因此，预测系统进一步发展的重点是

1）提高预测准确度。

2）在配电层引入预测方法。

3）扩展输电网和配电网之间的数据交换。

由于潮流在电网各层级间的耦合节点中并不稳定，所以电网安全需要将更多的 TSO 和 DNO 互连。

2000 年以来，已经开发并使用了各种预测工具，特别是在 TSO 控制区域的风力发电的预测工具。

TSO 已经建立了所有风电场的数据库，数据库中包括区域特点和技术特点。这个数据库在不断地更新（例如，停机维护）和扩展中（新建发电厂）。

2005 年以来，光伏电站在德国电网中所占份额已经相当高，2005 年超过了峰值功率的 2%，2013 年超过了 38%。因此，同样有必要将光伏电站的预测纳入计划管理之中。

根据该领域取得的经验，近些年来不稳定功率预测的准确性提高了。TenneT 公司连接了德国 65% 的风力发电厂，该公司的输电网的预测平均精度提升了，表 5.3

显示这一趋势。表5.3也证明了日内短期预测的效率。

表5.3　不稳定注入功率的平均预测误差[12]

RES	预测期	2009 年	2010 年	2011 年	2012 年
光伏	日前	6.7%	4.82%	4.9%	4.21%
	日内	—	—	3.5%	3.11%
风电	日前	4.86%	3.93%	3.69%	3.53%
	日内	3.37%	2.48%	2.08%	1.81%

所述的误差说明了相关预测值的平均偏差。误差的分布遵循一个典型的概率曲线，最大误差可能达到40%或者更多，但是这种概率非常低。

日前预测的典型的误差频率分布如图5.27所示。

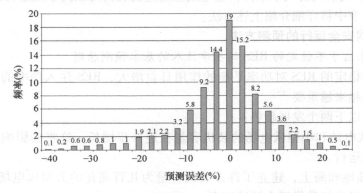

图5.27　风电预测误差的频率（来源：Fraunhofer IWES）

预测误差为 -40%时，出现的频率仅为0.1%，乍一看，这种概率是非常低的。但是，考虑1年的时间的话，在9h内可能出现这样的误差。

电力系统运行的安全需要同时准备好日前预测和短期预测，以提前应对这种大误差可能造成的拥堵，如图3.57所示。

通过两种预测的组合，大大降低了对可用控制功率的需求。图5.28显示了用于风电预测的相关的两步法。

风力发电数据库提供风电场的特性和位置。基于天气预报，执行日前计划。要加强预测质量，通常的做法是，有不同来源的各种预测工具，将这些预测工具的预测结果结合起来。

组合预测功率注入 P_c 等于功率预测 P_i 值乘以加权系数 w_i 的总和：

$$P_c = w_1 P_1 + w_2 P_2 + w_i P_i + \cdots + w_n P_n$$

如果使用考虑天气状态的智能权重方法，那么可以极大提升预测质量。这里，会考虑不同工具的优点和缺点。图5.29展示了10种单个预测值的组合值，此预测值的预测时段是5天。

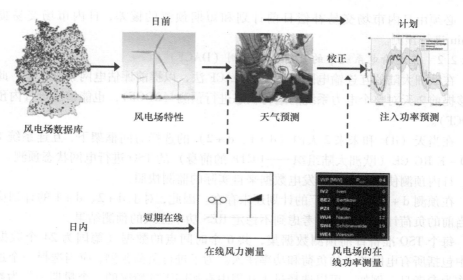

图 5.28　日前和日内的风电预测（来源：Vattenfall Europe Transmission GmbH）

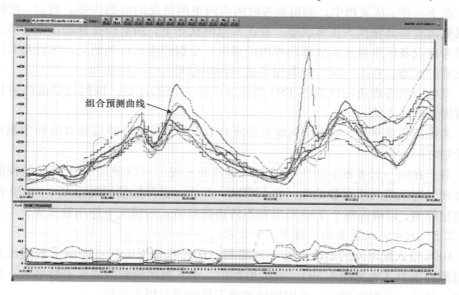

图 5.29　预测和加权方法的组合（来源：Amprion GmbH）

所得到的组合预测值是黑色曲线。

在图 5.29 的下半部分，显示了加权系数的变化。

在下一步，进行了日内预测。在线风力测量将校正天气预测，结合校正后的天气预测和与日前预测的误差，采用在线风功率注入，以在接下来几小时里提供优化后的功率注入预测。

必须由日内市场交易补偿日前计划和短期预测的偏差，日内市场交易提前45min 进行预测。

5.3.2.2　互连输电系统中的日前拥堵预测（DACF）

在欧洲大陆的互连输电网中，使用 DACF 法，以提前评估电网紧急状态。此法能够提前 2 天对整个电力系统的运行状态进行预测（2DCF），也能够进行日内预测（IDCF）。

在当天（d）和未来 2 天内（d + 1、d + 2）的选择时间框架下，互连系统 ENTSO – E RG CE（欧洲大陆组织——UCTE 的前身）的 TSO 进行电网状态预测。

日内预测使用的负荷和发电数据来自实际的监测快照。

在预测 d + 2 时，发电厂的计划还未存在。因此，对于 d + 2、d + 1 的计划应考虑当前的负荷计划，也应当考虑到不稳定 RES 功率注入的预测结果。

每个 TSO 准备日前预测数据集，共 6 个时间点的数据（德国为 24 个数据），其中包括所有电网节点的负荷和功率注入。为了进行负荷预测，应当选择一个过去日作为参考日，例如，可以选择过去几周中有相同天气情况的一个星期一作为参考日。假定消费者的需求行为与所选的参考日具有可比性。

在下一步，从文档中，调出参考时间点内电网情况的监测快照。然而，使用此数据集需要将其转换为正常状态。在正常电网状态下，所有设备都能正常运转，不需要考虑设备因维修或者故障而停电的情况。根据停电的存档信息，可以将其转换为正常的状态。在下一步，使数据集适应预测时间内的拓扑结构。

发电商给考虑负荷计划的 TSO 提供注入功率预测计划。预测计划值将替代参考数据集的注入值。

为维持供需平衡，将成比例地安排所有节点的负荷，以补偿参考值和预测发电厂计划之间的误差。

对于在同一服务器上的所有的电网运营商来说，可以使用所有 TSO 的预测数据集和互连系统的所有数据库。在 ENTSO – E 中，已开始使用遵循 IEC 61970 的通用信息模型，以确保每个 TSO 可以在不转换数据格式的情况下使用数据集。

5.3.2.3　对电网层叠加的拥堵预测的需求

DER 馈入配电网的电能份额不断增加，这意味着配电网可能承受着超出其容量限值的压力（也见图 4.39）。在配电网中，引入拥堵预测的需求不断增长。尽管如此，目前，在配电网中，采用拥堵预测工具的情况仍不常见。

然而，对于一般的电力系统运行来说，配电网的状态预测将扮演越来越重要的角色。在不同电网之间的耦合节点中，不稳定的双向负荷潮流对整个电力系统的安全的影响越来越大。

在 RES 功率注入预测和拥堵状态预测方面，迫切需要不同层级间的电网运营商以同一方式协作。

在本地配电网向上至输电网的过程中，串联有中压/低压变压器终端，从此终端开始，完成共同的电网状态的"电网层叠加"预测。

在第一步，必须为中压层的本地配电网，精确预测负荷和功率注入。DNO 将能够识别馈电线、开关设备、变压器或母线的过负荷状态。

在下一步，必须传递几个相连节点的预测数据，至中压电网的计划拓扑之中。耦合节点有叠加的配电网，通过这种方式，可以估计这些耦合节点处潮流情况。叠加电网可能是拓展的中压本地配电网，也可能是高电压直属配电网（或次级输电网）。

更高电网等级的电网状态预测基于计划拓扑、预测负荷和功率注入，其输入是潮流估计。

最后，高压次级输电网的状态预测结果产生了在有超高压输电网的耦合节点处的潮流状态。现在，基于拓扑结构、负荷和功率注入，TSO 能够预测自己的电网状态。

TSO 由叠加电网提供拓扑和电压状态，反之，向叠加电网提供拓扑和电压状态，使用叠加电网的反馈，改进预测过程。基于这些考虑，可以引入叠加 $N-1$ 安全评估的概念。

这些过程需要在不同层级电网间进行大量的数据传输。过去，在电网层级间的信息交换仅限于重要运行方面的信息。因此，必须大大提高 DNO 与 TSO 间的数据交换。图 5.30 显示了所需的数据流。

在电力系统分类的过程中，电网归属于不同的电网运营公司。因此，数据传输请求应得到独立法人实体的同意。

5.3.2.4　细胞式预测、平衡和计划管理

之前章节描述的电流平衡和预测程序的不足之处包括以下几个方面：

1）供应商大多是流出节点的平衡组管理人员。其根据标准负荷曲线，为其所有消费者，计划其日前用电需求，而这些消费者可能在不同的地区，如图 5.16 所示。这些计划的准确率往往很低。此外，该计划并不提供如 5.3.2.3 节要求的面向耦合节点的潮流。

2）参考日原则用于 DACF 的拥堵预测，其预测精准度也较低。TSO 越来越需要面向耦合节点的预测，以此来保证在其控制区域系统的安全运行。

3）TSO 负责平衡所有安装在其控制区域的 RES。

4）在大部分区域，来自于 RES 的注入功率预测基于常规的天气预报。然而，在同一地区，天气条件可能有很大的不同。如果 RES 功率注入的预测只针对更小的区域，那么预测的准确性会得到极大的提高。

为了补偿上述不足所带来的误差，经常需要较高品质的控制功率。

但是，在今天的高压线路上，需要减少对昂贵的控制功率的需求，同时还要保证供电的可靠性。为了达到这一双重目标，需要更加精确的平衡机制。

在配电网上，考虑基于"智能供电单元"（SSC）的更多细胞式平衡和预测方

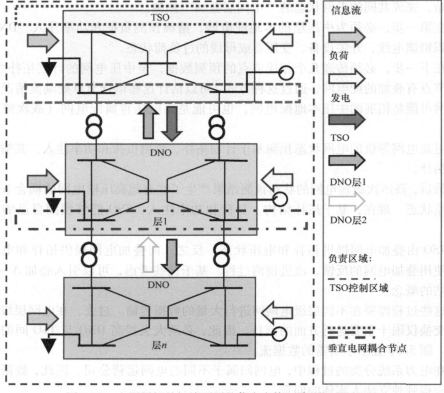

图 5.30　电网层间的拥堵预测的信息交换（来源：EBDEW）

法[12]。SSC 帮助 TSO 降低电力系统运行自平衡的复杂性，负责细胞式平衡组，提供系统服务，如图 5.31 所示。

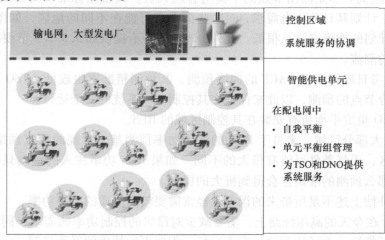

图 5.31　"智能供电单元"方法[12]

一个 SSC 可能覆盖一个或更多个配电网，这些配电网中有 DER，这些 DER 充分参与了平衡过程。它们有义务预测并提供其各自的计划。如果 DER 必须参与电力系统运行，且如果必须补偿其计划误差带来的昂贵的控制功率费用，对于 DER 运营商来说，参与 VPP 是一个十分好的选择。

对于集合发电厂来说，VPP 负责平衡。VPP 为其参与者准备日前计划，参与者包括发电机、储能单元和可控负载。假如日内计划有误差，VPP 会比较内部校正行为和购买外部控制功率两种方式，从中选择一个方案，并优化之。参与者在不同市场运行，VPP 为其创建双赢的条件（见 6.3.3 节）。

根据预测计划，智能供电单元在其管辖区域进行平衡组管理。

- 这些预测计划由在辖区内活跃的供应商/交易商提供。
- 也有些来自于发电单元，这些发电单元主要由 VPP 来协调运行。

供应商/交易商有义务基于当地的天气预测和回溯的关联负荷曲线，采用先进的负荷预测方法，进行负荷预测。基于本地的天气预测，VPP 也预测不稳定的可再生能源发电情况。

用于制定计划的上述考虑的步骤如图 5.32 所示。

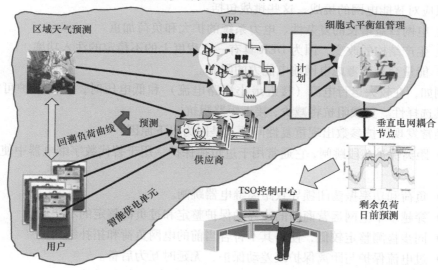

图 5.32　细胞式平衡组管理过程

用面向耦合节点的剩余负荷计划，服务 TSO（在单元区域内，负荷和发电的差异值）。

基于在线通信 1/4h 的数据，在 VPP 的协调下，如果计划的误差如图 5.33 所示，SSC 有机会日内纠正偏差。

将智能监控数据纳入平衡过程，大大减少了控制功率激活，通常有利于改善平衡过程的经济效益。

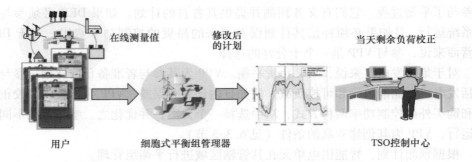

图 5.33　根据当天测量发现的偏差，修正日内计划

5.3.3　现代保护概念

5.3.3.1　保护安全性评估

5.1 节的大型系统扰动的分析表明，在大多数情况下，保护参数错误或临界整定扩大了系统扰动。有分布式能源（DER）和能量交易时，保护方案必须做好准备，以应对智能电网的挑战，这些挑战包括：

- 电网日益增长的复杂性、电力系统的扩大和负荷加重。
- 生产结构的改变，因为 DER 具有一定程度上的不稳定的注入功率。
- 能量交易不考虑电网输电能力的限制。

例如，在较大运行电流（接近最小短路电流）和低电压时，距离保护可能会失去其选择性。负载阻抗将减少，接近短路阻抗。

经常发现保护参数出现重复性问题，是因为以下原因：

- 距离保护 3 段跳闸，它通常用于过负荷保护，用于替代数字继电器中使用热模型。
- 负荷和功率振荡闭锁导致距离继电器跳闸。
- 穿越多个电网运营商间的边界的保护整定和过负荷整定的不协调。
- 同步检测整定较低，使得其不符合当前的电网负荷和拓扑结构。
- 过电流保护与距离保护或差动保护，无延时互为后备。
- 在没有改进保护方案和整定的情况下，改进电网拓扑结构。

专门调查表明，在某些特定的电网状态下，会影响保护方案的选择性。

因此，对于一般性的电网运行的安全来说，监测保护方案的选择性变得越来越重要。一种重要的防止扰动扩大的方法是"保护安全评估"（PSA），如图 5.34 所示。

首先，PSA 方法需要获得电网的详细数据库，包括所有的保护方案、特性和整定。

第二，建立数据库，用于状态仿真，包括

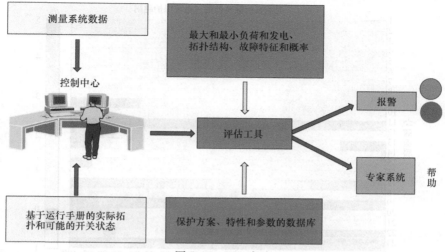

图 5.34 PSA 方法

- 负荷和发电状态。
- 电网拓扑结构可能发生的变化。
- 故障特征、干扰记录、故障概率等。

根据上述数据,评估工具可提供一种逐步的离线事件仿真,该仿真包括所有保护设备、所有可能的故障和沿电网的在不同地点的接地电阻,同时,该仿真还考虑故障概率和断路器故障情况。

仿真结果可能会造成警报,并显示临界状态或拥堵。此外,在检测保护处,专家系统可以提供如何改进保护特性的建议。

PSA 方法也可用于在线建模之中,使用当前和预测的电网情况(测得的电压、潮流和拓扑),以确保保护方案满足当前和即将来临的挑战。

如果必须支持有数以万计的保护设备的大型电网,应分别在以下三个层面展示结果:

1) 主保护方案。

2) 后备保护方案。

3) 主保护方案和后备保护方案。

多层次图表将会显示该结果。

某一 110kV 小型电网,有 23 条线路,有反时限跳闸特性的后备过电流保护设备,图 5.35 展示了该后备电流保护设备的评估图。该评估结果总结了各种各样的负荷情况。

在这个图中,重载情况下,线路无选择性跳闸,这是立即可见的(深蓝色)。此外,也可以识别极大的跳闸延迟(红色)。

同一表现形式适用于所有种类的保护方案。这种方法的优点是,电网保护整定的质量可以用涂色这种简单的方式展示,而不需要详细说明保护特性。通过缩放

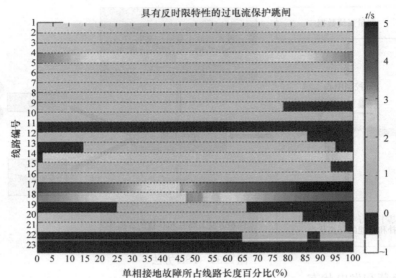

具有反时限特性的过电流保护跳闸

白色：无跳闸　　深蓝色：无选择性跳闸　　蓝色-黄色-红色：延时

图5.35　110kV电网PSA图，后备过电流保护[15]

图，将显示电网的详细信息。

5.3.3.2　自适应保护

现代保护意味着什么？智能电网面临的挑战强烈地影响了这一概念。

过去，设计的保护方案是，通过迅速断开故障的电网元件，以保护所指定的设施，以免受故障引起的危害，并以相同的方式确保电网持续安全运行。监测故障是否超过整定值是激活保护的唯一标准。

但是，现在，由于电网运行环境的飞速变化，继电保护的行为必须变得更智能化，并提供更多的灵活性。

从电网中自身位置处，继电保护装置参与监测电力系统运行情况，如图5.36所示。

图5.36　保护系统作为一个电力系统运行环境的观测者

有些整定和特性可能造成保护过功能或功能不足。这一新角色的作用是使保护装置自动识别这些实际整定和特性。

自适应保护能够自适应整定，以此提升选择性，并且在可监测环境下，避免任何误动。这里，由保护装置或来自于外部（例如，来自于在线 PSA 系统）的接收到的信号，自主进行监测。

现代数字保护 IED（见 3.2.2.2 节）中，可编程序逻辑功能通常用来实现自适应保护原则。图 5.37 显示的逻辑方案，可以通过内部检测和外部检测两种方法，来适应保护行为。

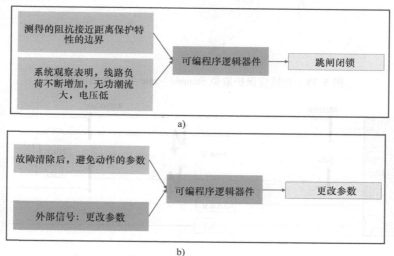

图 5.37 使用可编程序逻辑器件的自适应保护功能：a）系统自身观测，b）外部信号

2003 年美国和意大利的停电事故可以作为例子展示自适应保护的好处。

当时，美国依次出现线路断电和发电站停电，持续时间超过 4h，这是造成美国的这次停电事故的原因所在。345kV Sammie – Star 线开始跳闸，该跳闸处于距离保护 3 段中，使情况变得不可挽回（见 5.1.2 节）。

大的线路负荷（MW）和无功潮流（MVar）超过了线路的紧急限值，同时电压降低，这些共同导致距离保护的跳闸决定，做出这个跳闸决定只考虑了环形 MHO 特性。但是，随着负荷的不断增加，连续几小时内监测到电压持续降低、无功功率持续增长。如果改变跳闸特性如下（见图 5.38），就可以避免断开该线路：

- 激活负荷闭锁区域。
- 将 MHO 特性切换到 T – Bone 特性，在欧洲大陆，T – Bone 特性主要用于避免重载线路的保护装置误动。

使用自适应保护原则，会延缓崩溃点的出现，采取适当措施强化输电系统。

图 5.39 展示了第二个例子——与意大利大停电相关。

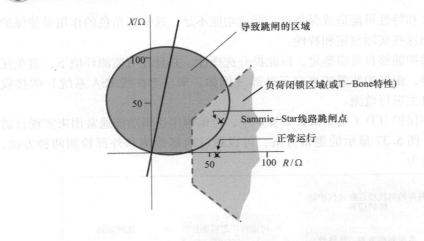

图 5.38　自适应保护避免 Sammie – Star 线路跳闸的概率

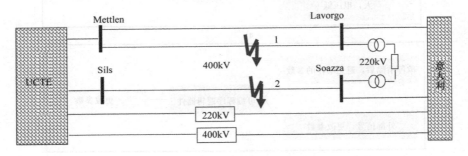

图 5.39　线路跳闸导致意大利 – UCTE 断开连接
1—相角 <20°，不闭锁自动重合闸　2—相角 >20°，同步检测闭锁自动重合闸

2003 年 9 月 27 日，一个暴风雨之夜，连接意大利与附近国家的所有线路重载，并随风雨飘摇。在树枝造成单相短路后，首先，跳开从 Mettlen – Lavorgno 的 400kV 双回线的某个系统。由于树枝一直挂在线路上，线路自动重合闸无法消除该故障。然而，在该线路跳闸以后，系统不再满足 $N – 1$ 安全准则。

经过同步检查后，确认了线路首末两端的相角差小于 20°，于是，允许了自动重合闸操作。双回线系统的无故障系统造成稳定的低阻抗，在这条双回线中，此低阻抗连接产生了这样低的相角。

第一次跳闸 20min 后，强风使 Sils – Soazza 的单回线导体剧烈振荡，并导致两相短路。通常，这种故障是不稳定的，可以通过自动重合闸功能清除。

在这种情况下，由于重载和仍在运行的电网连接的高阻抗，变电站之间的相角增大（通过 220kV 电网）。因此，同步检查装置关闭了自动重合闸系统。适应新电网状态的相角整定将允许自动重合闸系统，并使线路重连。

如果按照图 5.37b 所示，采用自适应保护方案，意大利可以避免线路完全断开，也可以避免随后的大停电事故。

5.3.3.3　系统保护

除了快速、安全、有选择性地消除故障这些传统任务，保护方案还可以执行系统保护任务，以确保电力系统在紧急情况下的稳定性，避免扰动扩大成停电事故。

在实践中，低频减负荷是系统保护的典型例子，并在世界范围内得到应用。

如果负荷发生大型扰动，供需非常不平衡，频率降低，这时，确定的频率整定会激活低频减负荷。在 48~49.2Hz 之间，多达 50% 的电网负荷可能会一步步断开。

作为一项规则，在高压/中压变压器的馈电线上安装频率继电器。按照其步骤设置，其断开整个中压母线。

但是，通过 DER，大规模功率注入中压电网的情况下，传统的措施可能是矛盾的。也可能关闭支持频率控制的 DER 调频功率的注入。

在 DER 大规模运用的情况中，减负荷过程中，断开选定的馈线，而不是整个母线。馈线选择时，必须考虑到会切除主要负荷和不活跃的 DER。在线执行要切除的被选馈线，采用下述措施：

- 结合测量的馈线的负荷潮流方向与低频标准。
- 通过 DER 产生大量功率，阻止信号传递。

但是，阻止信号传递也意味着应该切除的负荷无法断开。因此，减负荷实践也必须变得更加智能化，需要更多的系统监测的参与。

从高级系统保护方案的角度来看，其将能提前检测出危及系统稳定性的系统状态。这种"系统完整性保护方案"将启动倒闸操作、减负荷或重新调度。

这种方案的第一个例子是 $V-Q$ 保护，在 2003 年的大停电事故发生期间，出现了许多电压崩溃现象，这使得许多电力系统采用了 $V-Q$ 保护。

$V-Q$ 保护也是基于数字保护设备的可编程序逻辑器件设计的。在这些设备中，采用低压保护，作为功能标准，该功能可以启用或停用。$V-Q$ 保护要求启用 $V<$ 功能。

可编程序逻辑器件链接 $V<$ 保护的接收标准及关于重载线路和强无功潮流需求的信息（见图 5.40）。

由于链接，会阻止指定给 $V<$ 保护的设施断开。类似于低频减负荷方式，开始低压减负荷，而不是跳闸——在这种情况下，跳闸是矛盾的。此外，距离最近的发电站或 FACTS 引起无功功率注入的增强，这是 $V-Q$ 系统保护的一个相关行为（见图 5.40）。

如今，距离保护部分执行系统保护功能。除了消除故障，这种保护提供了更多的功能，例如，异步电网各部分的断开。

如今，在欧洲大陆，并没有实际运行的孤岛电网，必须通过保护方案，消除所有孤岛电网。未来，有 DER 的孤岛电网的运行可能增加供电可靠性，并将是所需

图 5.40 $V-Q$ 系统保护原理

的，如 5.2.6 节所示。然而，孤岛电网稳定运行的先决条件是 DER 参与频率控制的能力。将其聚合到 VPP，将提供频率控制的能力。

系统保护解决方案或系统保护完整性方案的引入将要求数据通信。在输电线路和高压电网中，适当地建立通信基础设施。但是，在中压/低压配电层，不存在用于电网控制的通信基础设施。在配电网中，基于经济利益，将考虑通过通信网络进行所需要的数据信息交换的进一步的任务，决定通信基础设施的建立。

5.3.4 相量测量的广域监测

广域监测（WAM）系统基于电压、相角、电流、频率和频率跌落及有功潮流、无功潮流等量的精确测量。在所选的电力系统的节点上，安装有 PMU，由其负责这些量的测量。此法的创新之处包括：从广域节点，在完全相同的时刻，从相量数据集中器获取测量值，分析多个实时测量值，如图 5.41 所示。

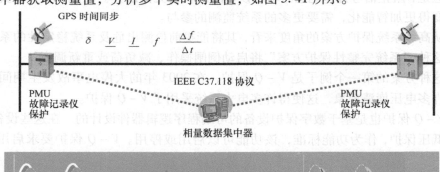

图 5.41 PMU 原理

PMU 基于数字 IED 技术，可以还具有故障记录和进一步的保护功能。PMU 形成带有时间戳的测量值集，经高速通信传输通道，采用 IEEE 标准协议，延迟不超过 20ms，将这些测量值数据包传送给相量数据集中器。在 20～100ms 间的时间间隔中，将刷新测量值。

通常，在电网控制中心，安装相量数据集中器，比较从电网的不同节点接收的测量值，可以对电网状况进行分析。要精准比较，并得到适当的分析结果，必须获得极高时间精度的测量值。如果同步时采用保护设备正常的采样时间间隔为 1ms，就可能出现 18°的相角差。这不适合进行稳定性分析。卫星的同步时间精度必须 $<1\mu s$。

当使用合适的软件解决方案时，来自于 PMU 的信息，可以使电网调度员清楚整个电网的稳定状态。这有助于其做出正确的决定，即使在紧急状况下，也能做出正确的决定。在某些情况下，作为应对措施，开始自动初始化操作，例如，快速无功功率注入。随后，WAM 系统扩展了其功能至广域保护（WAP），这是一种特殊形式的系统保护。

数据集中器进行相量测量分析，其结果可提供以下功能：
- 实时状态评估和电网稳定监测。
- 检测功率振荡并分析，随后产生适当的对策。
- 动态负荷潮流控制。
- 提高故障分析和预测故障位置的准确性。
- 监测设施状况，使其具有更高的利用率。

WAM 系统方法发现稳定性问题的速度远快于传统状态分析方法。产生这种差异的原因在于评估方法。两种方法的比较如图 5.42 所示。

传统的系统状态评估

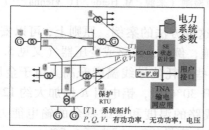

PMU 改进的系统状态评估
- 电压和电流综合提供状态变量 z
- 状态方程是线性的，因此不需要迭代
- 可以迅速识别系统的可观测性

系统状态标识符

$$\hat{x} = G^{-1} H^{T} R^{-1} z$$

x—系统状态标识符汇总了系统节点电压情况
z—这个测量相量包含了电压和电流的复合元件的信息
$G = H^{T} R^{-1} H$—常数校正矩阵
H—测量的雅可比矩阵是常数，只取决于电网结构
$R = E(e e^{T})$—对角协方差矩阵，e—测量相量误差

图 5.42　传统状态估计和 PMU 状态估计的比较

传统的状态估计需要使用当前的拓扑结构和测量结果，以此来进行网络计算。

进行复电压和复电流的相量测量分析，能快速计算系统状态标识符，以电网状态的一个快照的形式呈现。状态评估的时间从几分钟缩短到大约 100ms。已成功使用 PMU 来精准地定位故障。故障过程中，会发生机电振荡，以频率偏移的方式在电网上传输。

PMU 能记录该频率，并标记一个精确的时间戳，以此发现故障的准确位置。

有已安装的 PMU，数据集中器能在多个节点识别频率偏差，分析时间延误。通过这些信息，可以定位振动源的正确位置，即故障位置（见图 5.43）。

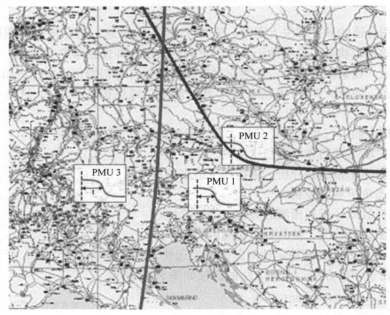

图 5.43　使用分布式 PMU 进行故障检测（来源：M. Heide，TU Vienna[16]）

正在广泛考虑和调查更进一步使用这些方法的案例。原则上，可以安装 PMU，以监控系统的任何节点，特别是电网设施，例如，线路或变压器（又见 5.3.6 节）。

线路带负荷，会造成能量损耗，这些能耗使导线温度升高。由于金属温度升高，电阻 R 增大，例如，当线路温度上升 30°C 时，铝电阻 R 增加大约 12%。PMU 进行电阻 R 的精确计算，可用于计算线路的温度和考虑剩余的输电能力。例如，测得 R 增加 12%，说明 400kV 线路的输电容量 ΔS_{max} 减少了 6.5%。

然而，这些计算的精确性极大地依赖于测量使用设施的准确级，设施包括仪用互感器和 PMU。常用的准确级需要考虑所有的测量误差，如图 5.44a 所示。

作者针对测量装置不同准确级的计算误差进行了专门的研究，指出如果采用有正常准确级的设备，PMU 并不适用于设施的温度监测。调查对象为一回 100km 长的 110kV 线路（单根导线 240/40 Al/St）。

如图 5.44b 所示，通过使用整套准确级为 0.3 的设备，20°C 温度集线器的增加电阻值为 0.65Ω，而不是 0.936Ω（偏差 30.5%），PMU 加 0.65Ω 等于总电阻值，总电阻值上升至 6.44Ω（偏差 588%），此时正常准确级为 3%。因为铝的温度系数相对较低（3.9×10^{-3}/K），造成了这么大的温度估计偏差。在电压变化范围的 ppm（‰）内，可以观测到电阻的变化。采用总准确级为 0.1 的测量设备（和串联设备无关），可以将温度偏差降低到 10% 以下。

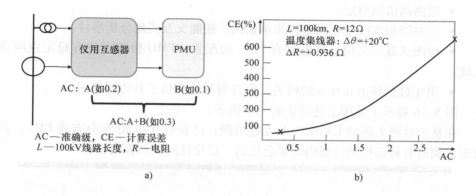

a)

b)

图5.44 a）综合设备的准确级，b）计算误差的依赖性

大扰动举例如1000MW大型发电厂的停电，大扰动造成功率振荡及其阻尼，PMU进行功率振荡和阻尼的实时分析，此实时分析是确认电网状态紧急与否的重要方法。

图5.45显示，节点A处1000MW发电厂停电后，节点A和节点B之间的电压相角跳动。节点之间的距离超过600km。接下来的振荡的快速阻尼表明，此次停电对电网稳定运行不构成威胁。

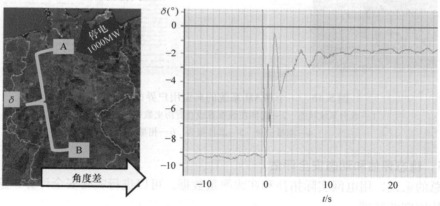

图5.45 发电厂停电后，PMU重新记录的电压相角振荡情况[17]

在欧洲大陆的输电系统中，广泛采用WAM系统。正在考虑是否在配电系统中采用该系统，第一个试点项目已经开始。

数据集中器必须设计有交互式用户界面，此界面给调度员提供最大程度上的方便。在不同的供应商的先进WAM系统中，下述设计规则是相同的：

- 快速识别系统状况（良好、危险、警报）。
- 自由选择所需的测量记录或配置文件中的相量图。

181

- 监测阈值的整定。
- 在在线和离线模式间进行简单切换，使能交互式地分析事件。
- 地图式显示电网，该电网含 PMU 的配置，PMU 快速定位有稳定性问题的区域。
- 用作数据导出和导入的网关，允许与其他评估工具协同使用。

图 5.46 展示了使用上述功能的一个例子。

在整个欧洲大陆的 ENTSO-E 互连电网，已安装有约 50 个分布式 PMU，其能快速识别所有局部控制区域内的紧急状态、稳定性问题和拥堵。

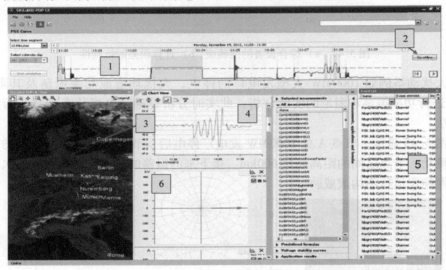

图 5.46　一个 WAM 系统的典型用户界面展示[17]

1—电力系统状态　2—选择在线查看或查看历史数据　3—地理显示
4—测量记录　5—事件报告　6—相量图

5.3.5　稳态评估和动态安全评估

总的来说，用电网实际拓扑和在线测量数据，可以进行实时安全计算，这是安全评估原则的基础。

如今，安全计算主要是负荷潮流应急计算（使用当前电网状态，确定违背 $N-1$ 准则的顺序）。因此，运行人员得到可能发生设备过载和拥堵的电网状态的总体印象。运行人员负责做出所有的决定。

然而，在线稳定状态安全计算并不能够考虑到复杂的发电设备和电网设备的动态交互。此外，在过去，不能预测来自于 RES 的不稳定功率注入的发展，也不能预测动态系统的行为。

创新聚焦于拓展安全计算范围，并且提出维护系统稳定性的操作建议。必须加强稳定状态评估（SSA）法和动态安全评估（DSA）法，将这两种方法结合成为一种组合方法，在电网中引入此组合方法，为电网调度员提供更好的支持。

在紧急情况下，调度员必须能快速做出决定。然而，在紧急情况下，显示屏上将显示大量不同的信息。误操作可能会导致大扰动，正如德国大扰动展示的那样（见 5.1.8 节）。在其他方面，例如减负荷或发电站重新调度等操作，可能造成经济损失，如果考虑电力系统安全，相关操作超出需要或者不成熟，调度中心将对电网用户的经济损失负有责任。从这种意义上说，可能发生调度员面临巨大压力的情况，对调度员来说，自动生成参考意见是非常有帮助的。

图 5.47 所示的意大利大停电可以作为一个例子来说明这种情况。

图 5.47　给电网调度员明确的建议

第一次跳闸之后，很明显电网不再满足 $N-1$ 准则。瑞士调度员要求意大利调度员减少意大利的负荷，这只是一个定性要求。

安全评估却可以提出减负荷相关的定量要求。例如，降低 50% 的抽水蓄能负荷将不会影响到消费者。如果调度员收到并采取这一定量建议，就可以避免意大利大停电事故。

必须在线完成预先稳定状态安全评估。它包括图 5.48 所示的下述几个步骤：

- 在线执行后续的 $N-1$ 突发事件潮流计算。
- 考虑到功率注入的不稳定，其最小时间范围是 1h。
- 指示可能的拥堵和紧急状态。
- 针对违反 $N-1$ 准则的情况，开始优化潮流计算，并考虑可用控制机会（例如，电网拓扑结构的变化、无功功率控制等）。
- 识别与当前运行状况的不同之处。
- 提出改变系统状态的建议，以使电网进入安全的 $N-1$ 状态。

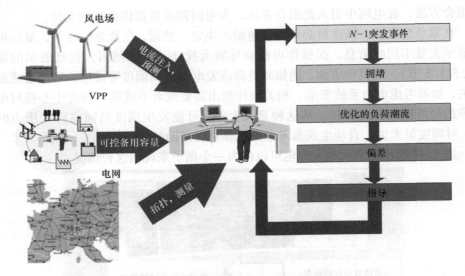

图 5.48 先进在线稳定状态安全评估的原则

在本例中，以 $N-1$ 状态作为临界标准，优化潮流计算，以此方式，向调度员提供建议。

比较实际的电网情况的结果和经过优化的潮流计算的结果，可以产生提升系统的行为，指导电网运行。

动态安全评估基于高级的电力系统仿真方法。在很多情况下，与记录的扰动相比，可以发现仿真可以提供高精度预测。图 5.49 展示了这样的比较。

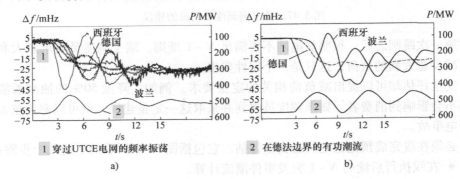

图 5.49 一次停电后，振荡的测量值和仿真值的比较
（来源：a）RWE Net，b）西门子公司）

其中，西班牙的一所 900MW 发电厂停电后，频率振荡。在西班牙和波兰的互连系统的交界处的频率振荡摇摆，其方向相反。频率波动的轴线沿德法边界。此外，有一条连接法国和德国的控制区域的 400kV 输电线，该线路上功率摇摆。

此例表明，使用仿真工具，动态系统的行为是可以精准预测的。此外，还可以仿真增加稳定的应对措施，事实证明这也具有极高的效率。

电力系统的动态调研要考虑稳定性扰动的三个主要方面，如下所示：

● 电压稳定性（避免电压崩溃，根据 5.1.1 节）。

● 小信号稳定性（根据特征值法，当系统接近无阻尼的功率振荡的起始点，或者，如果邻近节间点的电压相角差接近 90°）。

● 反映故障之后的阻尼振荡的瞬态稳定。

此外，在电力系统动态调研中，保护方案进行的故障清除方法起着重要的作用。因此，在复杂的动态安全评估方法中，进行保护安全评估，将保护方案和保护安全评估结合起来，是非常有帮助的，如图 5.50 所示。

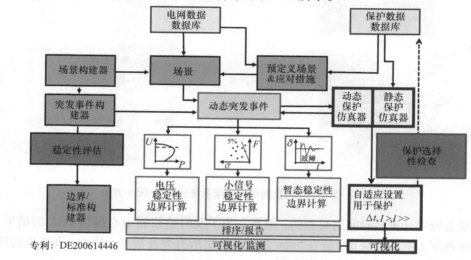

图 5.50　动态安全评估总方案（来源：R. Krebs，西门子公司）

DSA 工具基于电网数据库，包含电网参数，例如，线路、变压器、FACTS、发电机和在线采集的电网数据（测量结果、拓扑结构）。此外，必须有保护数据库。

场景自动生成和突发事件调查基于电网拓扑结构和供电发电厂的结构。如果识别出影响稳定的拥堵，针对有效性验证，将采用预定义场景和相应的应对措施。

稳定性方面的边界计算证明了稳定备用容量。此外，保护仿真可能会针对自适应整定提供建议。

动态安全评估的首要任务是，提供电力系统稳定性的详细信息，在情况危急时，发出警报。

世界范围内的研究和开发活动正在进行，以期望能构建专家系统，该专家系统基于神经网络，可以产生可行的优化措施。

对于这种专家系统而言，必须开发动态系统行为的广泛的知识数据库。神经网络能够选择适当的应对措施，为了改善可识别的电网紧急状态，要利用该知识数据库。

图 5.51 显示了使用这种知识数据库的 DSA 方法，并给出了适当的建议，以使系统运行至更稳定状态。

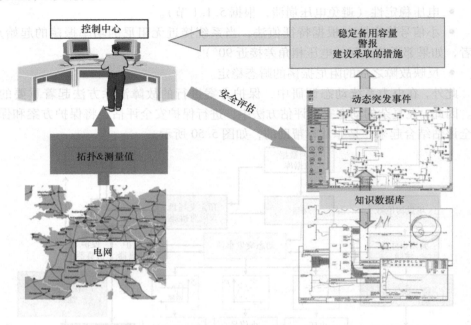

图 5.51　利用有知识数据库的专家系统进行的 DSA 方法

动态稳定计算是时间密集型的，但是，为了及时给控制中心提供 DSA 的结果，以方便调度人员做出决定，应在 5min 之内计算出所有突发情况。因此，在这段时间间隔内，要处理大约 100 个动态案例。

对提供动态意外事件计算，这种实时要求是基本必要条件。因此，需要一种先进的操作管理。使用智能的、灵活的临界状态编辑器，高级 DSA 系统分析这些事件。针对临界系统时间行为，让调度人员有机会选择临界状态。基于低压、频率偏差、相角差等，这些临界状态允许观测系统所处的危急状态。

为节省计算时间，当时间行为不严格时，内部运行时间管理适应仿真积分步长，且当到达临界状态时，停止仿真。

最后，可以指出：

电力系统的实时稳定状态评估和实时动态安全评估的基本思路是基于在线提供电网运行数据，如图 5.48 和图 5.51 所示。通过电网控制中心，将当前电网的拓扑结构和测量值，提供给计划工具，以进行潮流计算和稳定性分析。

在知识数据库的帮助下，能实时识别临界状态，也就是说，在几分钟之内，生成警告、报警信号和决策指导。

这种系统的目的是为了给普通的事故报告补充一个简单说明，如图 5.47 所示。

正在收集这种评估系统的实际经验，并试图弄清增强电力系统可观测性的效率。

5.3.6 天气状况监测和柔性线路带负荷

导体温度限制了输电线可承载的最大负荷，而天气条件和当前潮流影响导体温度。热阈值的计算依据是

- 导体的电参数（例如，材料、截面积、长度）。
- 标准 EN 50182[18]中指定的最坏的环境条件：

—35℃的较高的环境温度。

—0.6m/s 的水平方向的低风速。

—900W/m^2 的高的太阳辐射。

将这种标注尺寸的传统方法与过热保护整定结合，可确保潮流不超过热阈值。

但是，很少出现最坏情况。在实践中，传统的热过负荷保护可以避免用满输电线路的物理传输容量。在较低的温度或较高的风速的情况下，如果没有超过热阈值，线路负荷可能会增加。

在控制中心，将输电线路沿途的气象条件的监测与电网状态评估功能结合在一起，这样可以支持更柔性的线路带负荷，避免采取措施（例如，在危急情况下，重新调度）。

此外，对每条输电线路来说，其传输容量的日前预测，可能包含在上面所述的拥堵管理方法中（例如，"日前拥堵预测"（DACF）就是根据天气预测和当天容量分配进行的）。

目前，有几个项目正在研究此方法。

5.4 结论

如今，不稳定功率注入使电网运行面临新的情况，这些新情况会导致电网设备的带负荷更多、破坏稳定性的危险增多。要保持高水平的可靠性，有以下两种方式：

- 通过先进的一次技术，增强电网。
- 改进监测和智能化拥堵管理。

电网规划的新任务是在两种方法之间定义最优的比例。

智能拥堵管理基于上述方法和仪器，这些方法和仪器使电网的状态得到更好的监测，使安装的设施有更高效的利用，增强了根据这些状态的电网控制/自动化/保护的适应性。

然而，本章所描述的方法不能独立使用。需要管理其相互作用，以获得最佳的效率和运行效益。例如，线路带负荷依赖于气象条件，气象条件可以作为 ENTSO－E 的互连输电系统的 DACF 的输入。另一方面，扩展的线路带负荷有下述要求：

- 监测并传递气象信息至控制中心。
- 纳入控制中心的状态评估过程中。

- 动态安全评估和保护安全评估提供支撑，以避免，例如，电压崩溃或稳定性问题。
- 动态调整热过载保护特性。

使用一次设施，以使智能拥堵管理补充电网的拓展。在先进的电网规划方法中，必须包括适当的措施。要求有智能拥堵管理，以保证输电网增强的效率和保证整个互连输电系统的稳定。

参 考 文 献

1. U.S.–Canada Power System Outage Task Force. Final Report on the August 14th, 2003 Blackout in the United States and Canada. Causes and Recommendations, April 2004
2. Investigation Report into the Loss of Supply Incident affecting parts of South London at 18:20 on Thursday, 28th August 2003. National Grid Transco, 10th September 2003
3. The black-out in southern Sweden and eastern Denmark, 23rd September, 2003 Preliminary report of Svenska Kraftnät, 2003-10-02
4. GRTN Press Release: Blackouts—the events of 28 September 2003, Rome 1st October 2003
5. AFTER THE ITALIAN NATION-WIDE BLACK-OUT ON 28 SEPTEMBER 2003, Union for the Coordination of Transmission of Electricity, Press Release 29th September 2003
6. A. Berizzi. The Italian 2003 Blackout. IEEE PES General Meeting Denver, 7th–11th June 2004
7. TECHNICAL SUMMARY ON THE ATHENS AND SOUTHERN GREECE BLACKOUT OF JULY 12, 2004. Full report "On the Reasons for the Interruption of Electricity Supply on July 12th, 2004" submitted on July 24th, 2004 by the Committee appointed by the Minister of Development of Greece. http://www.rae.gr/cases/C13/BO-report.pdf
8. ОТЧЁТ ПО РАССЛЕДОВАНИЮ АВАРИИ В ЕЭС РОССИИ, ПРОИСШЕДШЕЙ 25.05.2005. Комиссия назначена приказом ОАО РАО "ЕЭС России" от 26.05.2005 № 331
9. Final Report. System Disturbance on 4th November 2006, union for the co-ordination of transmission of electricity, http://www.ucte.org (January 2007)
10. Ground rules concerning primary and secondary control of frequency and active power within the UCTE, Union for the Coordination of Transmission of Electricity 1998
11. Transmission Code 2007. "Network and System Rules of the German Transmission System Operators". August 2007, Verband der Netzbetreiber – VDN – e.V. beim VDEW
12. B.M. Buchholz, et al. Aktive Energienetze im Kontext der Energiewende. Anforderungen an künftige Übertragungs und Verteilungsnetze unter Berücksichtigung von Marktmechanismen. Studie der Energietechnischen Gesellschaft im VDE (ETG). Frankfurt, Februar 2013
13. T. Kapetanovic, B.M. Buchholz, B. Buchholz, V. Buehner. Provision of ancillary services by dispersed generation and demand side response—needs barriers and solutions. CIGRE C6-107, Paris 24–29. August 2008
14. V. Buehner, B.M. Buchholz. Provision of ancillary services by RES.CIGRE C6-116- 2010, Paris 23–29. August 2010
15. R. Krebs, J. Jäger, C. Heyde, F. Lazar, F. Balasiu, P. Lund. Beurteilung der dynamischen Netz- und Schutzsicherheit, ETG Kongress 2009, Duesseldorf, 27–28. Oktober 2009
16. M. Heidl, G. Brauner. Störungsortung im Übertragungsnetz durch intelligentes Wide Area Monitoring. ETG Kongress 2009, Duesseldorf, 27–28. Oktober 2009
17. H. Kuehn, M. Wache. Wide Area Monitoring mit Synchrophasoren. ETG Kongress 2009, Duesseldorf, 27–28. Oktober 2009
18. EN 50182, 2001: Conductors for overhead lines. Round wire concentric lay stranded conductors

第6章

智能配电网的三大支柱

6.1 配电系统中的智能电网和智能市场的关系

4.7 节描述了配电层正在变化的情况，其要求电网设施和运营流程与之相适应。从智能电网的定义来看，所有电网用户的协作有助于使供电过程具有经济性、可行性、可靠性和可持续性，并可减少电力生产过程中的生态影响。

问题的关键是，怎样才能找到如下两者间的最佳关系：

- 为了响应具有高可变性的双向功率传输，需要增强电网。
- 使电网用户适应电力输电能力给他们带来的影响。

对于配电网，协调用户需求和（或）功率注入之间的关系将成为昂贵的电网扩展的可选方案之一，会进行极端情况下的电网安全运行。极端情况是指发生的概率低，持续的时间短（另见 4.7.2 节 图 4.39）。

然而，协调电网消费者和分布式能源（DER）会对市场过程产生影响。因此，有必要做好准备，以应对如下挑战：

- 平衡市场需求与 DER 功率间歇性注入之间的关系。
- 监测和控制 DER 的连接点处的电压上升值。
- 观察负载，特别是观察电动汽车的充电过程，以避免出现电网设备过载的情况。
- 不论情况如何变化，仍要保证供电的可靠性维持在当前的高水平上。

在新情况下，可以通过以下两种方式，保证供电质量（包含电压质量和供电可靠性）：

1）极限增强电网稳定性，以应对各种可能状况，包括非常罕见的负荷潮流的各种情况。

2）电网运营与市场行为之间的智能相互作用。市场行为与电力生产者和电力消费者相关。

可以根据当地电网的运行情况，以一种有效的方式，采用这两种方法。然而，第二种方法是具有创新性的，这种方法在参考文献［1］中被定义为"智能供电"（见图 6.1）：

电力市场与配电网运营商（DNO）之间的关系是复杂多样的。

传统情况是，电网用户必须通过市场提供投资回报率（ROI），作为交换，DNO 提供高质量电能。这种高质量电能由电压质量、供应可靠性和服务质量三个部分组成。现如今，开放的市场要求其可以被所有种类的电网用户随时随地地无限制访问。

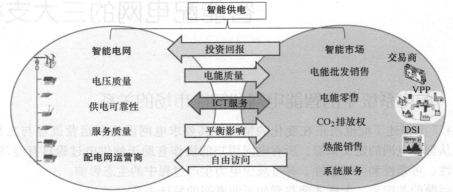

ICT－信息和通信技术，VPP－虚拟发电厂，DSI－需求侧集成

图 6.1　电网和市场过程之间的关系

另一方面，电网运营费用的经济性要求负荷或发电适应可提供的电网容量。此种适应是在不稳定的供电和大的同时电力需求的环境中的。在这一意义上，DNO 将可变的电网费用作为费用的一部分，和（或）根据特别合同切断电网用户，以此方式，来确保发电和负载平衡。

图 6.1 中展示了这些关系，其中，电力市场涵盖电力、辅助服务（例如平衡储备）、CO_2 排放权和热能［与热电联产（CHP）相关］的趸售和零售。

市场的利益相关者有交易商、发电厂、虚拟发电厂（VPP——整合和协调分布式能源、可切换负载和储能）、电力储能供应商和电力消费者。电网中的消费者将以动态价格整合进市场。基于动态价格的需求侧响应（DSR）期望以节约能源和（或）转移负荷的形式发生，且此两种方式将不会影响消费者的生活质量。

综上所述，智能供电方式的定义如下：

智能供电是一种系统方法，其可以通过 ICT，智能地协调配电网的运营和市场行为，从而有效地为所有的利益相关者（DNO、电力生产商、交易商、消费者、储能和 ICT 服务提供商）创造经济利益 。

在配电层面上，建立智能电网必须包含智能供电方式。从这个意义上讲，智能配电由以下三大支柱组成：

1）配电自动化——为了避免过电压、过负荷和提高供电可靠性（在故障跳闸后，加快恢复供电），采用配电网自动化和远程控制。

2）智能机组——配电层的能量管理，指的是，协调 DER、储能单元和可控负荷，以使之平衡，使之参与电力市场、辅助服务和碳排放权市场。

3）智能计量——为了得到更高的能源效率，消费者通过动态价格和费用、需求以及成本三者的可视化，参与电力市场。

图6.2详细说明了三大支柱的主要功能和目标。

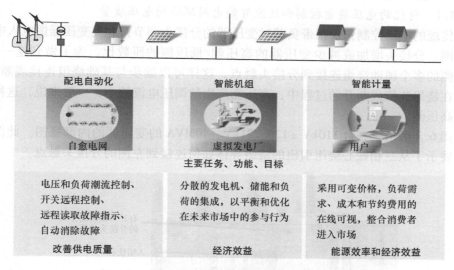

图6.2 智能配电网的三大支柱

因此，DNO应能做到以下几点：

- 建立其自身的增强型自动化和遥控设备，以保证在变化的情况下有高水平的电能质量。
- 在合同的基础上，向电网用户灵活供电，以优化运营成本（OPEX）。

在智能供电环境中，智能配电三大支柱的使用情况见表6.1。

DNO通过智能供电方式，来影响市场参与者。智能供电方式是基于电网增强和提供电网用户效益间最优决策的。为了能给用户灵活供电，采用市场机制方式，以此为电网用户提供效益。

表6.1 智能电网灵活性供电和智能市场行为

行为	智能电网	智能市场
电网自动化	确保电能质量	用户的无限制访问权限
DER	负荷潮流/电压控制	能源和备用容量
电能存储	负荷潮流/电压控制	在能源市场中的销售和购买
DSM	负荷潮流/电压控制	备用容量市场
VPP	负荷潮流/电压控制	在不同市场上的优化
DSR	负荷潮流/电压控制	消费者市场整合

注：DER—分布式能源资源，DSM—需求侧管理（切换负载），DSR—需求侧响应，VPP—虚拟发电厂。

6.2 支柱1：市地配电网的自动控制和远程控制

配电网自动化的主要任务包括：电压控制、潮流控制、改变电网拓扑的远程操作和改进了的故障消除/供电恢复。

6.2.1 电压控制

6.2.1.1 传统的电压质量控制和适应智能电网环境的电压质量

传统的电压控制：仅指带负载时变压器的分接头调节，此类变压器馈电入中压配电网。分接头增加或减少变压器的高压侧/低压侧的匝数比。为了做到这一点，高压侧的多个辅助绕组连接到分接头触点，这样可以逐步与基础绕组连接或断开。因为在绕组连接或断开的过程中，高压侧产生的调压电流较小，一般来说，这种调节在高压侧。

图 6.3 展示了一台 110kV ±12%/21kV、40MVA 的变压器的内部视图。此图清楚地展示了从三相铁心绕组引出的绕组导体如何连接到左侧的分接头触点。

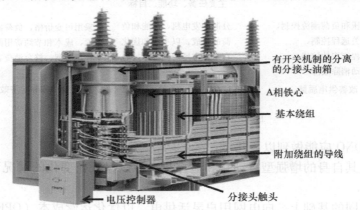

图 6.3　一台 110/20kV 变压器的分接头与绕组的连接

首先，电压控制器的算法需要测量中压母线电压。电压控制器比较测量电压与目标电压，从而调节变压器的匝数比，以使母线电压达到目标电压。一般情况下，选择目标电压在 105% ~110% 额定电压的范围内。

第二个影响参数是测量电流。如果电流过大，则沿着中压馈线的电压降将较大。相反，当负载较小时，沿着中压馈线的电压降将很小。因此，在峰荷时，将增加母线电压的目标值（高达 110%），在小负荷时，将降低母线电压的目标值（最大 105%）。通过参数化电流复合算法，实现此点。

然而，馈电变压器的电压控制不能确保消费者连接处的电压质量处于同一水平。部分中压/低压变压器的接线端子位于紧邻变电站母线的中压馈线的首端，连接在这些中压/低压变压器的接线端的消费者，和馈线末端的消费者相比，将获得永久性的较高的电压。

因此，这些中压/低压变压器也配有附加绕组。但是，在过去，带负载时不能调节触头。

　　确定中压/低压变压器接线端的变压器匝数比是电网规划的任务，确定匝数比时必须保证所有消费者应始终能够得到符合 EN 50160（见表 4.6）的高的电压质量。

　　因此，沿着中压馈线，根据变压器终端的位置，及在中压和低压电网的峰荷和小负荷时，根据相关电压降，选择和固定绕组比。传统的电网规划是基于峰荷和小负荷这类极端情况考虑的。一般的发电规划方法如图 6.4 所示。可以看出，为了保持所有连接的消费者的电压波动幅度，沿着中压馈线，变压器电压比下降。

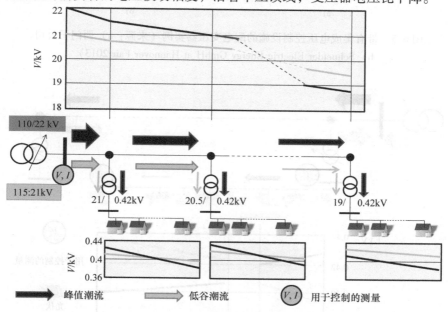

图 6.4　中/低压馈线的电压曲线与所选电压比

　　然而，这种传统方法已经不再适用。智能电网环境下，发生双向潮流时，必须改变此种传统方法，以使之与运行环境相适应。

　　如今，配电变压器的供应商提供具有电压控制和分接头的中压/低压变压器，如图 6.5 所示。

　　电压控制变得更复杂，其边界条件也不再是小负荷和峰荷，而是小负荷/强发电和峰荷/弱发电，如图 6.6 所示。

　　现在，在双向潮流时，解决静止的超过允许电压波动范围的过电压问题，必须是在小负荷/强发电条件下。电压曲线与传统的母线到馈线末端的电压降相反。

　　为实行电压控制，需要执行新算法。此电压控制包括协调变电站中中压母线和终端电压控制器的电压目标值。为此，在低压馈线首末端、变压器终端和低压馈线

图 6.5　带有集成电压控制设施的配电变压器实例（来源：a）西门子公司，
b）Schneider Electric Energy GmbH at Hannover Fair 2013）

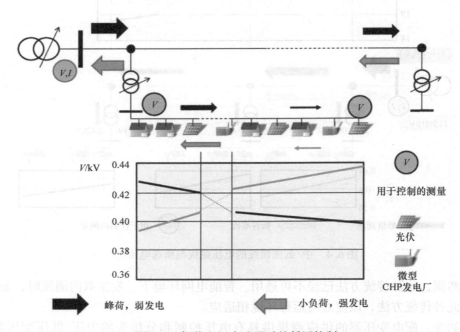

图 6.6　智能电网中改进后的低压控制

的最后连接节点，都要求有低电压测量。

变压器终端通常配有测量设备。将测量值传输到馈电变电站和配电网控制中心，以这种方式扩展终端。

传统方法是，在消费者连接节点处，不能进行电压测量和远程读取。现在，有两种可能的选择：安装测量点或应用智能电表。

原则上来说，将智能电表安装在大多数电网用户的连接节点上，以提供动态电价系统（图6.2中的支柱3）。

智能电表主要是数字化测量。因此，其能够在不需要额外安装电表的情况下测量电压。

一般来说，所开发的和应用于电表的通信标准不支持电压测量的数据模型。需要改正此缺点。此外，提供的计量数据是有限制的，必须遵守"数据安全法"。如果供应商以外的用户想获取来自于电表的数据，则也需要合法。

6.2.1.2 智能供电方式参与电压控制

智能供电可以通过以下方式实施电压控制：

如果大功率注入而引起过电压（主要来自中午的光伏电站），可通过在功率注入节点附近增加有功和（或）无功功率来降低电压。有三种方法可以产生这种影响：

1）晴天中午时，提供低电价。DNO可以大幅降低电网收费，以此影响电价。在德国曼海姆市（Mannheim）的供电地区，以"阳光洗衣"的口号，进行了专门试验[2]，验证了这种方法的有效性。在上午早些时候，在离开家时，大约60%的家庭会相应启动洗衣机，并采用综合延时功能。为了提高公众认知度，而进行积极的宣传活动，是成功的先决条件。

2）DNO会在受影响的节点上安装蓄电池。可在大功率注入期间，对蓄电池充电，以此降低电压。

3）包括蓄电池在内的DER可以在励磁和无功功率需求下运行。光伏电站使用IGBT换流器，其提供控制无功功率的可能。然而，在低压馈线中，相比于无功功率控制，有功功率控制效率更高，因为400V电缆的电阻比电抗大许多。

图6.7a给出了相关方案，该方案有1～3个选项。在一台20/0.4kV变压器终端中，安装5kWh的锂离子电池，如图6.7b所示。

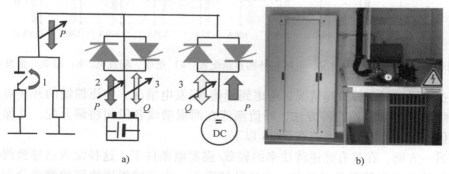

图6.7 a）智能电压控制的三种方法；b）在一个20/0.4kV终端的蓄电池安装（来源：HSE AG）

相反，由峰荷/弱发电引起的欠电压情况，需要增加电压。从而，可以用此3个动作的反动作，来控制负载，即提高电价、蓄电池放电和有过励磁的DER运行。

然而，所有这些方法都要求远程读取测量值、状态指示和远程控制。因此，为了智能配电网运营，必须在配电层引入通信网。

6.2.2 潮流控制的机会

以下情况可能发生电网设施双向过负荷：

● 轻载/强发电情况（例如，光伏电站大规模连接电网的情况下，在阳光明媚的中午时分）从下往上的方向。

● 峰荷/弱发电情况（例如，在晚上，当人们做完工作回家，同时开始做饭、洗车和给电动汽车充电）从上往下的方向。

首先，潮流控制需要远程监测中压/低压变压器终端的电流和（或）潮流。也可以通过电网运行和市场行为进行潮流控制。

潮流控制的电网运行包括：①监视潮流，②拥堵检测，③根据负荷情况和可能的拥堵情况，在开环配置中，通过断开开环点，从而改变电网拓扑结构（例如，变压器、馈线、开关柜的额定功率）。

图6.8展示了相反的电网配置的一个例子，该配置有两根开口中压馈线，该两根馈线在变电站A和B之间。

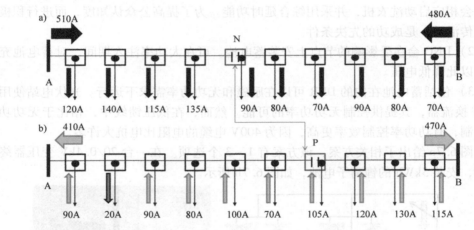

图6.8　根据功率潮流情况，电网拓扑的重新配置：a）重载、弱发电，b）轻载、强发电

这里展示了两种极端情况。考虑到峰荷/弱发电情况，中压馈线的开环点在变压器终端N处。采用这种方法，峰值潮流在两根馈线各段间协调分配，并保持在限定值以下，可以满足电流在630A以下。

另一方面，在具有强逆转功率的轻载/强发电条件下，这种配置将导致终端N和变电站B之间的设备过负荷。在这种情况下，为了能得到协调的潮流分配，也可以把开环点移至终端P。

需要从控制中心远程执行开关操作。因此，需要建立远程可控负荷断路开关和通信设施。

市场驱动的潮流控制活动可以分为确定性（硬）和不确定的（软）两大类方

法。确定性方法基于专门合同或价格情况，包括：

- 使用配电层的备用容量机理，以此减少或增加 DER 的功率输出。
- 关断或增加可控负载（例如，夏季的空调或冬季的暖气），这些可控负载由正备用容量市场提供。
- 储能单元的可控制的放电或充电，包括电动车辆的蓄电池。
- 紧急情况下，断开先前已签合同的负荷或发电。

此外，动态电价对需求的软影响（例如，用阳光洗衣，见 6.2.1 节）有助于避免拥堵和电网增强的过高的投资需求。

为了切断专用负荷，市场上提供了专门的中断单元。

图 6.9 展示了一家供应商（ABB）的组合低压断路器/功率匹配器，该产品已获得专利授权。由于增加了潮流控制功能，提高了可用功率传输容量和可用功率的效率。

图 6.9　从断路器到潮流的控制（来源：ABB 公司）

当中压馈线或变压器终端的功率输电容量处于上限时，功率控制器会断开非优先负载或发电机的供电，解决了此输电上限情况后，会重新连接。

这种单元包含分析电压质量参数所需的测量功能。

此外，配电层所需的完整的保护功能嵌入其中（见第 3 章），使用集成触摸面板进行参数设置。

所述单元也提供通信设施，以便与控制中心交换数据。设计该单元直接集成在几种低压开关和能量管理系统中。

6.2.3　故障跳闸后供电恢复的自动控制和远程控制

如 4.6.2 节所示，传统方法中，中压电网中，沿故障馈线行车，检查中压/低压变压器终端的短路指示器，以此方式人工定位和消除故障（见图 4.37）。在德国本地配电网中，故障后，平均停电时间约为 1h。如果变压器终端配有远程可读短路指示器，可自动消除故障消除和恢复供电，就能大大减少这一时间。

然而，现在，要达到投资费用和可实现改进之间的最佳比例，其最适当的解决方案是部分增强。

图 6.10 展示了一个如何实现此改进的例子。图中所呈现的电网方案和故障位置与图 4.37 相同。

但是，在图 6.10 中，远程控制和监测配电终端 B 和 C，并监测此两终端间的一些环形主要终端。

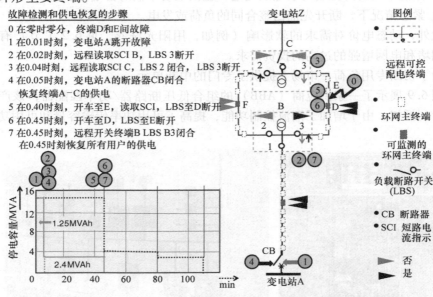

故障检测和供电恢复的步骤

0 在零时零分，终端D和E间故障
1 在0.01时刻，变电站A跳开故障
2 在0.02时刻，远程读取SCI B，LBS 3断开
3 在0.04时刻，远程读取SCI C，LBS 2闭合，LBS 3断开
4 在0.05时刻，变电站A的断路器CB闭合
 恢复终端A-C的供电
5 在0.40时刻，开车至E，读取SCI，LBS至D断开
6 在0.45时刻，开车至D，LBS至E断开
7 在0.45时刻，远程开关终端B LBS B3闭合
 在0.45时刻恢复所有用户的供电

图例：
远程可控配电终端
环网主终端
可监测的环网主终端
负载断路开关（LBS）
CB 断路器
SCI 短路电流指示
否
是

停电容量/MVA
1.25MVAh
2.4MVAh

变电站Z
变电站A
CB

图 6.10　一个 20kV 电网中的故障定位和供电恢复实例

采用传统的故障排除方法，定义了本例的下述平均可靠性参数：

- 停电时间为 61.5min。
- 此间，停电容量为 15.35MVAh。

现在，针对远程监测和远程控制终端 B 和 C 的例子，列出了恢复供电的步骤。

终端 D 和终端 E 间某处发生短路后，故障保护跳闸故障馈线的变电站 A 中的断路器（1），其停电容量是 15MVAh。

控制中心可以远程读取终端 B 中的短路指示，以此方式检测终端 B 和 C 之间的右侧馈线的故障位置。然后，远程断开终端 B 中正常连接的右侧负载断路开关 3（2），合上变电站 A 中的断路器（3）。此外，基于终端 C 的短路指示，立即将连接终端 C 的消费者切换到左侧馈线（C－F－B）上。

切换操作完成后，大多数停电的消费者（11400kVA）可在 5min 内恢复供电，而原来人工检查时要停电 45min。

右侧馈线的终端 B 和 C 之间仍保持连接的情况下，右侧馈线中停电容量为 3600kVA。

远程读取终端 D 中的短路指示器，读取结果显示有故障电流通过终端 D。综合利用这些信息，故障处理人员在驾车行驶 40min 后，才能到达终端 E（向终端 C 的方向，在终端 D 后面）。人工读取终端 E 中的短路指示器，读取结果显示故障位于终端 E 和 D 之间。

断开终端 D 方向的负荷开关（5）。

最后，远程观察到，终端 D 中通过短路电流。在 5min 内到达终端 D 后，断开终端 C 方向上的负荷开关（6）。现在，隔离了故障。

远程合上终端 B 右侧的负荷开关 3 后（7），可以在 45min 后对最迟恢复供电的消费者（3600kVA）恢复供电。

采用这种方法，
- 平均停电持续时间缩短到 14.6min。
- 停电电量为 3.65MWh。

因此，远程控制和（或）监测有限数量的终端（例如，图 6.10 中的电网所考虑的部分终端，占总终端数的 14.3%）使得
- 平均停电时间缩短了 4.2 倍。
- 停电电量减少了 4.3 倍。

按上述方式，考虑在变电站 A 和 Z 之间馈线上的所有可能的故障位置，可计算出平均停电持续时间为 12.1min。

2010 年的统计显示，德国中压电网故障后的平均停电时间为 63min。

应用上述方法，在所考虑的 A－Z 这部分电网中，平均停电持续时间可以从 63min 减少到 12.1min。

这意味着，采用所述的部分增强中压变压器终端方式，可靠性指标提高了 5 倍。

考虑到这部分电网的停电故障概率为 0.18/年，则系统平均停电持续时间指标（SAIDI）为 2.18min/年。

这是德国整体 SAIDI 的 7.3 倍（德国为 16min/年），如图 4.33 所示。

6.2.4 增强中压保护概念

6.2.4.1 不断变化的保护所处电网状态

在中压配电网中，DER 的连接对保护行为产生重大影响。

1. 对保护选择性的影响

DER 在电网连接节点处时，其是附加短路电流（I_{sc}）的电源。从而，在电网连接节点（NC）处，电压增加，沿从连接节点到故障点的馈线，电压降也增加，如图 6.11 所示。

这导致测量的短路电流降低，耦合节点 C 处的电压增加。因此，保护测量不正确。

两种可能的主要保护功能都受到影响：
- 过电流保护测量的短路电流较小，并且可能会阻止或延迟识别过电流。

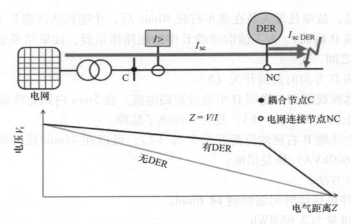

图 6.11　由于 DER 的连接导致保护环境的改变

● 距离保护测量的短路电流较小，测量的电压较高。不能正确识别 V/I 或阻抗准则；可能会阻止或延迟识别保护启动信息。

● 故障定位器不能测量正确的故障距离。

通常，放射式馈线拓扑结构不能没有错误地确定短路方向，该短路方向可能与潮流相似，变为双向。

无方向保护原则运行不再可靠、安全。其不得不被方向保护原则所取代。

此外，传统的（大多数是机械的）短路指示器也可能指示错误的信息。短路指示器必须变成数字智能电子设备（IED），以期在新的电网状态下正确指示。

2. 反向短路电流

反向短路方向也对馈电网产生影响，如图 6.12 所示。在馈电网故障期间，有必要断开 DER 所提供的潮流。

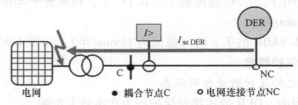

图 6.12　在馈电网中，DER 的短路电流对故障的影响

3. 稳定的孤岛运行方式

由于 DER 供给当地配电网的份额越来越多，有必要重新考虑孤岛运行方式。目前，中欧不需要出现孤岛电网，必须识别和避免孤岛电网。

标准[3] 要求 DER 在 $47.5 \sim 51.5 \mathrm{Hz}$ 的频率范围内保持连网运行。

在这种电网状态下，即使出现扰动，稳定的孤岛电网也可以继续供电。一般说，孤岛电网可以提高供电可靠性，且未来电网连网规则应支持孤岛电网。然而，根据当地电网状态，考虑识别孤岛，对保护和控制方案进行调整，控制系统应转入确保孤岛稳定运行的模式。

4. 对自动重合闸功能的影响

电压骤降或短路时，为了电压稳定和提供短路电流，DER 有责任继续注入功率[4]。但是，如果可以预见在故障跳闸之后会自动重合闸，必须在跳闸时断开 DER。否则，DER 会给故障电弧供能，造成无法熄灭故障电弧。在这种情况下，自动重合闸将不成功。

此外，要采取措施避免自动重合闸造成电网非同步耦合。因而，在中压保护方案中，需要使用同步检查。

5. 对 DER 连接方案的影响

传统方法是，同步发电机提供电压源。因此，短路电流远大于额定电流。其含有 50Hz 交流分量和以指数衰减的暂态直流分量。可以忽略谐波分量。

基于小型同步发电机的 DER，即使指的是发电机额定值，仍比传统发电机的惯性要低得多。具有较低惯性和不同阻抗比例的情况下，在故障发展过程中，可能会发生显著的频率偏差和直流供电的不确定行为。因此，保护参数需要进行相应的调整。

否则，通过电力电子换流器接入电网时，嵌入式控制机制和阀模块容量会影响短路电流形式。

模块的控制和保护系统会导致瞬态短路电流波形极大偏离正弦波。当设置控制方案以保持恒定有功功率输出时，单相短路时的失真举例如图 6.13 所示。

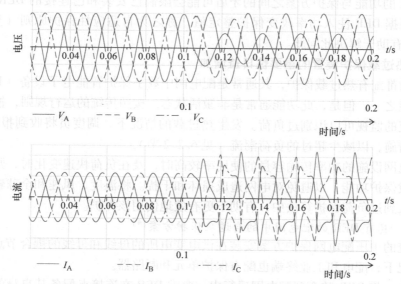

图 6.13　在单相接地故障时，通过换流器的 DER 的馈线
对故障电流的影响（来源：W. Gawlik, TU Vienna）

目前，正在研究这些现象，以开发合适的算法。

在大多数情况下，可以认为连接电力电子设备的 DER 是电流源。其针对电网电压注入有功电流。发生短路时，如果连接节点处保持适当的电压，则可以注入额定电流范围内的无功（电容）电流，该电流也支撑了电压。但是，如果连接节点在短路位置附近，则没有驱动电压。可能完全丢失短路功率，或者，短路曲线不包含 50Hz 交流分量。目前的保护原则不能以确定的方式处理这种现象。

此外，DER 在故障期间和之后都必须支持电网电压。基于换流阀的控制方案必须在几毫秒内对故障做出反应，并将其行为从正常运行转换到电压支持。这种转换深深依赖于内部控制方案和 DER 的结构。转换过程的供应商和类型是特定的。一般来说，不能描述这些转换过程，因此，保护算法中很难考虑这些转换过程。但是，瞬态转换过程达到 60ms 时，保护必须跳闸。

在此期间，保护系统实时测量变化的、部分非线性的系统状态。专门调查用以防止保护失灵、拒动、误动。

此外，保护系统具有选择性和安全性，可以区分正常的和故障的电网状态。如果只有与 DER 相连接的换流器的小的短路电流是可以测量的，保护系统就比较困难了。换流器不能像旋转发电机那样提供很大的短路电流。因此，必须选择较小的保护识别整定值。

另一方面，有这样一种情况会发生：大量的 DER 同时注入最大功率，导致该总注入功率超过保护识别整定值，从而导致错误跳闸。

DER 的功能与保护方案之间的矛盾可能会限制已安装和已连接的 DER 的有效应用。根据 DER 注入功率改变保护整定值，称之为自适应性保护原则（见 5.3.3节），其有助于解决此问题。

6. 热过载保护装置的重要性日益增加

一般都配有热过载保护，其通常是配电网中数字保护智能电子设备（IED）的可用功能之一。但是，此功能通常是非激活状态。按照传统的运行规则，控制中心负荷潮流的监视可以识别过负荷。发生热过载的情况下，调度员将收到报警信息，并采取措施，以减少超过的负荷潮流（见 6.2.2 节）。

当电网设施的功率传输容量的使用率较高时，及在负荷快速变化时，则要求激活热过载保护功能，以避免对电网造成损坏和干扰。将温度、风速和全球辐射等新参数融入到过负荷保护算法中，有助于更有效地使用该保护。

6.2.4.2　具有 DER 的配电网中的自适应保护方案[4]

传统的中压配电网保护方案安装在供电变电所的母线和母线的耦合节点处。在某些情况下，配电和工业终端也配有保护单元和断路器。

现在，将 DER 整合到配电网运行中，要求 DER 在连接点配备其自身的保护方案。必须考虑以下两种不同的连接电网情况：

1）将 DER 直接耦合到母线（C）。

2）在中压或低压电网中，在连接节点处接入电网（NA）。

1. 将 DER 直接耦合到母线

当 DER 直接耦合到母线时，需要其自身的短路保护来清除短路故障。另外，当发电机组和 DNO 的电网中发生故障时，其可作为后备保护。为达到这一目标，推荐使用有 $V - I$ 识别规则的距离继电器。

必须整合 DER 运营商的短路保护装置进入电网运营商的整体保护概念中。因此，在规划阶段，应与电网运营商就保护方案取得一致意见。因为电网运营商对自身电网有影响力，由电网运营商指定保护设备整定值。

电网连接处的保护方案作用于耦合节点的断路器，并在发生内部故障时断开 DER。

另外，在母线耦合节点，需要下述装置作为开路主保护装置：

- 无功/低电压保护 $Q→\&U <$。
- 瞬时和限时过电压保护 $U >>$ 和 $U >$。
- 低电压保护 $U <$。
- 低频保护 $f <$。
- 高频保护 $f >$。

保护开路装置作用于耦合点处的断路器或耦合开关。

通过无功功率低电压保护装置（$t\ Q→\&U <$），如果耦合节点上的三个线电压都低于 $0.85U_c$（逻辑"与"），则在 0.5s 后，DER 与电网断开连接，同时，发电厂从 DNO 的电网中提取感性无功功率。采用正序分量来确定无功功率是明智的做法。

在电网故障之后，此种保护用于监测满足系统需求的发电厂的运行。有些发电厂从电网中吸收无功功率，或者，有些发电厂缺乏电压支持，在达到保护整定值之前，将这些发电厂从电网中断开。

在孤岛运行环境下，当有不满足质量要求的电压时，电压保护功能保护用户工厂，并确保 DER 与故障电网断开。为此，也要求低电压保护装置反映不对称故障。所以，与逻辑"或"一致，实行低电压保护所用的三相测量元件的识别规则。

频率保护测量相间电压的频率。当频率在 47.5 ~ 51.5Hz 之间时，由于所要求频率的支持，不允许自动断开与电网的连接。但是，如果频率低于 47.5Hz 或高于 51.5Hz，DER 必须立即自动与电网断开连接。

2. 在连接节点处接入电网（NA）

保护方案的功能是，在运行扰动的情况下，将 DER 与电网断开，从而保护发电厂和电网所连接的其他用户发电厂。这种情况举例如电网故障、不稳定孤岛或故障后缓慢恢复的电网电压。每个发电厂运营商对其发电厂的可靠的保护负有责任。

发电机组的保护开路装置可连接在 DER 变压器的高压侧或低压侧。

将实现保护开路设备的下述功能：

- 低电压保护 $U <$ 和 $U \ll$。
- 过电压保护 $U >$ 和 $U \gg$。
- 低频保护 $f <$。
- 高频保护 $f >$。

其功能原理与上文有关描述相同。

与 DER 的电网集成一致的保护方案和推荐整定值如图 6.14 所示。

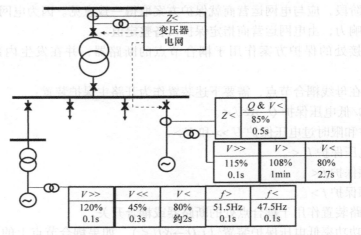

图 6.14　用于接入 DER 的保护方案与推荐参数[4]

当上级电网发生扰动时（见图 6.9，反向短路电流流动的问题），通过在变压器高压侧馈线中安装距离保护系统来解决，如图 6.14 所示。

当测量的故障电流方向为从上往下时，距离保护启动，使变压器跳闸。否则，当故障电流方向从下往上时，保护功能必须使在低压母线上连接 DER 的所有输出馈线跳闸。

6.2.4.3　配电网中的相量测量

自从 2009 年在布拉格举行国际供电会议（CIRED）以来，本地配电层的相量测量单元（PMU）的应用（见 5.3.4 节）也正逐渐被全世界所关注。

PMU 的主要应用领域为

- 配电网中的中央电压控制器。
- 使用电力电子换流器进行 DER 连接的主电源控制器。
- 电压质量监测。
- 孤岛检测。
- 孤岛部分重新连接的同步检查。
- 含可视化相量测量的系统稳定性的意识培养。

安装图 6.15 所示的配电网中的 PMU 要求较多费用，与配电层传统的节约成本理念不符。

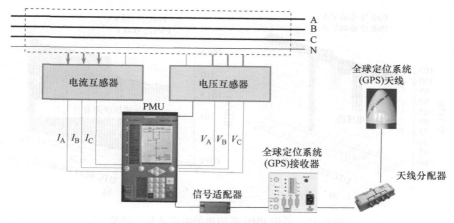

图 6.15　PMU 的安装图

因此，在配电层引入 PMU 受到很大限制，需要进行成本效益分析。已经完成了一个对本地配电网中 PMU 的应用进行广泛调查的项目[6]，并从中获得了宝贵的经验。

在 10kV 和 0.4kV 配电网中，一天的频率和电压如图 6.16 所示。

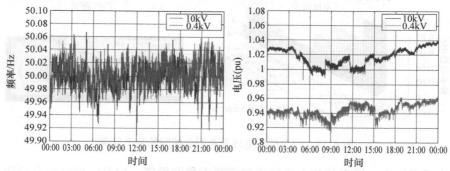

图 6.16　在 10kV 和 0.4kV 电网，一天内的频率和电压的偏差

可以看出，两种方法测量出的频率和电压偏差有所不同。这说明，测量点附近的 DER 会对测量结果产生强烈影响。

电压质量监测的机会如图 6.17 所示。

在图 6.17a 中，可以发现，电压降高达额定电压的 60%。图 6.17b 显示了毫秒内电压的快速变化 <1%。

孤岛电网的识别和再同步过程的监测如图 6.18 所示。

示例表明，配电层中的 PMU 有技术性的机会。但是，只有在技术创造出经济利益的情况下，才会广泛应用 PMU。

6.2.5　配电网中智能电网增强的经济性

配电网运营商需要运营数千个变压器终端。

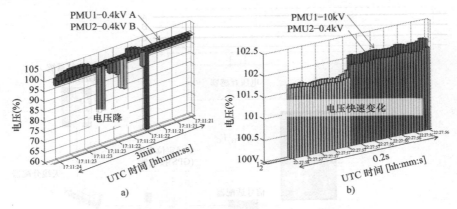

图 6.17　采用 PMU 所测得的电压质量的经验

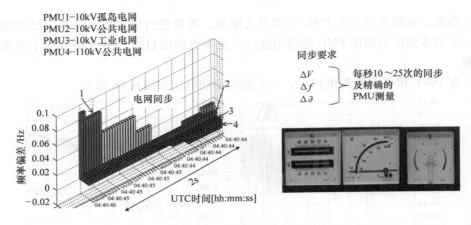

图 6.18　一个孤岛电网重新同步期间的频率监测

为了可控性，增强如此大量的终端需要大量的投资。但是，增强所有变压器终端真的能给经济带来好处吗？

从这个角度来说，电网规划的新的优化任务可以根据下述几种情况来选择：

- 需要增强电压控制的终端。
- 需要增强潮流控制的终端。
- 为提高可靠性，提供最佳的收益-成本比的终端。

各种配电网的优化结果是不同的，极大依赖于当地配电网状况。

欧洲项目 Web2Energy[1] 的框架中，增强了 20kV 电网，对此电网来说，其表明，对于待增强的约 85% 的所选终端来说，按照这三个选择规则所选终端是一样的。

这意味着，15% 的所选终端仅需要一个或两个规则（大多数是电压和潮流控制）。为了加快清除故障，大约 85% 的终端的位置要适当，其也需要先进的电压和潮流控制。

整个供电区域约有 4200 个变压器终端，为此整个供电区，引入和调研了一个专门的收益/成本指数（BCI）。

该项调研的结果表明，13% ～ 20% 的终端可以达到最佳增强容量，如图 6.19 所示。对于所考虑的电网来说，这意味着，为了达到最佳的收益 – 成本比，需要利用遥控设备增强约 600 个变压器终端。

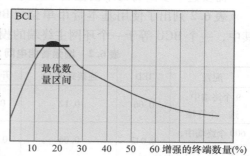

图 6.19　与增强型终端相关的 BCI

影响收益 – 成本比的因素有三个：

● 当增强终端数在 200 ～ 800 范围时，增强终端数越多，每个终端的费用越低。

● 当增强终端数少于 10% 时，不会显著提高可靠性，而且并不能解决所有的拥堵问题。

● 当增强终端数超过 20%（ ＞1000 个终端）时，因为数量效益的贡献几乎不变，效益只有微小增加，但是，支出与增强型终端的数量成正比，支出增长了。

总而言之，智能电网并不需要在所有电网部分都引入新技术的全部功能。不过，智能电网确实需要对效率进行经济智能加权。

在 Web2Energy 项目的经验上，对电网增强的经济性进行了详细分析[2]。在这个项目中，为实现了远程控制和监测，安装了下述设备，增强了 9 个终端：

● 图 6.20 展示了智能电子设备（IED）仓，其有如下装置：

– 远程终端单元（RTU）。

– 智能电表。

– 测量换流器。

● 远程可读短路指示器（见图 6.21）。

智能电表　　RTU　　测量换流器

图 6.20　IDE 仓（来源：HSE AG）

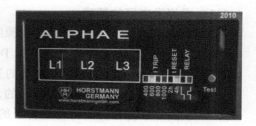

图 6.21　数字式短路指示器

- 增强的远程控制的开关。
- 连接广域网（WAN）的通信线路。

需要进一步的努力来使控制中心适应新的功能。

表 6.2 列出了使用基本货币单位（BCU）表示的资本支出（CAPEX）概况，其中，一个 BCU 等于一个环网主终端的投资。

表 6.2　增强智能电网 20kV 终端的资本支出　　　　　　（单位：BCU）

配置	IED	连接到 WAN	开关柜	人工工作	给控制中心的份额	总和
9 个终端中，选一个终端	0.06	0.12	0.16	0.25	0.19	0.78
600 个终端中，选一个终端	0.042	0.06	0.124	0.23	0.105	0.56
600 个终端	25.2	36	74.4	138	63	336.6

表 6.2 展示了终端数量效应的影响，这种影响对于各种技术手段是不同的，对人力工作的影响最高。

可以发现，人工工作产生了大部分费用，人工工作主要是

- 工程和设计。
- 开发实用标准解决方案。
- 安装和装配。
- 批准、测试和试运行。

增强所需的成本较高，当考虑安装 600 个终端时的安装数量效益时，一个环网主终端的投资将达到 56%。

但调查显示，如果所有电网用户的电网费用增加 6.5%，那么 10 年内将收回 336.6 BCU 的总资本支出。这些电网用户举例如家庭、交易、商业、行政、工业、发电厂等。

提高了供电可靠性，就给予奖励，如果引入了此种奖励，那么这一目标便可以达到。

6.3　支柱 2：虚拟发电厂的灵活性——智能机组

6.3.1　虚拟发电厂的基础

在年用电量中，不稳定可再生能源的份额不断增加，因而需要采用新方法来弥补不稳定和预测误差（见 5.3.2 节）。DER 机组和虚拟发电厂（VPP）内的协调成为 5.3.2.4 节所述的计划表的模块法的先决条件。

VPP 的主要任务是针对电力市场的，包含下述基本任务：

- 预测、平衡和协调所有整合了的设施，例如，发电机、储能设施和可控负荷（包括极不稳定的风力和光伏发电机）。
- 完成 VPP 日前计划，并在电力市场上销售所计划的能源。

- 在线监测电力生产，并估计偏离计划的偏差。
- 运用自身资源的优化决策。此优化决策包括控制发电和（或）需求侧管理（DSM）以适应可控负荷。此优化决策，或用于补偿不稳定性，或用于支付使用外部备用容量的费用。此外部备用容量由控制区域管理者提供。

采用这种方式，VPP 可以提供与传统发电厂相同的作用。

上述过程如图 6.22 所示。

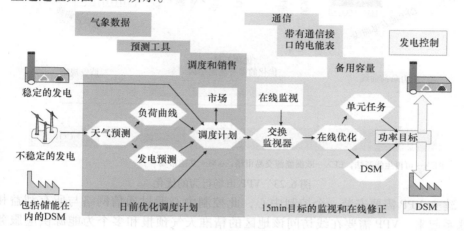

图 6.22　VPP 管理的基本原则

VPP 中的独立电力生产商、消费者和储能运营商的参与需要为所有利益相关者提供经济利益。

其首要条件是，所有电力生产商有义务参与平衡过程，并承担偏离计划的偏差责任。

从这一意义上讲，与单个电力生产商可提供的平衡服务相比，为极大降低成本，VPP 可为电力生产商提供平衡服务。

DER 通常将电能卖给日前市场。其不能参与额外的市场。VPP 有机会优化参与各种市场的行为，从而最大化收益。

优化目标以及数学目标函数是最大化收益，采用所有可能的市场指标，考虑电网费用，同时必须满足热能或电力运行要求。这些要考虑的因素为

- 日前和日内电能市场。
- 备用容量市场。
- 向 DNO 提供的辅助服务。
- 燃料成本。
- 电网使用费。
- 热能市场（在电力市场中的热电联产（CHP）工厂的优化运行和高耗电时期不需要的热能存储）。
- CO_2 排放权交易。

VPP 优化的目的是为每个 VPP 的组成部分获利，单个设施不能单独称之为 VPP 的组成部分。为此，VPP 协调是基于优化工具的。这样的优化工具的输入和输出如图 6.23 所示。

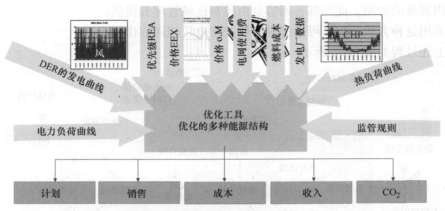

REA—可再生能源法，EEX—欧洲能源交易市场，o.M—其他市场

图 6.23　VPP 市场行为的优化

建立 VPP 需要安装一个控制中心，此控制中心通过通信网络与所有利益相关者联系起来。VPP 需要在线访问该地区的精准天气预报和多个为能源供应服务的市场。

6.3.2　需求侧管理：储能和可控负荷的作用

根据可提供的发电量调整用电需求，将在不稳定的发电环境中发挥重要作用。通常，必须集成用电需求进电力系统管理。需求侧集成（DSI）包括以下两个方面：

DSM（需求侧管理）：当可切换功率与表 5.1 的要求一致时，或者根据与 VPP 供应商的合约性基础，或者基于备用容量市场，主动断开或连接负荷。

DSR（需求侧响应）：采用动态电价耦合方法给消费者行为带来的影响。这些方法是为了使用户意识到变化着的电价、当前需求和相关费用。然而，DSR 取决于消费者转移大负荷至低电价期的意愿。只可由预测估计 DSR 的效果，而不能应用 DSR 的效果来履行 VPP 功能。将在 6.4 节中详述 DSR。

在几个研究和项目中，分夏季和冬季，考虑了住宅用户、商业部门和行业，对 DSM 的潜力进行了调研。根据研究[1,7-9]，有如下考虑。

如果可提供某收益给相关行为者，就可能达到图 6.24 所示的 DSM 潜力。

可以发现，主要潜力在电加热或冷却过程中。其时，因为热能具有高惯性，未损失便利的情况下，转移负荷是可能的。加热和冷却过程对图 6.24 所示各行业柱体的能量平衡有显著的贡献。

可由公共场所提供最大的潜力，公共场所举例如行政建筑物、商场、游泳馆、电影院、餐馆、酒店等。如何管理 DSR 潜力的示例如图 6.25 所示。

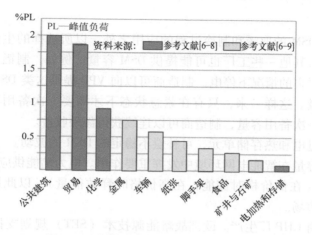

图 6.24　某工业国家对 DSM 的潜力评估

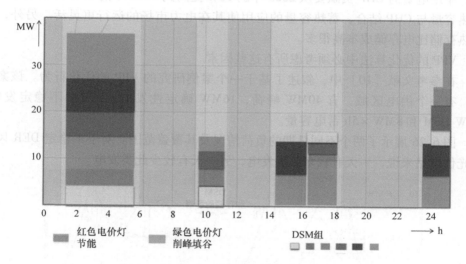

图 6.25　配备六个 DSM 组的需求侧管理

VPP 评估了最佳需求范围，有涉及 DSM 的六个组，设置了绿色和红色电价灯，家庭自动化设施控制家用设备，与这些电价灯设置一致的家庭自动化设施，也可用这些电价灯。

DSM 组包括：

- 深冻冷藏商店的冷却。
- 冬季热泵，有蓄热能力的电加热器。
- 商场或行政建筑物内的夏季空调组。

原则上，用夜晚低负荷期间的需求为所有 DSM 组供电。一般情况下，DSM 组在白天需要额外的电力供应，以保持制冷或取暖温度在所要求的范围内。

VPP 控制变化范围，并决定在低电价区的哪个电价范围内，在白天连接上

DSM 组。

除了用于 DSM 的取暖和制冷过程的应用之外，以所选择的生产线的短时停电这个意义来说，其他一些工厂也可能提供 DSM 容量。例如，制铝工厂能够在对生产过程不造成损害的情况下停电。制造商可以向 VPP 提供这类 DSM 潜力，使其作为一次备用容量。这样一来，只有在紧急状态下才需要一次备用容量，在其余时候，通过提供一次备用容量，制造商可以连续获得额外收益。

此外，通过电和热存储单元，可补偿不稳定的 DER 的波动。

电力储能容量在智能电网环境中发挥重要作用。电力储能供应商可以通过扩大电价范围获益（在低价格时储能，在高价格时释放能量），以此影响电力市场和 VPP 中的储能市场。

热能通常由 CHP 厂生产。欧洲战略能源技术（SET）规划支持增加 CHP 的贡献，年用电量的 CHP 贡献要从 2020 年的 18% 提高到 2030 年的 21%（见表 1.1）。蓄热容量与 CHP 结合，蓄热容量的应用使其在电力市场的运行更灵活。另外，目前热存储比电存储成本高很多。

VPP 的优化算法中必须考虑所有这些因素。

在参考文献 [10] 中，叙述了基于一个案例研究的 VPP 的优化行为。该案例中，有一个供电区域，有 40MW 峰荷，16MW 确定性发电，16MW 不稳定发电，8MW DSM 和 8MW×5h 蓄电容量。

图 6.26 展示了两个不同日期的负荷情况及其覆盖范围。对于不稳定 DER 风电和光伏电站来说，一天有较多此类发电，另一天有较少此类发电。

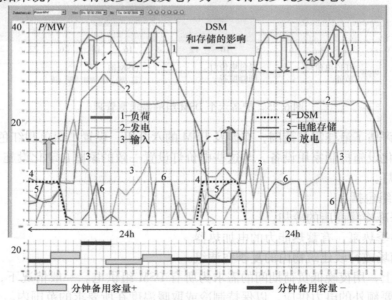

图 6.26　负荷曲线和采用一个 VPP 提供分钟备用容量[10]

这些图表明，把最大限度的分布式发电和蓄电单元的释放电能，尽可能地移至市场价格较高的峰荷时段。这些操作会带来两个方面的影响：

- 储能单元的释放能量可显著减少峰荷，如图6.26所示。
- 伴随着电网储能的显著降低，在峰荷期，内部发电显著降低了外部电网输入电能的重要性。

另一方面，在低负荷期间，储能单元储能，同时，连接上DSM组。在电价低的时候，这些做法增加了供电区域的需求。

因此，VPP的控制影响极大地协调了供电区的负载情况。此外，VPP采用其参与者的意愿，以提供和出售备用容量，从而获得额外的销售和收入。

这样一来，额外的商业模式可以为所有参与的利益相关者创造双赢的局面。

6.3.3 虚拟发电厂在未来市场中的商业模式

根据参考文献［1］中的供电区域，开发和考虑了VPP的多种商业模式。

鉴于市场波动剧烈，应用更多的商业模式，可以提高VPP收益的稳定性。

所调查的业务模式概况见表6.3。

表6.3 提供额外价值的VPP的各种商业模式

商业模式	功 能
BM1	减少平衡偏差
BM2	能源/多商品优化的额外销售收入
BM3	减少峰荷/避免电网费用
BM4	系统服务：无功功率和电压控制
BM5	销售日内市场
BM6	系统服务：销售正备用容量
BM7	系统服务：销售负备用容量
BM8	CO_2排放权交易（可再生能源利用最大化）

1. BM1 – 平衡组偏差/最小化不平衡成本

平衡组负责团队的任务是在平衡组内以15min为间隔平衡用电和发电。实际上，这项任务必须提前一天完成，并由计划描述。由于预测误差和不可预测的发电机故障，导致实际情况与前一天的计划预测出现偏差，会出现不平衡的情况。由于存在偏差（不平衡），导致每15min时间的步长中，平衡组负责团队按偏差量比例、以15min为间隔承担费用。

根据短期预测、实际负荷以及发电情况，BM1用于最小化白天的偏差。图6.27展示了供应商平衡组在一年内的典型偏差。

实际市场的偏差成本变化很大（图6.28显示了一个例子）。这些成本很高，超过300欧元/MWh。

BM1中VPP的任务是

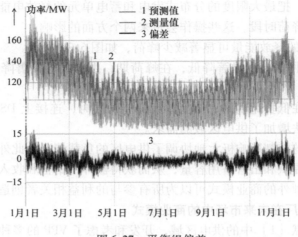

图 6.27　平衡组偏差

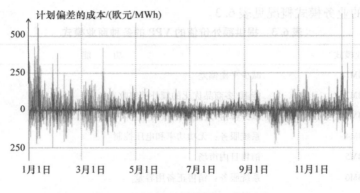

图 6.28　一年内平衡组的偏差成本

- 观察实时的偏差和相关成本。
- 优化为了补偿使用自有资源和外部支付的比例。

当偏差成本较低时，纠正内部计划比支付偏差成本更昂贵。

2. BM2 – 能源/多商品优化的额外销售收入

这种商业模式 BM2 与最小化平衡组偏差成本的商业模式 BM1 相反，BM2 需要考虑可用生产者、可控负荷和储能的一般计划和日前计划的经济使用。这类商业案例的潜力基于热电存储，其允许在低燃料成本期或电力市场高价期内发电，以实现电力生产和对发电机的最佳经济负荷分配。可再生能源（RES）过剩的电力可以通过电存储，使其在现货市场价格低和电力可用性高的时期存储。在稍后价格上涨的时候，可以出售存储的电能。使用热存储机会，在电力市场价格低时，关闭 CHP 发电厂，将所需热能从热存储处传送出去。在关闭或限制发电时间时，可提供正备用容量。当存储热能时，CHP 发电厂可以提供负备用容量。否则，当电价高时，

CHP发电厂可提供比额定功率大的最大发电功率（见5.2.6节图5.22），并存储过量的热能。

因此，通过热存储，CHP发电厂可以灵活地参与市场，通过"多商品优化"的方式，有可能优化销售收入。

3. BM3 – 峰荷优化

DNO需要向上级电网运营商（区域配电网运营商，输电系统运营商（TSO））支付年度最高为1/4h峰功率的电网用户费用。

VPP能够降低该峰值，并通过有功负荷和发电管理维持设定的阈值。图6.29展示了电网的总负荷、预测值、实际负荷和VPP的校正影响。

在这一案例中，为防止峰值超标，VPP降低了预测的功率需求（4）。缺少校正后，预测的负荷（2）将超出阈值（1）。当前的负荷值（3）记录在图6.29的附加信息中。

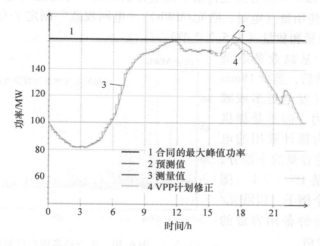

图6.29　峰值负荷优化

4. BM4 – 电压控制/无功功率平衡

允许DNO使用特定的无功功率范围，作为TSO的负荷或注入功率。当无功功率平衡超过这些限制时，需要支付额外的电网费用。在微风期前，单一风电场通过长度为几十千米的中压电缆线，与110kV电网连接，该单一风电场可能会向上级电网中注入大量的无功功率。由于电网运营商要求收取无功功率费用，风电场的收益将减少20%左右。

BM4的目的在于：通过控制VPP组件的无功功率，来避免这些成本。因为可以指定由励磁功能来提供无功功率，这样不需要额外的燃料成本。这将会是一个有效的商业案例。无功功率在容许范围之外的典型价格为8~10欧元/Mvarh。

另一个控制无功功率的方法是电压控制，特别是在中低压电网的关键节点中。在纯粹经济效益的意义上，这不是一个商业案例，但其提高了对电压敏感的生产很重要的电压质量。在未来市场中，DNO 将可以与电网用户签订电压控制贡献合同（见 6.2.1.2 节）。这种商业模式的目的是，更好、更有效地利用电网设施，以减少电网扩张或增强的成本。

5. BM5 – 日内市场

除了通常的日前市场之外，还存在一个单独的日内能源市场。在这个市场中，能够在有很短的提前期（1h）的情况下提供电能。VPP 具有快速反应的特点，因此，其经常成为放置自由电源容量的市场。然而，日内市场与回报通常较高的备用容量市场有直接竞争关系。日内市场是交易者的一个典型场所，因为预测错误，而不是因为额外的电力容量，交易者试图平衡其平衡组。

6. BM6 – 备用容量（正分钟备用）

传统方式中，系统服务主要由 TSO 管理，并从自由市场上的投标人那里获得辅助服务。TSO 以不同的方式支付给平衡电力供应商：可用性（电力容量，欧元/MW/h）和实际使用量（电量，欧元/MWh）。"电网规范"制定了专门的规则，以确保供给者的质量和数量（见 5.2.2 节）。

一般来说，基础业务案例是：在 TSO 请求后，至少 15min 内，提供供电（发电更多或减少负载）的能力，而不是提供电力本身，因为预计要用的电量只有所预定的容量的小部分，此小部分的值是 1% ~ 2%。图 6.30 展示了一个例子，以欧元/MW/h 表示正分钟备用容量的平均功率供应价格。

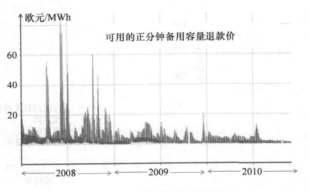

图 6.30　正分钟备用容量退款价

7. BM7 – 负分钟备用容量

为减少发电量，可控发电站和蓄电池主要用于负分钟备用容量。只有在稍后增加的需求的补偿不再发生的情况下（无积压需求规则），才考虑 DSM 容量。该限制与热泵的开闭和蓄热单元的储能有关。

负分钟备用容量的价格在宽谱范围内变化，如图 6.31 所示。

8. BM8 – CO_2 排放权 – RES 集成

这个商业模式的目标是，尽可能地生产和使用 RES，并有机会出售 CO_2 排放权，以 CO_2 排放/MWh 电力的确定比例，分配 CO_2 排放权给所有电力生产商。当某个电力生产商超过其电力产量的 CO_2 限制，就需要在市场上购买额外的排放权。如果 VPP 可以将 RES 的产出最大化，则其能够在市场上提供排放权，创造额外的收入。

在 VPP 的框架下，对 BM1 ~ 8 进行了为期一年的调查，其中包括：

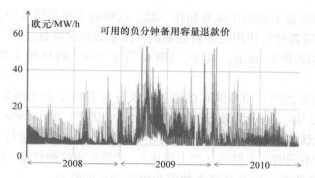

图 6.31 负分钟备用容量退款价

- 5.8MW 燃气 CHP 发电厂。
- 0.9MW 沼气和垃圾燃烧发电厂。
- 9MW 风电场。
- 2.55MW 光伏电站。
- 10MW 水力发电厂。
- 3MW 蓄电池和 12MWh 储能容量。
- DSM 容量为
- 冬季 1.5~15MW（视外界温度而定）。
- 夏季 1.2MW。

在所调查的供电区域，使用了完整的商业案例[1]。通过使用 VPP 的优化模式，10MW 的可控功率的灵活性得以应用。

与年 OPEX 相比，商业模式的最大可能收益见表 6.4。

表 6.4 VPP 的额外销售收入和运营成本

BM	VPP 销售，BCU/年
1	6.3
2	2.5
3	3.5
4	6.6
5	0.2
6	2.7
7	3.4
8	2.0
总和 × 0.443	10.9 BCU/年
VPP 成本组成	OPEX，BCU/年
运行	7
IED 仓	0.76①
访问 WAN	0.32①
建立 CC	0.65①
总 OPEX	8.73
收益：2.17 BCU/年	

① 10 年分摊的投资。

注：BM—商业模式，BCU—基本货币单位，CC—控制中心，OPEX—运营成本，IED—智能电子设备。

列出的各项收益不能简单地叠加在一起。这种商业模式组合中，确定并发减少系数为 0.443。随着并行使用更多商业案例，此系数将会降低。

收益和支出以 BCU 表示，其中，1BCU 等于 20kV 的环网主终端的资本费用（见 6.2.5 节）。

已达到的结果说明，10.9BCU 的销售收入与 8.73BCU 的 OPEX 之间是正差值，达到了 2.17BCU/年。这一结果等于息税前利润（EBIT）的 19.9%。

总之，可以认为，如果考虑未来市场环境，VPP 可以经济运行。然而，只有灵活、优化地应用不同的商业模式（如上所述），才能实现这种收益。因此，VPP 可以

- 承担平衡职责，以及共享各种商业模式创造的收益。
- 为所有参与者提供一个双赢的局面。

这一结论被看作电力生产者、蓄电池运营商和用户利益的先决条件。该用户提供 DSM，该 DSM 被集成进一个 VPP。

6.4 支柱 3：用户的智能计量与市场一体化

6.4.1 数字计量技术基础

为实现保护和控制，成功引入了数字技术，从 20 世纪 80 年代后期开始，应用了该技术（见 3.2.2.1 节）。与以前的模拟电子和机电技术相比，经济性和技术性是驱动数字技术发展和应用的主要原因。约 15 年后，开发和引入了数字计量技术，这主要是指工业化电表。

这样做的原因是，一方面，电表间存在明显的价格差异，另一方面，保护方案的价格比约为 1:100。与传统机电"法拉利"电表相比，长期以来，成本较高是数字电表的障碍。

微电子元件领域的技术发展和量产效应显著降低了元器件价格，使数字计量技术具有了竞争力。引入了"智能电表"这一术语，用此术语表明这些数字电表也是智能电网理念的组成部分之一。

智能电表主要是一种电表，其记录短时间（从几分钟到 1h）内消耗的电能量，然后将此信息通知交易商，以监测需求状况和计费。

数字技术现已广泛应用于计量功能。数字电表的技术原理如图 6.32 所示。

数字电表对模拟电流和电压值进行采样，并计算同步采样的有功功率和无功功率。主要在 15min 的时间间隔内进行功率积分。计量值存储在存储器中，可能在集成屏幕上显示计量值。通过与广域网（WAN）链接的通信接口，将计量值传送给交易商和其他利益相关者（例如，DNO，VPP），供其运营。

数字电表可以在电表和控制中心之间进行双向通信。运用这种方式，其可以报告计量数据、接收电价信息以及其他信号。数字电表在时间上是同步的，通常，通过通信链路使时间同步。

其显示屏也可用于显示电价信息、负荷需求和相关费用。

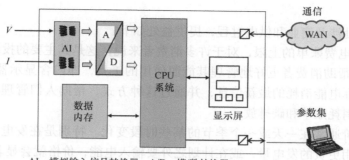

AI—模拟输入信号转换器，A/D—模/数转换器，
CPU—中央处理器，WAN—广域网

图 6.32　数字计量技术原理

数字电表可以由一台 PC 进行本地参数化设置。从技术的角度看，参数的远程设置是可行的，但是，由于安全性的限制，在大多数国家，其仍然受到法律制约。

智能计量的主要功能如图 6.33 所示。

通信接口
远程读取所测量的数据
计量有功电量和无功电量
接收电价信号与预测
时间同步
电价、需求和成本可视化
电压和功率测量

提供短时间间隔的数据
电压质量监视
负荷曲线记录
至家庭自动化设施的网关
参数的数字化设置
扰动诊断
操作检测

图 6.33　智能计量功能

其他重要功能包括：电压质量监视、负荷曲线记录、至家庭自动化设施的网关（用于能量管理）和安全功能。

随着智能电表的推出，通常，其要达到下述目的：

- 对市场参与者有很大的好处。
- 有 DER – RES 整合的市场激励法。
- 通过提供更多的实时用户反馈，以节约能源和保护气候。
- 通过启用 DSR，限制电网各部分的峰荷。
- 在计量数据收集服务和客户服务中的竞争。
- 尽可能快地广泛配置智能测量系统。
- 通过自动化计量过程，使成本收益率可被接受。
- 智能电网"准备就绪"。

欧盟委员会制定的目标是，到 2020 年，80% 的电力消费者将配备支持 DSR 的电表。

与此同时，欧盟 13 个成员国已经决定进行全国推广，有些国家，例如意大利和瑞典，已经完成了这一工作。

6.4.2　动态电价

考虑引导项目的期望是，智能计量将为消费者、交易商和电网运营商带来一些潜在的益处。

这些益处涉及商业和供电过程，提供益处如下：

- 估计电费账单的上限，对于许多消费者来说，这是其主要的投诉来源。

- 一个帮助消费者更好地管理其能源使用的工具，即内含显示器的智能电表可以提供实际电能消耗的最新信息，并通过这种方式，帮助人们管理其能源使用，减少其能源消耗账单和碳排放。

电力定价通常在一天或一个季节的某些时段变化。特别是在发电受到限制时，如果要求使用更贵的发电量，或在计划之外要输入电能，价格就会显著升高。

对消费者按日计费，采用与电能电价和电网费用成比例的动态电价，这些都将鼓励消费者调整其消费习惯，以更多地响应市场价格。

此外，这些"价格信号"可以延迟激活昂贵的发电量，或者，至少能减少购买来自于有更高碳排放率的更高价格的电能。

目前的电价结构是以能源市场的平均价格为基础的，也包括电网费用、销售费用和几种税。在图 6.34 中，图 a 是传统的电价结构，图 b 是未来的动态电价结构。

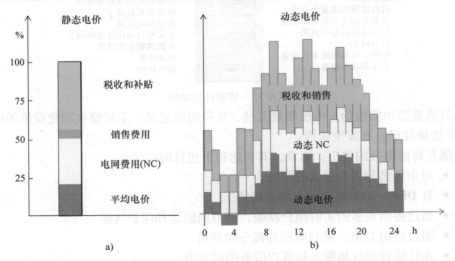

图 6.34　静态电价组成与动态电价结构

在大多数欧洲国家，附加费用和税的重要份额是可再生能源补贴造成的，在这些国家，固定的馈电价格共同投资 RES 的安装和运行，固定电价通常远高于电力市场价格（见7.1节）。例如，在德国，2013 年可再生能源补贴的相关费用为 5.28 欧分/kWh。

将来，产生电价的这种平均机制不能支持前面提到的根据能源可用性而调整负荷需求的期望。动态电价将以按小时变化的能源价格为依据：

- 采用提高电价，以补偿能源消耗。

- 采用提供较低的电价，以利用过剩的可再生能源。

此外，为了避免配电网发生拥堵，需要额外增加动态的电网费用。由于电网收费较高，从而电费的增加可以影响负荷需求转移，以此达上述目的。

　　未来的动态电价结构的原则如图 6.34b 所示（不细分成税和销售费用的贡献）。

　　图中，在动态电价结构中，实际的负电价在 2 点～4 点之间。自 2008 年以来，在德国，在控制区域内，无法利用过剩的可再生能源时，这种现象就会发生。控制区域经理有义务根据法规将剩余的 RES 提供给市场（按照"可再生能源法"）。

　　可以不同的方式管理电价的动态，见表 6.5。

表 6.5　静态电价和动态电价的构建原则

参数	A	B	C	D
时间段	静态	静态	动态	动态
电价	静态	动态	静态	动态

　　定义动态的决定性参数是，电价本身的值和电价有效的时间段。原则上，表 6.5 中 B～D 是执行动态电价的 3 个机会。

　　传统的静态电价是，在一个确定时期（通常为一年）内使用一个电价值，或者，在所设置的固定时间段，将其分为高电价和低电价。例如，在工作日的下午 6 点到上午 10 点和星期六下午 6 点到凌晨 2 点内，采用高电价；在其他时段，采用低电价。

　　图 6.35 介绍了电价变量的总体情况。理论上来说，可以每 15min 换一次电价。然而，在实际中，会采用更长的时间段，以建立平均电价，在此期间，电价不会有显著变化。

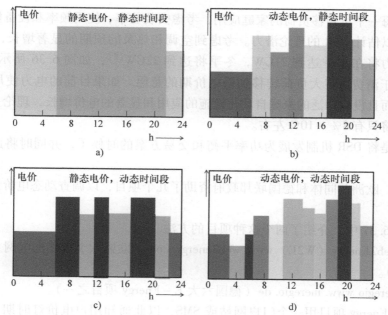

图 6.35　电价结构可选方案

6.4.3 对用户行为的影响：DSR

在工业国家，家庭用户的用电需求只占年负荷需求的约25%。然而，其对峰荷的贡献可能会超过50%。与其他消费类别（例如，工业（40%~50%）、贸易和其他商业（20%~30%）、交通运输（5%~10%）和农业（2%~5%））相比，家庭负荷曲线提供了最大变化的负荷曲线。

因此，家庭用户为DSR协调整体负荷曲线提供了最大的潜力。

在几个研究中，已经研究了消费者行为在这样的模式下变化的潜力。DSR分析的结果总结在参考文献［11］中，如图6.36所示。

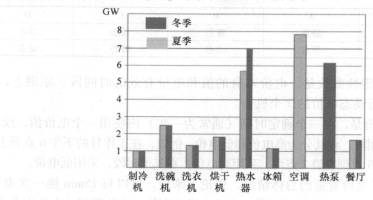

图6.36　未来（2020年）的DSR潜力[11]

考察每一个可转移负荷的家庭应用，考虑安装功率、使用频率和设备使用的同时性，可以估计DSR的理论潜力。考虑到空调和热泵的预期的显著增长，2020年德国的潜力将在夏季达到21GW，冬季将达到22GW[8]，如图6.36所示。然而，DSR取决于消费者将大负荷转移到低电价期的意愿。如果目前的电力使用情况保持不变，而且没有广泛的家庭自动化设施的应用和显著的电价增长，理论上，实现的可能性将只有8%~10%左右。

现在是将DSR机制发展为功率平衡和交易方案的时候了，并同时将此现实的潜力加倍。

因此，欧洲共同体和德国联邦政府资助了几个项目，以调查动态电价调整负荷的机会。

在图6.37中，介绍了两个这种项目的方法。

● Web2Energy（W2E）www.web2energy.com（欧盟六个智能配电网（SEDN）项目之一）。

● Meregio www.meregio.de（德国六大E-Energy项目之一）。

Web2Energy项目用一个门户网站或SMS，以此通知用户电价灯时期。红色意味着"节约能源"，绿色意味着"使用能量有利"（见图6.37a）。将消费者的需求

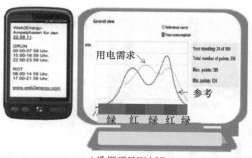

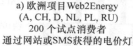

a) 欧洲项目Web2Energy
(A, CH, D, NL, PL, RU)
200 个试点消费者
通过网站或SMS获得的电价灯

b) E-Energy项目 Meregio
(D)
1000 个试点消费者
内部显示器

图6.37　两个项目中动态电价的可视化形式（来源：b) H. Frey EnBW）

与参考曲线进行比较（见图6.38a）。当绿色时间段内超过参考曲线，或红色时间段具有较低的负荷需求，奖励系统会奖励消费者。

Meregio 项目采用于一个内部显示器（见图6.37b），显示了如图6.38b 所示的三个固定电价（高、中、低）中时间变量的可用性。电价的时间周期提前一天提交。

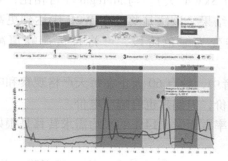

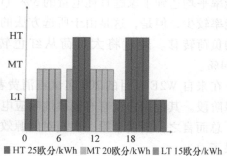

a) 提前一天预测红、绿色时间段
将需求与参考曲线比较
在红色时间段节约和在绿色时间段超过的奖励制度

b) 3个固定电价：HT, MT, LT
其持续时间每天都在改变
预测数据显示在显示屏上
消费者可以根据新的或传统的电价决定其账单

图6.38　项目的 DSR 方法：a) Web2Energy 项目，b) Meregio 项目（来源：H. Frey, EnBW）

每个项目的调查期限均超过一年，在此之后，可以认为如果消费者意识到价格、负荷需求和成本，其有意愿转移负荷和节省能源。

图6.39 证实了这两个项目中的一些 DSR 例子：W2E 项目的一个星期内的日常负荷曲线，以及 14 个月内 Meregio 项目电价期内的需求平均变化。从两项调查中，可以观察到负荷从红色到绿色时间段出现了显著的平均偏移。节能主要是由于关闭待机设备引起的。消费者现在可以感受到这种永久性的非必需的负荷的成本。

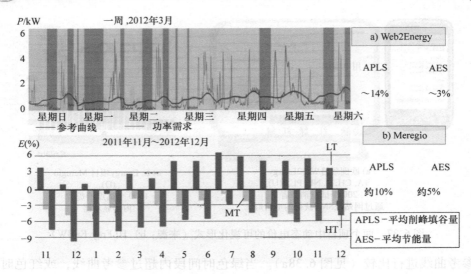

图 6.39　有关 DSR 的项目例子：
a）Web2Energy 项目，b）Meregio 项目（来源：H. Frey, EnBW）

仅通过可视化和消费者意识的方法，就可达成所呈现的结果。观察到 W2E 的节能率平均达到了家庭日耗电量的 3%（0.3kWh/天）。与 Meregio 项目相比，W2E 节能率较少，但是，这是由于所选方法的结果，该法是奖励在 W2E 中达到更高水平的负荷转移。通过将大负荷从红色转变为绿色阶段，可将日负荷峰值减少约 14%。

在来自 W2E 项目的 200 名试点消费者中，约有 60 人正在每天严格观察和响应红绿阶段。其他用户没有有规律地响应电价，但偶尔也会响应电价。

总而言之，消费者第一次面对能源效率方面时，14% 的平均需求转移是很好的结果了。

然而，可以看出，这两个项目的消费者在这一年中的参与度有所下降。总之，可以认为，在 "智能家居" 设施的意义上，可持续 DSR 需要采用自动化能量管理系统。

可以预期，当基于动态电价合同服务所有消费者和广泛使用家庭自动化设施时，在 10 ~ 20 年内，真实的 DSR 的潜力将接近理论值。

如今，被称为 "能源管家" 的家庭自动化设备已经在市场上商业化可得。其允许在考虑消费者限制的同时控制电气设备。消费者能够设置时间段参数，在此时间段，能源管家可影响所选设备运行。这种家庭自动化设备原理如图 6.40a 所示。例如，明确维持给定温度范围，以此可能可以转移冰箱的压缩机的运行。"能源管家" 的例子如图 6.40b 所示。

关于 W2E 项目的进一步考虑如下：

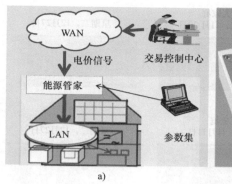
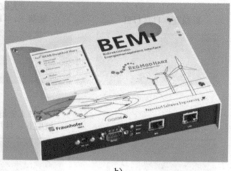

a)　　　　　　　　　　　　　　　　　　b)

图 6.40　"家庭自动化"a) 原理，b) "能源管家" 的例子

（来源：Fraunhofer IWES – BEMI）

W2E 项目对这种创新方法的支出和收益进行了经济调查。在表 6.6 中列出了 CAPEX 组成部分和相关 OPEX（折旧和部分维护费用），其假设投资回报期为 10 年，考虑 200 个试点消费者的市场一体化的经验。CAPEX 和 OPEX 以 BCU 计算，其中，1BCU 等于一个环网主终端的投资（见 6.2.5 节）。

表 6.6　家庭消费者市场一体化的费用　　　　　　　　（单位：BCU）

增强案例	CAPEX	OPEX
安装 200 户电表	1	0.1
增强控制室	2.8	0.31
通信网络扩展	2.4	0.27
200 户的能量管理	2	0.2
总计	8.2	0.88

在此分析结果中，消费者市场一体化年度 OPEX 为 0.0044 BCU/年。问题产生了，如何收回这些费用？

图 6.41 介绍了相关案例，在项目 Web2Energy 中，在选定日期内，监测两个家庭的 DSR。12 个最活跃的消费者达到整个能源需求的 36% ~ 44% 之间的高转移潜力。在极端情况下，可将高达 90% 的参考峰荷转移到绿色时间段。

如果引入动态电价，这种动态电价在低电价和高电价间有一个很大的范围，则只能进行货币利益评估。这种的电价模型的建立在 7.2 节的案例研究的框架内进行了阐述。

将最佳实践消费者的年度负荷情况与已开发的电价模型结合起来，可以认为在其年电费账单上，消费者可能节约约 26%，相当于 0.0052 BCU，与每个消费者 0.0044 BCU 的 OPEX 相比，消费者的收益可能比年均支出高 16%。

一般来说，如果在未来的 10 ~ 20 年内，所有消费者都能获得家庭自动化设施，并且能够以在 W2E 项目内的最佳实践消费者相同的方式，自动调整自己的电力消

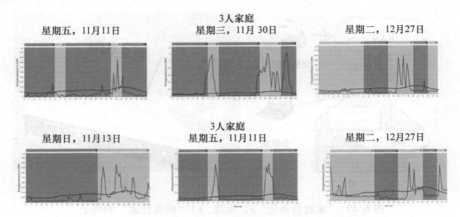

图 6.41　响应与电价灯一致的消费者的日负荷曲线

耗，那么引入与家庭自动化相结合的动态电价，就会变得有利。

6.4.4　电动汽车管理

大规模引进电动汽车与欧盟减少化石一次能源、减少碳排放和提高能源效率方面的目标一致。许多国家已经建立了国家性的项目。例如，在德国，到 2030 年，其目标是 600 万辆电动汽车。

然而，大量电动汽车同时连接电网和进行快速充电给电网负荷带来了新的挑战。一台电动汽车的快速充电大约需要 20kW 的功率。

以下案例用于研究即将到来的新挑战：

由 80 户家庭组成的村庄由一台 10/0.4kV 的变压器终端供电，该变压器容量为 400kVA。

在这一区域内，有 30 户家庭使用电动汽车。如果所有的电动汽车业主同时启动快速充电，仅仅充电电力，而不考虑该区域基本负荷的需求，就可以使用电需求超过变压器容量 50%。

还可能出现其他问题：为使能同步充电，是否有必要加强电网输电能力？或者，为电动汽车管理引入更具创新的方法，会更有用吗？

研究者正在考虑用于电网运营和与市场活动相互作用的电价灯系统。红灯信号表示电网设备承受过大负荷。在这种紧急情况下，允许 DNO 根据过负荷的来源，断开部分负荷或发电量。其有义务为准备好紧急断开的电网用户提供补偿（例如，减少电网费用）。

黄灯表示电网运行正处于临界状态，例如，不能保持 $N-1$ 准则（例如，在扰动情况下，在低压馈线必须供给一些消费者，而这些消费者正常时是连接到相邻变压器终端的）。在黄灯时期，DNO 可以应用市场机制（例如，显著增加电网费用），其目标是将电网恢复到正常运行的状态（绿灯）。

原则上，假定可以将电动汽车业主分为如下几种：

- 1 – 业主 1。由于紧急使用需要，其将接受快速充电。

- 2 – 业主 2。其电动汽车需要后续充电，但应在指定时间内充满电。
- 3 – 业主 3。其电动汽车已经充电，并已连接到了电网。通过收到足够的补偿，其已准备好提供自身的储能能力，以支持电网运营。然而，电动汽车必须在特定的时间充满电。

图 6.42a 给出了供电终端的负荷情况，条件是，在下午 6 点，离开工作，到家后，组 1 和 2（每组 10 个）的驾驶人开始同时充电。20 台电动汽车的充电功率与该地区的基本负荷相结合，将使 400kVA 变压器过负荷。变压器的负荷已经移动到图中的红色时段。

DNO 有可能限制快速充电过程的数量或关闭其他负荷，以避免"红灯"情况。然而，可以采用下述方法更智能地达成此点：

- 在相关关键时间段内提高电价，一般情况下，是快速充电阶段。
- 在延迟时间段，给出低电价信号。
- 在"绿色"电网状态下，采用给已充电的电动汽车的储能容量提供收益的方式，以满足紧急充电需求。

图 6.42b 介绍了该方法，即通过转移组 2 充电和应用组 3 储能容量，以保持电网在绿色区域中，来保持绿色运行状态。在不对电网造成任何压力的情况下，执行所请求的快速充电。

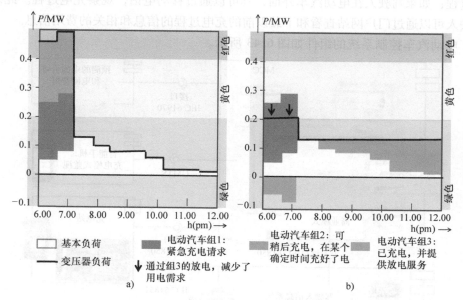

图 6.42　a）不可控的电动汽车的充电；b）可管理的电动汽车的充电

这种电动车辆管理需要扩展设备，使能远程控制和监测。例如，充电电价必须在线提供，充电过程必须从外部控制。

在几个项目中，调研了适当的因素和技术解决方案。在这里，项目 Harz. E

E – Mobility[12]的结果被用于考虑如何通过智能车辆管理方法来应对挑战。

智能车辆管理需要建立一个额外的电动汽车控制系统。本系统有以下几个组成部分。

电动汽车可能会在充电站充电或放电。第一种情况下，其从电网中获取能量，而第二种情况下，其将能量馈入电网。充电站建立车辆蓄电池和电网间的接口。充电站与控制系统——电动汽车控制中心（MCC）经通信链路连接。MCC 收到以下信息：

- 来自交易商的当前电价。
- 包含充电站在内的那部分电网的当前负荷情况。
- 来自 DNO 的附加的电网使用的合理费用。

基于此信息，当驾驶人连接到充电站时，MCC 提供快速或延迟/慢速充电的电价和放电补偿费。驾驶人选择所需荷电模式，通过手机，提交最终的荷电状态（SOC）和充电的最后时间。

MCC 根据驾驶人的要求，管理充电过程。如果充电站位于"红灯"电网区域，MCC 会通知最近的可用的公共充电站。根据要求，安装在电动汽车上的驾驶人信息系统通知路上的驾驶人关于 SOC 的信息，并就最近的可用的充电站和相关电价提供建议。在与充电站连接的时间里，驾驶人可以通过车内的驾驶人信息系统，观察充电过程；如果驾驶人在电动汽车外面，其可以通过移动电话，观察充电过程。此外，驾驶人可以通过门户网站查看和下载以前的充电过程的信息和相关的费用信息。

电动汽车控制系统的组件如图 6.43 所示。

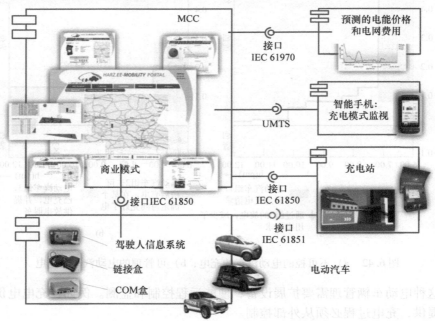

图 6.43　根据 Harz. E E – Mobility 的电动汽车管理的原理[12]

驾驶人信息系统通过链接盒与内部蓄电池系统相连。在驾驶期间，激活此链接盒，其提供关于 SOC 和可达距离的信息。链接盒也执行 MCC 和驾驶人信息系统之间的通信，以接收最近的充电机会的信息。如果驾驶人决定去充电，然后选择所推荐的充电站中的一个充电站，则导航系统可能提供去此充电站的最短路径。

连接到充电站后，COM 盒管理电动汽车和充电站间的信息交换。在充电过程开始时，电动汽车将其自身的识别号提交给充电站。充电站从 MCC 接收充电计划表，并将该计划表送至 COM 盒，COM 盒按照计划，依次管理蓄电池的充电。在充电期间，COM 盒将当前的 SOC 和下一步的测量的信息发送至充电站。目前，系统组件之间的各种接口使用已发布和已扩展的国际标准（见第 8 章）。

上述的充电过程的复杂性表明，电动汽车管理可确保在任何时候都能有可靠的电网运行和避免拥堵，为此，需要建立全面的信息和通信基础设施。

自 2011 年以来，此类系统一直有相关试运行的项目。

6.5 智能配电的通信需求

传统的本地配电网大部分都没有远程控制机制和自动化功能。DER 可以根据天气条件进行最大可能的发电。

引入配电三大支柱是为了改进传统方法，获得深层模式改变。把配电系统的角色从被动式转变为主动式，使配电系统可在整体电力系统中承担更多责任。

未来的配电网将在保持能源生产与能源消费间的平衡方面发挥重要作用。上述的新功能和新技术伴随着智能电网配电网的增强。所有这些功能都需要在几个系统组件和控制中心间交换信息。

因此，信息和通信技术（ICT）将发挥关键作用，以确保在 DER 的份额不断增长和新型消费者连接至配电网的情况下，得到可持续的、可靠的电网运行。

建立智能配电三大支柱所需的信息交换概况如图 6.44 所示。

因此，ICT 必须渗透配电系统，以各种方式，向下渗透直至低压电网上的终端用户。目前使用的监控和数据采集（SCADA）系统无法提供所需的全部功能，来实现所述的智能配电的任务。只能通过创建新的 SCADA 系统来实现这些未来的功能。有关试点项目的经验见第 9 章。

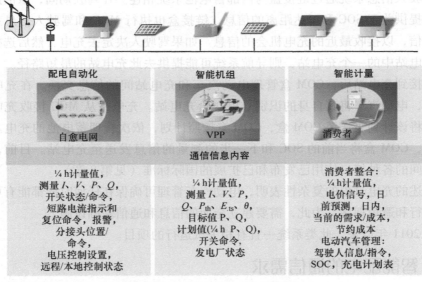

I—电流，V—电压，P—有功功率，Q—无功功率，P_{th}—热功率，
E—能量，ts—热存储，θ—水加热温度，SOC—荷电状态

图 6.44 建立智能配电三大支柱所需的信息交换概况

参 考 文 献

1. B.M. Buchholz, V. Buehner, B. Fenn: The economy of Smart Grids requires Smart Markets. VDE- Kongress 2012: Smart Grid – Intelligente Energieversorgung der Zukunft. Stuttgart, 5–6. November 2012
2. N. Herrmann, B. Buchholz, S. Gölz. Washing with the sun: Results of a field test for the use of locally generated renewable electricity and load shifting in households. International Journal of Distributed Energy Resources. Vol. 4, Iss.4, ISSN 1614–7138, 2008
3. DIN CLC/TS 50549; VDE V 0435-902:2010-08. Requirements for the connection of generators above 16 A per phase to the LV distribution system or to the MV distribution system; German version CLC/prTS 50549:2010
4. Technical Guideline. Generating Plants Connected to the Medium-Voltage Network. BDEW Bundesverband der Energie- und Wasserwirtschaft e.V. Berlin, June 2008
5. Z.A. Styczynski, M. Wache, H. Sauvain, B. Wartmann. Phase measurement units (PMU) and wide area measurement in distribution systems. Proceedings of the CIRED conference 2009, Prague, 8th–11th June 2009
6. C. Röhrig, Z.A. Styczynski, K. Rudion, P. Komarnicki, H.J. Nehrkorn, M. Schneider. Erforschung des regionalen Verteilnetzes als Basis für die Umsetzung von Smart Grids am Beispiel des RegModHarz-Projektes. 17. Kasseler Symposium Energie-Systemtechnik. - Kassel : Fraunhofer Institut für Windenergie und Energiesystemtechnik IWES, Kassel, 11–12. Oktober 2012
7. Z.A. Styczynski, et al. Demand Side Management. Final Report. Studie der Energietechnischen Gesellschaft im VDE (ETG), Frankfurt, February 2012. http://www.vde.com
8. M. Stötzer, P. Gronstedt, Z. Styczynski et al. Demand Side Integration - A potential analysis for the German power system; Proceedings of the IEEE GM, San Diego, June 2012

9. M. Klobasa. Dynamische Simulation eines Lastmanagements und Integration von Windenergie in ein Energienetz auf Landesebene, Dissertation, ETH Zurich, 2007

10. B.M. Buchholz, V. Buehner. Provision of ancillary services by RES. CIGRE 2010, C6-116, Paris, 23rd–29th August 2010

11. B. Fenn, O. Hopp, M. Ahner, B.M. Buchholz, V. Buehner, A. Doss, N. Hess, W. Wagner, Z.A. Styczynski. Advanced technologies of Demand Side Integration by VPPs and through smart metering in households – Experiences from a lighthouse project. CIGRE 2012, C6-1-108. Paris, 26th–31st August 2012

12. Z.A. Styczynski, P. Komarnicki, A. Naumann. Abschlussbericht Harz.ErneuerbareEnergien-mobility. Einsatz der Elektromobilität vernetzt mit dem RegModHarz-Projekt. Otto – von – Guericke - Universität Magdeburg 2012

第 7 章

智能能源市场设计

智能电网被视为迎接 21 世纪供电挑战的先决条件，其中，可再生能源来源（RES）在年用电量中的份额显著增加。可再生能源中，绝大部分是不稳定的，依赖于天气情况。然而，智能电网需要巨大的投资，由于这个原因，出现了许多问题：

上述考虑的智能电网成本是否有效——其是否保证投资回报？

考虑到 2013 年大多数欧洲国家的市场设计，这个问题的答案是响亮的"不"！

目前，在大多数欧洲国家的市场设计中，都采用"上网电价"支持方案，此市场设计阻止了实现智能电网的主要思想，即所有其用户的智能整合（见 1.1 节）。现在，在欧盟内部，采用三种不同类型的 RES 发电配套方案。图 7.1 展示了在欧盟内部的 RES 支持方案的应用：方案 a 为上网电价，该上网电价是独立于市场的，是长期（20 年以上）固定的；方案 b 为 RES 份额的配额，该 RES 在交易员的投资组合中，有上网证书；方案 c 为税收优惠和/或投资补助金。

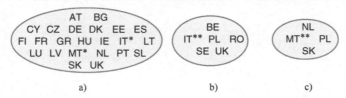

图 7.1 欧盟范围内 RES 的支持方案（status 2012）[1]。a）上网电价；
b）配额/证书；c）税收优惠/投资补助金
注：* 表示光伏；** 表示生物燃料，风能。

使用支持方案 a，即使 RES 发电厂的运营商和电网运营商的电网用户遵守第 6 章所述的智能配电的三大支柱，这些电网用户也没获得任何好处。

根据支持方案 a，主要障碍与法律法规［可再生能源法（REA）］所规定的 RES 权利一致，上网电价有如下考虑：

- 根据天气情况或生物燃料的可用性，而不考虑需求，RES 提供最大可能的功率。

- 通过固定上网电价，补偿 RES，该上网电价完全独立于电力市场价格，通常显著高于其他电价。

- RES 没有义务参与电力电量平衡过程。

因此，RES 运营商对以智能方式集成到电网运营中并不感兴趣。市场设计并没有针对此点提供激励。

根据支持方案 a，通过法律，控制区域管理人员有如下义务：

- 预测可再生能源发电。
- 执行日前计划。
- 在现货市场上，销售能源。
- 补偿偏离日前计划的日内偏差。

在这种情况下，原则上来说，支持方案 a 产生了一些矛盾，针对智能电网的经济实用，产生了一个巨大的障碍，这些矛盾是

1) 在法律保证下，上网电价长期固定（例如，在德国，光伏电站的上网电价的固定期是 20 年）。因此，不断增加的电力生产份额并没有融入市场。

2) 支持方案 a 的一个悖论是，大部分补贴支付给了低效技术。

3) 由于更高的预测误差，不稳定的 RES 的增长比例增加了对功率控制设备的需求。这样，当功率控制需求上升时，可以看见控制能源价格降低，改进了预测工具，这两者都没能使电力系统运行获得显著的经济效益。

4) 在市场上出售可再生能源义务的结果是，控制区域管理者必须按价格提供能源，其能源价格符合优先顺序原则。这样一来，大量可再生能源将降低电力市场价格。甚至，可能发生过剩的可再生能源，以负价入市。

5) 然而，能源市场价格越低，其与固定上网电价的差异就越大。消费者必须补偿这些差价，通过支付包含在上网电价中的专门补贴费来补偿（另见 6.4 节）。2013 年，德国此项专门补贴费达到 5.28 欧分/kWh，预计此项专门补贴费将来会有更大的增长（例如，2014 年，专门补贴费为 6.24 欧分/kWh）。到 2013 年，消费者和政府已经共同为 RES 提供了 200 亿欧元的补贴[2]。

6) 在电价低价格期间，充满上水库，在电价高价格期间，用上水库发电，以此方式，抽水蓄能电站可以获得收益。显然，上述做法显著降低了价格差距。因此，抽水蓄能电站的安装和运行的成本效益变得越来越小。例如，萨克森州（Saxony）德累斯顿（Dresden）附近的 120MW 抽水蓄能电站 "Niederwartha" 的发电小时从 2009 年的 2785h 降至 2012 年的 277h。其后果是，一些现有的抽水蓄能电站已不再运行，并计划完全停止运行（包括 Niederwartha 抽水蓄能电站）。此外，尽管迫切需要存储能力，但是，也已搁置建设已计划的新的抽水蓄能电站[2]。

7) 火电厂的投资也受到了严重的干扰。火电厂必须按照一个 "停止和运行" 计划运行，优先考虑不稳定的 RES，已安装功率的年平均利用小时从高于 7000h 降到低于 3000h。在这种情况下，不能再确保投资回报。

8) 由于缺少建设现代化的高效化石燃料火电厂，将会导致对低效的、运行时

间很长的燃煤热电厂的需求不断增加。原则上，这种现象发展的结果就是，碳排放量将增长。

9）因此，由于 RES 的频繁过剩和关闭化石燃料火电厂，负的控制功率和能源的价格超过正的控制功率和能源的价格。图 7.2 展示了德国的价格发展的例子，该价格在 2012 年 1 月至 2013 年 8 月之间，该价格发展考虑了二次控制功率的可用性。

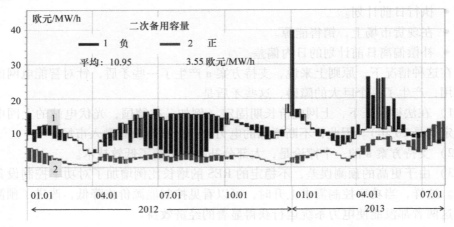

图 7.2　提供二次备用容量的价格（来源：EUS GmbH[3]）

10）采用支持方案 a 时，在虚拟发电厂内的分布式发电的能量管理不受激励，如果继续使用该支持方案，则不会有虚拟发电厂内的分布式发电的能量管理。

支持方案 b 和 c 提供了更有效的 RES 的市场整合。

支持方案 b 仅基于一项法律义务：每个电力供应商必须提供混合能源，其中包含固定百分比（配额）的 RES 的贡献。供应商可以选择其投资组合中的 RES 类型——水电、生物燃料、风力或太阳能。

供应商必须证明其发电量与配额一致，配额都有"绿色"证书。每份证书代表 RES 产生的 1MWh 电能。如果可再生能源发电量低，证书的价格则会上涨。因此，根据 RES 或存储容量，投资者将有兴趣建设新的发电厂，从而获得最佳销售计划。如果一个供应商的发电不符合配额，则会采取严厉的惩罚措施。

另一方面，供应商会尽量减少完成配额的费用。因此，可再生能源发电商间将会产生竞争。最有效的绿色技术可能会胜出，其有助于降低能源价格。

支持方案 c 的结果是，只支持投资。此外，可再生能源发电商是标准的市场参与者。

引入支持方案 a 的法律法规是迈向智能电网的唯一的大障碍。

另一个问题是，交易商通过标准化或分析来平衡和购买能量，而不是根据预测的负荷曲线。根据平均电价，确定费用，并在几个月的整定时间段内，使之适应新的电价和/或税收情况。这些方法很简单，不需要太多的努力。因此，交易商对下述两项行为并不感兴趣：①引入复杂的数据管理系统，以提供动态上网电价；②通过激励需求响应活动，将消费者纳入电力市场。然而，这种预测方法是不正确计划的另外来源，并且需要更高的备用容量供应。

消费者支付静态电价，但却并没有融入现实市场。此外，如果采用静态双电价制度，低价和高价间的价差通常较小，不支持任何负荷转移。

最后，调节后的电网补贴补偿电网运营商（输电网和配电网）。通过信息和通信技术（ICT），可以增强电网，但没有激励更多的这种投资。

因此，没有激励供电过程的主要利益相关者，这些主要利益相关者并没有获得与智能电网方式一致时的收益。改变规则，引入智能市场功能，以此方式，所有利益相关者可能获得经济利益，可协调电网运营与市场行为。

7.1　未来电力供应市场：一个场景和一个案例研究⊖

未来市场设计的发展必须以经济和可持续的方式，满足 21 世纪供电的挑战。

未来（≥2030 年）市场设计必须支持合适的电网带负荷，使发电与负荷之间达到平衡。需要引入新的面向市场的法律和制度规则，以达成这样一个目标。在案例研究[4]中，研究和调查了这些可能的规则，此案例强调了这种假设规则的效率。它考虑了德国 2030 年的情况。现今，德国政府已经设定目标，即在每年的耗电量中，RES 的份额为 50%，其中，35% 来自风和太阳等不稳定能源（见 1.3 节）。

在供电过程中，认为下述方面是未来市场的基础。

1. 智能电网与智能市场的相互作用

智能电网和智能市场密切协调运作，使用共同的 ICT 服务。为了协同效应和成本优化，在招标过程中，ICT 服务提供商获得封闭式领域的特许权，并根据5.3.2.4 节所述的细胞式方法，对单元内的所有行为者，实行其功能。

电网和市场补偿发电波动和不稳定性，以此方式，使电网增强的成本效益成为可能，并且通过影响发电和负荷平衡，来管理低概率的短期拥堵。

2. 可再生能源发电商成为活跃的市场参与者

使用 RES 的电力生产商是真正活跃的市场参与者。其有义务参与计划管理，并按市场价格得到补偿。然而，由于大量生产的效应和技术的改进，未来的 RES 的生产费用可能会从根本上减少。在一些研究中，分析了相关的影响。图 7.3 展示了一项此类调查的结果。

粗线显示了 2030 年的估计状况。

3. 确定的电力生产的更大灵活性

快速反应的可控发电站，包括在配网层，以及储能设备所增加的容量提供了适

⊖　案例研究的数据并不能证明前瞻性预测的正确性或一致性。该案例研究首次尝试展示了一种可能的估计方法，用于预测潜在的市场条件和可达到的收益。

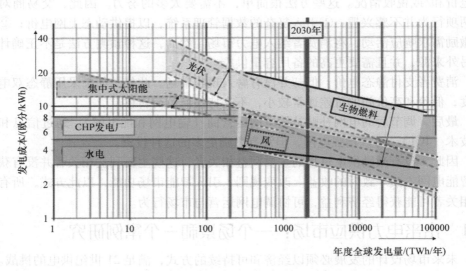

图7.3 发电成本对各种 RES 的规模效应的依赖性[5]

当的灵活性，以补偿不稳定的 RES 的大波动梯度（见2.5节）。

4. 化石燃料发电价格增长

由于燃料本身的价格上涨和年度利用小时的减少，基于化石燃料的电力生产的价格将显著增长。

图7.4 给出了两个有关这种发展的例子。

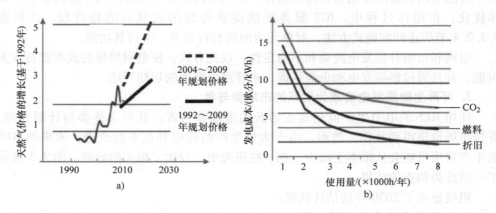

图7.4 a）天然气价格的发展[6]，b）发电成本（褐煤）对年度额定使用电量的依赖性[7]

在未来，预测来自 RES 发电的电价将低于化石能源生产的价格（见图7.3）。

表7.1 描述了价格假设，其基于对几个科学研究的分析和化石燃料电力生产中附加的碳排放权价格。

表 7.1 2030 年每种能源的估计发电价格 （单位：欧分/kWh）

	水电	陆上风电	海上风电	生物燃料	光伏	褐煤	硬煤	天然气/石油	输入
成本	4	4	5	6	7	6.5	10	18	30
$CO_2$①						2.4	2	1.2	
总计	4	4	5	6	7	8.9	12	19.2	30

① 根据参考文献［8］的估计值。

5. 负荷曲线的被改变的承担范围

根据优序原则（见 5.2.5 节），将优先使用 RES，这并不是因为法律规定，而是因为可再生能源价格较低。

图 7.5 展示了与 2010 年相比，负荷曲线的承担范围的相关变化。

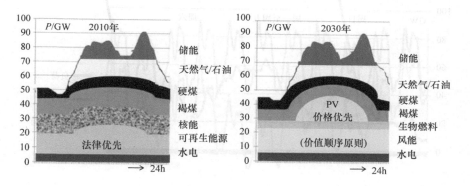

图 7.5 负荷曲线的变化（德国：核电将在 2022 年关闭）

关于研究案例，选择了方案 2B－2030[9]（见图 1.9），该方案重点关注动态负荷和可再生能源发电曲线。

基于所选定的方案，进行动态分析，考虑下述因素：

• 根据弗劳恩霍夫（Fraunhofer）研究所 IWES 的年度观察，陆上风电场、海上风电场和光伏电站的典型年度发电曲线（15min 值，每天 96 个值，每年 35040 个值）。

• 水力发电厂和生物燃料发电厂的发电曲线，其典型的年利用时间，以及

• 负荷曲线，包括：工业需求份额为 44.8%，家庭需求份额为 23.4%，商业/贸易/服务需求份额为 24%，交通运输需求份额为 7.8%，其中包括电动车辆和"电产气"技术的新负荷。

家庭和企业的负荷曲线取自于标准负荷曲线。基于各类相关曲线的例子，综合分析工业负荷曲线和交通负荷曲线。

来自于案例研究的不同发电和负荷曲线的案例，如图 7.6 所示。在 11 天的选

定期间，不稳定的可再生发电量变化很大。因此，在此期间，在轻载和大风的情况下，剩余负荷（负荷与可再生能源发电的差值）可能会变为负值。另一方面，在微风、低日照的峰值负荷时期，需要传统发电的份额，以满足剩余负荷。

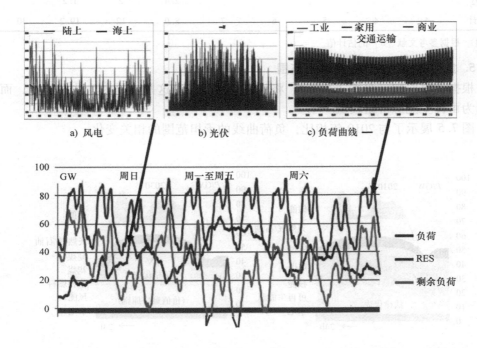

图 7.6 负荷和发电曲线，匹配方案 2B－2030[9]。a）风电，b）光伏，c）负荷曲线
（来源：a），b）—Fraunhofer IWES 长期统计数据，c）—BDEW 标准曲线）

极端情况下，火力发电厂的可用能量不能像图中所示的那样满足剩余负荷，如图 1.11 所示。

需要考虑的是，由于电网损耗、备用容量供应和因维修关闭发电厂等原因，最大可用功率低于方案 2B－2030 中的装机容量。因此，需要以更高的价格输入电力。

所以，基于价值顺序原则的电价与图 7.7 中所示的有很大不同。

6. 基于细胞式方法的质量计划管理

区域电力生产必将得到很大发展。智能供电区域，其包括一个或多个 DNO，构建部分自平衡单元（细胞），通过计划管理，支持整个电力系统的运行，并在区域背景下提供系统服务。总体来说，计划管理基于 5.3.2.4 节中描述的细胞式方法。

在 VPP 中，集中分布式能源，并从优化的 VPP 参与几个市场中获益（见 6.3节）。交易商运用创新的预测方法，来进行计划管理，并获得预测计划的精确度。

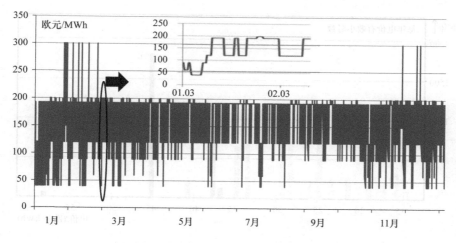

图 7.7　电价曲线（估计来自于表 7.2 和所开发方案 2B – 2030 的动态变化[9]）

其受益于：

- 由于不精确的计划，导致使用备用容量，从而降低了成本。
- 优化了的购买计划。

其有义务把自身的计划交付给活跃的细胞的平衡负责机构。此外，交易商通过提供动态电价来管理消费者的市场整合。

7. 基于动态电能电价和动态电网费用的电价

广泛采用动态电价，其基于动态电能电价和动态电网费用。

表 7.2 描述了本案例研究中使用的动态电网费用的简化模型假设。

表 7.2　估计的动态电网费用

电网费用/(欧分/kWh)	平均	低价时间	低费用	高价时间	高费用
冬季	10	9pm ~ 6am 2 ~ 5pm	4	6am ~ 2pm 5 ~ 9pm	12
夏季	6	同上	3	同上	8

在对动态电价进行评价时，不需考虑通货膨胀的影响，其基于现行的电价结构。

图 7.8 展示了计费分布，其考虑了 2030 年的电价模型（见图 7.7）和根据表 7.2 所假定的动态电网费用。

在图的左边和右边显示了两个极端情况：

如果陆上风电和水电满足所有负荷，那么在有风的 56h 夏夜中，最低电价为 14.3 欧分/kWh。

例如，在冬季的负荷高峰期，电价高，电价为 45.2 欧分/kWh，持续 1824h

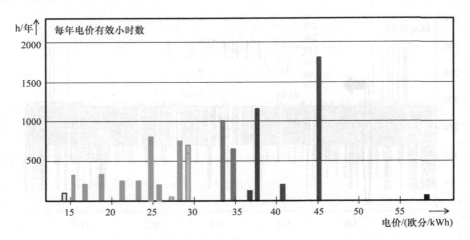

图 7.8　根据案例研究的 2030 年度电价分布

（燃气轮机发电），如果需要日间输入能源，则电价为 58.4 欧分/kWh，持续 32h。

采用所述的电价分布，以估计消费者市场一体化（见 6.4.3 节）的收益。

8. 电网运营商的动力

创新的补偿规则激励了电网运营商，使其有动力提高电能质量和智能电网的设计功能。根据图 7.9，DNO 的未来商业模式必须考虑所需电网服务的基本费用和电能供应的质量参数，也要考虑智能电网设施，这些智能设施举例如安装的"智能电表"的百分比，提供细胞式平衡的责任，或自动化和遥控设备的运行。

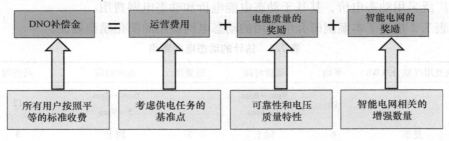

图 7.9　计算 DNO 成本和用户费用的补偿金

该建议明确了如何补偿 DNO 的成本费用，但并不能解决电网客户如何参与的问题。

在智能市场中，必须由电网的所有互连用户共同承担所计算的成本费用，各用户按下述比例承担成本费用：

- 其峰值电力需求和用电量，对于消费者而言。
- 其峰值功率注入和发电量，对于生产者而言。

在用户灵活性规定的前提下，在电网运营商和电网用户之间应均同意此收益，该收益考虑了电网费用。

7.2 电网运营和电力市场的智能服务

7.2.1 智能服务概述

智能电网运营和市场活动之间的未来互动要求在 ICT 领域建立新的服务。

平衡的细胞概念（见 5.3.2.4 节）特别要求利益相关者间进行更多的信息交流。

传统方式中，发送计量值给交易商，计量值仅用于收费。在未来的智能供电单元中，为实现智能配电网的三大支柱的目标，获取计量数据，是细胞式平衡和电力质量保障的先决条件（见第 6 章）：

- DNO 需要计量值和测量值，以监测负荷潮流，观测在关键节点的电压值（数字仪表能够提供电压测量）。

- 平衡的负责方需要在线提供负荷和发电间的平衡，以控制智能供电单元的计划，尽可能减少计划偏差的成本。

- VPP 需要来自聚合发电厂的每 15min 计量值和可控负荷，以进行在线计划观察，并执行日内的优化决策。

- 根据天气情况和需求曲线的相关性，采用预测来制定计划。交易商根据其消费者的负荷曲线，以改进所制定的计划。

- 在一个多用途实体中，也可以集成其他介质（水、热、天然气）的计量服务到负责该单元的服务提供商的运行中。

- 电动汽车的充电需要专门的监管和对电网的影响分析方法，以避免在电网的一个有限部分同时产生大量的充电，这会造成超负荷的压力。

因此，伴随着智能供电的出现，信息和通信基础设施的水平也得到两方面的提升。要交互的实体包括：发电机、储能单元和最终消费者。水、热、（生物）天然气等其他公用事业的基础设施之间因协同效应而相互影响，但是，电力将处于最前沿。

在一些国家中，监管机构已经定义了一项名为"信息提供商"的服务［在欧盟，通常称之为"数据访问管理器"（DAM）］。

信息提供商的目的是服务业务链中的其他参与者。信息提供商的主要要求是，非歧视、（网络犯罪）安全、可靠，并遵守隐私法规。以参与者定义的通信协议、响应时间和延迟时间，信息提供商收集、聚合和传送数据。数据输入的主要来源是计量服务提供商。图 7.10 描述了多个参与者与信息提供商间的相互关系。

该图说明了关于本地通信基础设施的信息提供商服务的概念。数据交换功能在变压器终端 MV/0.4kV 中提供商业电网控制运行和物理电网控制运行。在参考文献［10］中，强调了两个任务均需要各自的、独立的通信领域。与市场通信相比，电网控制要求更短的响应时间。

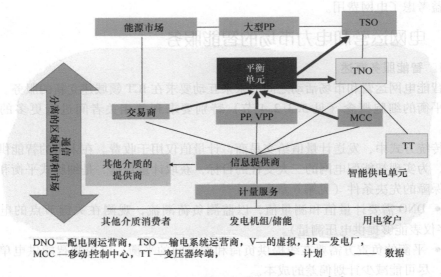

DNO—配电网运营商，TSO—输电系统运营商，V—的虚拟，PP—发电厂，
MCC—移动控制中心，TT—变压器终端，———→计划，——→数据

图 7.10　智能供电单元中的角色和服务关系[10]

7.2.2　计量服务

在供电业务拆分的背景下，欧盟建立了计量服务提供商的独立市场地位。然而，不同国家之间的自由化程度差异很大。例如，英国已经实现了高度的自由化。在此，计量服务可以紧贴计量的整个价值链，此价值链从购买计量仪表到收益控制和对交易商的补偿，如图 7.11 所示。"计量服务"特许权是在封闭区域上进行的，可以覆盖电力计量和其他介质计量（例如，天然气 – "双燃料"）。

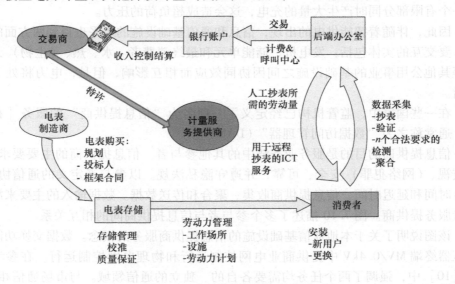

图 7.11　完整的计量服务价值链

在其他国家，将计量服务的基本责任和备用层，依法指定给 DNO。

然而，所有消费者都有机会选择其自己的计量服务提供商。必须完成交易商、计量服务提供商、电网运营商和消费者间的复杂的合同链。因此，在一个地区，有大量的计量服务提供商域名，没有机会采取共同管理一个地区的资源的方式来提高效率。

通常，计量服务终止于数据采集步骤，不包括计费和效益控制。

此外，由所有服务的确定的费用，调节计量服务工作的补偿费。

如果计量服务活动不集中，而是分散在大面积地区，那么就不包括这些费用。因此，大多数情况下，DNO 仍然负责计量服务。这种规则没有实现真正的自由化。

未来的商业模式可以整合以下实践做法：

- 可作为招标过程的结果，为一个封闭区域指定特许权。
- 特许权不仅涵盖电力计量服务，还包括其他产品（例如，天然气、水和区域供热）的计量服务。

这种商业模式的结果是，通过资源的共同使用、劳动力的规划和集中建设基础设施（包括车辆、仪器、实验室、商店），可以提高不同媒介的计量过程的协同效应。

目前，一些欧洲国家正在讨论智能计量的轨迹和在某些领域进行计量服务的注意事项。

在细胞式环境中，要认识到数据提供必须扩展到协调，而且要收集实时测量值和控制数据。

通过使用智能电表，有可能额外获得电网监测的价值、电流和电压的质量评估的价值。一旦将智能电表使用在电网中，对智能计量系统的需求就是众多的，对其需求就会增加。

7.2.3　数据通信和信息管理

智能配电的三大支柱需要在配电网中建立一个基础通信设施，一直连接到低压电网的消费者。此外，必须在控制中心处理在供电过程的参与者间要通信的数据，并在各种企业管理系统间交换这些数据。这需要大大增强在控制中心的数据库。必须安装通信服务提供商和信息提供商的新的市场角色。

根据智能电网和智能市场的质量属性，通信服务提供商推出数据通信网络和数据传输费。原则上，发达工业国家已经存在所需的基础通信设施。在智能供电单元的区域中，该通信服务提供商可以利用这个机会，以获得市场和电网通信的特许。根据数据通信访问点的固定费率标准，向其收取费用。通过这种方式，通信服务提供商可以扩展其业务模型。

根据客户获得的数据量，信息提供商（或数据访问管理器）收取费用。根据区域特许权，也可以完成此新的市场角色。在控制中心的现有的基础架构上，DNO 能够执行此功能。其也能够承担智能供电单元的平衡管理的责任。

有关 ICT 的详细信息，请参见下一章。

参 考 文 献

1. http://www.reshaping-res-policy.eu/downloads/RE-Shaping_CP_final_18JAN2012.pdf (September 2013)
2. F. Dohme, M. Fröhlingsdorf, A. Neubacher, T. Schulze, G. Traufetter. Das Strompreis-Phantom. Der Spiegel 36/2013
3. http://www.regelleistung.net (September 2013)
4. The European Project Web2Energy. Deliverable 6.1: Benefit report of the ICT, VPP, Smart Meter and the distribution network operation. Final version: 14th January 2013. http://www.web2energy.com (March 2013)
5. Energiekonzept 2050. Eine Vision für ein nachhaltiges Energiekonzept. Forschungsverbund Erneuerbare Energien, Juni 2010
6. Bundesministerium für Umweltschutz und Reaktorsicherheit: Langfristszenarien und Strategien für den Ausbau erneuerbarer Energien in Deutschland. Leitszenario 2009. http://www.erneuerbare-energien.de/unser-service/mediathek/downloads/detailansicht/artikel/leitszenario-2009-langfristszenarien-und-strategien-fuer-den-ausbau-erneuerbarer-energien-in-deutschland-unter-beruecksichtigung-der-europaeischen-u/ (January 2014)
7. G. Brauner, et al. Erneuerbare Energie braucht flexible Kraftwerke – Szenarien bis 2020. Studie der Energietechnischen Gesellschaft im VDE (ETG), Frankfurt April 2012. http://www.vde.com
8. EU Emission Allowances 2013. http://www.eex.com/en/Market%20Data/Trading%20Data/Emission%20Rights (September 2013)
9. BMWI Studie 12/10. Energieszenarien für ein Energiekonzept der Bundesregierung
10. B.M. Buchholz, et al. Aktive Energienetze im Kontext der Energiewende. Anforderungen an künftige Übertragungs- und Verteilungsnetze unter Berücksichtigung von Marktmechanismen. Studie der Energietechnischen Gesellschaft im VDE (ETG). Frankfurt, Februar 2013. http://www.vde.com

第8章

先进信息和通信技术：智能电网的骨架

8.1 智能电网中统一的信息和通信技术标准的重要性

8.1.1 信息和通信技术标准的功能

智能电网正常运行所必需的信息交换必须覆盖电力系统的所有层，与传统的通信方式相比，它将具有全新的质量。为避免极度增加的设计量和确保不同等级间的数据传输的一致性与安全性，数据传输量的急剧增长要求应用先进信息和通信技术（ICT）。

ICT系统架构的工作效率要求所有模块的设计符合统一、开放和全球公认的标准。

如图8.1所示，新的标准必须涵盖以下的主要功能：

- 通过通信网络进行在线数据传输。

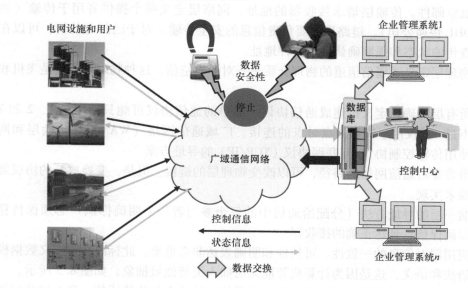

图 8.1 智能电网中 ICT 标准的主要方面

- 实现多种企业管理系统数据库之间的信息管理和数据交换的一致性。
- 防止数据操纵，并确保信息安全。

8.1.2 通信标准

一般来说，通信标准遵循国际标准化组织/开放系统互连（ISO/OSI）7层参考模型，如图8.2所示。这7层相互独立，允许各层之间相互组合。例如，有可能把有长期稳定性的层（例如，覆盖数据模型和通信服务的应用层）和会根据技术进步而变化的层（例如，链路层或物理层）组合在一起。

图8.2 7层ISO/OSI通信参考模型

各层的功能可用类似于"信"的方式来描述。这封信通过使用应用层内所选语言的语法和语义，用句子向接收器表达了它本身的想法和必要的信息。该信息必须以书面形式表述，例如，白纸黑字。转换的方法需要在会话层加以定义，例如，通过航空邮件。传输层请求接收器的地址，网络层定义哪个提供者用于传输（例如，DHL快递公司）。链路层主要负责信息的安全传输。对于已邮寄的信，可以在线检查传输状态和强制确认到达收件地址。

物理层定义了通信信道的物理介质——对于航空信，这种物理介质就是飞机和汽车。

所有层的确切定义构建成通信协议。简单的通信协议可能只使用第1、2和7层。不过，其仅用于确切的点对点的连接。广域通信网络（WAN）在传输层和网络层使用传输控制协议/互联网协议（TCP/IP）的寻址方案。

沿着穿过通信网络的路径，可以改变物理层的链接。但是，变换成新的协议要求转换来实现。

前一层的寻址方法（分配给通信中的每个参与者一个明确标识）必须保持稳定，以确保信息到达正确的接收器。

应用层对信息的一致性、可信性和明确表达非常重要。此标准必须定义数据模型的语法和语义，这是因为计算机智能无法如人类智能般抽象，如图8.3所示。

如果控制中心使用不同应用层与代表系统组件的合作伙伴通信，那么这些应用层都需要被嵌入到控制中心的计算机中。

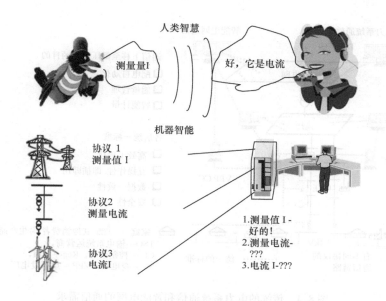

图 8.3　机器智能需要明确的语义和语法

定义应用层的统一数据模型是智能电网高效通信系统的强制性先决条件。

由于历史原因，目前电网运行使用多种通信标准，例如用于变电站内不同类型的资产（例如，保护、开关或仪表）及用于变电站和控制中心之间。这实际要求在不同系统层级间转换数据格式，这反过来要求巨大的设计工作量，而这也是导致数据不一致的一个原因。此外，信息交换中不一致检测导致要在运行测试上下更大功夫。

传统的电力系统远程控制是根据系统元件对供电可靠性的重要性而构造的。基于通信设备的远程控制和监控功能覆盖输电网、区域配电网（或次级输电网）和高压/中压变电站的中压母线，如图 8.4 所示。因为经济原因，中压和低压电网没有配备遥控功能和相关的通信设施。在这个电网层中的所有操作都要求运行操作人员在场。然而，在意外情况下，例如，受到干扰，一段时间延迟后，运行操作人员才能到达受影响的电网段。

智能电网面临的各种挑战要求在电网监控和数据采集（SCADA）领域进行一场深度模式改变。

首先，通信必须从配电层向下渗透至低压电网用户，以便实行智能配电网三大支柱功能，如图 8.4 右侧所示。

其次，必须应用全球标准协议，采用统一的数据模型和服务，以保证在电力系统各个层级的设计效率、互操作性和来自于不同供应商的智能电子设备（IDE）的"即插即用"功能、数据一致性和信息安全。

输电系统运营商经常在其 SCADA 系统中使用内部通信网络。但是，可以利用

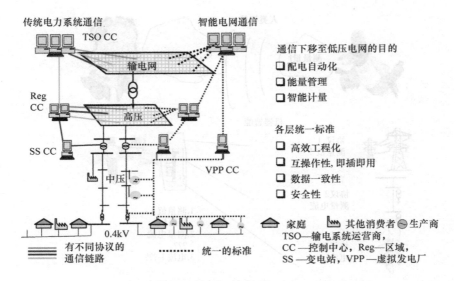

传统电力系统通信

智能电网通信

TSO CC

输电网

通信下移至低压电网的目的
☐ 配电自动化
☐ 能量管理
☐ 智能计量

Reg CC

高压

各层统一标准
☐ 高效工程化
☐ 互操作性, 即插即用
☐ 数据一致性
☐ 安全性

SS CC

中压

VPP CC

0.4kV

家庭　　其他消费者　生产商
TSO—输电系统运营商,
CC—控制中心, Reg—区域,
SS—变电站, VPP—虚拟发电厂

有不同协议的
通信链路

统一的标准

图 8.4　传统的电力系统通信和智能电网的通信需求

现有的通信基础设施来增强配电网运行。

DNO 可以建立其自己的通信信道,采用电力线通信(PLC)技术或和某一通信服务提供商签订合同,该通信服务提供商能确保提供一个独立通信域,该独立通信域具有较高的信息安全性和与 SCADA 功能相关的网络性能。可用的最有效的通信技术取决于当地条件,并且可能有不同的物理形式:铜电缆、光纤电缆、无线电。

未来的统一通信标准应具备以下几个方面:
- 全球认可。
- 采用面向对象的工具和模型以减少设计量。
- 保证信息交换的质量、效率、准确性和安全性的服务。
- 高性能。
- 对考虑未来的应用的扩展保持开放。
- 在物理层和链路层应用未来的创新通信时保持灵活性。
- 7 层模型中成熟技术的应用。
- 与其他标准的接口和在新标准扩展中的连续性。

通过使用统一的数据模型和服务进行数据交换互操作/电力系统所有层级间的互操作,这是智能电网成功增强的一个先决条件。电力系统所有层级是指从电力插座到电网控制中心所覆盖的所有层级。

适当的通信标准的发展始于 1980 年,至今仍在继续。标准通信协议的发展对 SCADA 系统的结构及性能有深刻的影响。同时,SCADA 技术和通信标准是在一个共同背景下发展起来的，此点将在后面的8.2节中加以描述。然而，此发展历史造成引入了一些专有、地区和国际标准系列，这些标准仍应用在电力系统控制实践中。8.6节中考虑了通信标准的迁移策略。

8.1.3　数据管理的标准

当前，企业流程管理（EPM）系统以高效的方式广泛用于管理基于数字数据库的企业的所有流程。

企业在不同的流程中使用各种各样的EPM系统，此类EPM系统由不同的供应商开发和交付。因此，在商业数据库中使用的数据格式是专属于某供应商的。

整个企业管理包括多个相互作用的部分，而这些系统在未来将会变得更加复杂。图8.5给出了在供电领域中典型EPM系统的总体情况。

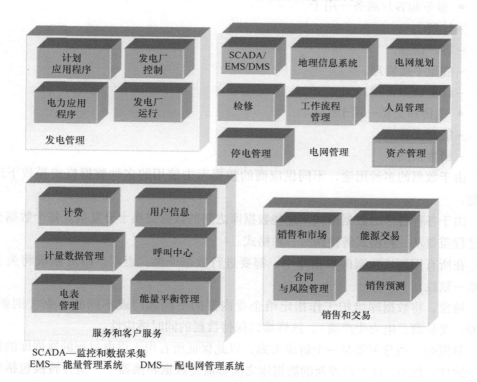

SCADA—监控和数据采集
EMS— 能量管理系统　　DMS— 配电网管理系统

图8.5　电力供电地区使用的EPM系统

实际上，同一数据通常与几个EPM系统有关。例如，变压器的参数可用于电网管理的如下EPM系统的数据库：

- SCADA。
- 输电网运营商的能量管理系统（EMS）和配电网运营商的配电网管理系统（DMS）。

- 地理信息系统（GIS）。
- 电网规划。
- 资产管理。
- 检修管理。
- 停电管理。

例如，EPM 系统的如下多个类别中可能需要计量值：

- 发电管理—用于调度计划。
- 电网管理—用于 SCADA。
- DMS。
- 服务和客户服务—用于
- 计费。
- 客户信息。
- 能量平衡管理。
- 计量数据管理。
- 销售和交易—用于
- 能源交易。
- 销售预测。

由于数据的多种用途，不同供应商的数据库中使用的多种数据格式导致下述问题：

由于各种各样的数据格式，这些数据库之间的数据交换十分复杂。每个数据交换过程需要从一种格式转换到另一种格式。

在所有用到该数据的数据库中，都要进行数据变换。否则，EPM 系统将失去数据一致性。

通常，将数据库维护工作指定给企业内部的不同部门或不同的企业（例如，DNO、交易商、电力生产商），这样难以保持数据的同时适应性。

数据的自动分配将是一个解决方案，以此保证所有用于供电过程的数据库的数据一致性。然而，这要求涉及的数据库之间都需要数据转换器——这种转换包括所有方向上的转换（例如，从带有数据模型 A 的数据库 1 转换到带有数据模型 B 的数据库 2，同样，从带有数据模型 B 的数据库 2 转换到带有数据模型 A 的数据库 1）。

这就需要一种公共数据存储库。通过使用公共信息模型（CIM），此公共数据存储库用于维护所有的数据库，因为如果使用专有的数据格式，组件之间的适配器数量就会增加。在应用 CIM 时，只需要在相关数据库和公共数据存储库之间设置一个适配器。

这种关系如图 8.6 所示，其中，每个箭头表示一个双向数据格式转换器。

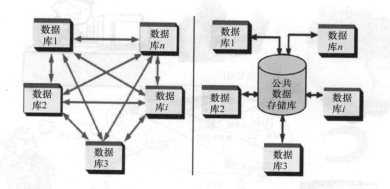

图 8.6　使用各种专有的数据格式和公共的数据格式时所需要的数据转换器的数量

当在部门或企业中交换数据，并要保持所有数据库一致性时，最简单的方法是，在所有的数据库中采用 CIM。

在欧洲和北美洲的输电系统运营商已经开始遵循这种方法，根据 IEC 61970《能量管理系统应用程序接口》[1]，将其数据库转移至 CIM。

8.1.4　信息安全

电网属于关键的基础设施系统。电网的远程控制和监测在下述几类安全威胁下是脆弱的：

- 外部攻击。
- 内部攻击。
- 自然灾害。
- 设备故障。
- 人为疏忽。
- 数据操纵。
- 数据丢失。

图 8.7 说明了信息安全可能面临的威胁。

这些威胁导致的后果会对电网设备造成物理损坏，同时对法律、社会和经济造成巨大影响。

必须采用信息安全标准，以满足在保密性、可用性、完整性和不可否认性方面的要求。必须采用高级加密方法和 IEC 62351 标准《电力系统管理及其信息交换——数据和通信安全》[2] 的对象，以确保经过通信网络的电力系统控制的安全性。

中央发电厂

住宅 CHP 燃料
电池

储能 办公楼 风力机
微型涡轮机 工厂

VPP

图 8.7　信息安全的威胁

8.2　电力系统中用于监测和控制的通信发展史

8.2.1　远程变电站控制的设计发展

在 20 世纪六七十年代，世界各地的输电网经历了巨大的发展和扩张，电网之间的互连第一次跨越了国界。自 20 世纪 70 年代以来，变电站与控制中心之间交换的数据越来越多。此外，还首次进行了变电站的远程操作。

第一代远程操作的 SCADA 系统对每个信号仍然采用一根单芯线。这些导线在电缆通道中捆绑在一起，电缆通道从设备穿越变电站区域到达变电站的控制大楼。所有的控制、自动化和保护装置，包括控制屏，都安装在这栋建筑中，如图 8.8 所示。

远程通信电缆或电力线载波设备用于与控制中心的信息交换。远程终端单元（RTU）使用多路调制器进行信号采集，将采样信号的序列转换为位图，经点对点连接（部分是拨号连接），将此位图传送至控制中心。由于成本高昂，数字技术的应用受到了很大的限制。

20 世纪 80 年代初，随着经济型微电子计算机技术的出现，情况有了根本性的变化。第二代 SCADA 系统基于数字 RTU 和串行通信协议。数字技术允许传输显著增加的数据量。然而，该技术并没有显著改变变电站内的信号线路，其原理与图

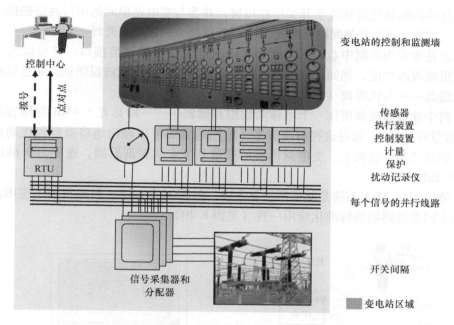

图 8.8　连接变电站的 SCADA 系统的第一、二代方案的原理图

8.8 所对应的原理是一致的。

第三代 SCADA 系统于 1986 年引入。这项技术基于变电站自动化系统（SAS），在变电站层和分布式数字间隔单元，配有中央协调单元。

这种间隔单元的功能采用传统功能法，但是在自动装置中是分布式配置。如图 8.9 所示，单独的装置用于控制和监测、保护和防误闭锁。

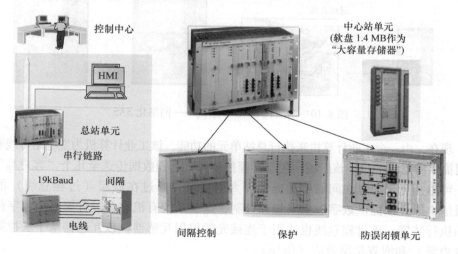

图 8.9　第三代基于数字化 SAS 的 SCADA 系统

这些间隔单元直接位于开关所在位置，并为与变电站单元的串行通信提供一个接口。因此，每个开关间隔只需要 1 个串行链路——铜缆或光纤。

总站单元为控制中心和间隔单元（厂站母线）提供通信接口，并可以进一步提供更高级的功能，例如，自动操作序列、报告管理或厂站防误闭锁。彩色屏幕和简化键盘——人机界面（HMI）取代了原来的大控制屏幕墙。

两个软盘驱动器用作一个可移动数据存储器——一种具有 1.4MB 存储容量的"大容量存储器"。通过这种解决方案，电网运营商可以轻松地将报告和扰动记录传送到自己的计算机上。变电站内部的通信基于主从轮询原则，速度为 9.6kBaud 或 19.2kBaud。

第四代 SCADA 系统是基于网络化 SAS，自 2004 年以来，已经得到了应用，其与以太网在链路层的标准化应用一致（见图 8.10）。

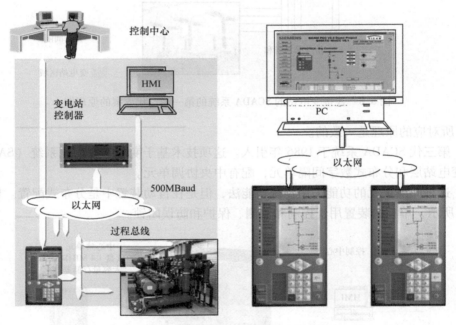

图 8.10　第四代 SCADA 系统——网络化 SAS

现在，由一个工业计算机来执行总站单元的功能，该工业计算机为变电站母线和广域网提供所需的接口，该广域网用于远程控制和将远程数据传送至几个"客户端"。

可以预见，通过在间隔单元提供以太网接口，通过在低层（过程总线）的串行通信，以此来提供数字数据采集和控制，这些系统有机会在过程层采用数字传感器和执行装置。该过程总线也适用于连接光学仪用互感器，该互感器基于法拉第效应（电流）和泡克尔斯效应（电压）。

由于以太网的数据管理原则和高性能等级，其标志着通信技术革命的到来。图

8.11 比较了通信的主从轮询原则和以太网"客户端－服务器"模型。

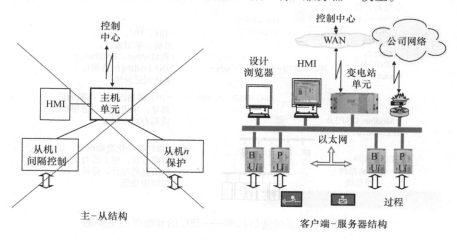

图8.11 主－从结构和客户端－服务器结构

主机需要用几秒钟的时间来询问所有轮询序列中的从机，从而进行数据采集（平衡模式）。只有高优先级的信号（例如，干扰消息或命令）可以中断轮询序列（不平衡模式）。

使用以太网时，用客户端－服务器模型取代传统的主－从轮询原则。客户端－服务器模型允许每个服务器同时访问以太网（例如，在消息传送请求的那一刻）。如果超过1条消息同时访问以太网，它将优先服务于更高优先级的消息，然后是较低优先级的消息。

在"发布者－订阅者"模式下，以太网还允许服务器之间直接进行数据传输。这一原则允许发布者直接向所有订阅者发送实际数据，在设计过程中，指定这种信息给这些订阅者。

如今，以太网是局域网/广域网（LAN/WAN）通信的标准。以太网支持许多种协议层和服务。工业、电力系统和办公环境的通信任务可能通常是基于以太网执行的。

8.2.2 数字通信协议简介

上述SCADA技术的发展伴随着相应串行通信协议的发展，并受其驱动。

在20世纪70年代末，SCADA系统的领先制造商采用其用于变电站和控制中心通信的专有协议，例如，Sinaut、Telegyr、Indactic和DNP。

控制中心必须理解安装在变电站内、由不同供应商实现远程控制的所有协议。这一领域对标准的迫切需求是显而易见的。在经过了几年的标准化过程之后，创建了多种区域性和国际化的协议，如图8.12所示。

在20世纪80年代中期，开始研发IEC 60870系列通信标准。为了能在电力系统控制中应用，修改协议"101"为IEC 60870－5系列。然而，直到10年后的1995年11月，才公布第1版的官方标准IEC 60870－5－101[3]。

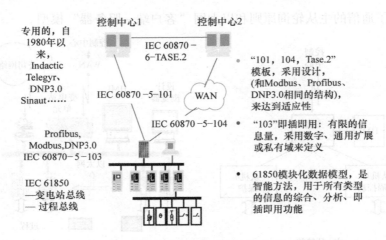

图 8.12 电力系统通信标准——IEC 的和地区的重要的

第 1 版的 IEC 60870 – 5 – 101 国际标准是关于电力系统监测、控制的标准，也是电力系统相关通信的标准。这是一个配套的标准，其基于标准 IEC 60870 – 5 – 1 至 IEC 60870 – 5 – 5，并且与之完全兼容。标准 IEC 60870 – 5 – 1 至 IEC 60870 – 5 – 5 定义了通信过程的基本规则。其使用标准异步串行接口，具有 19.2kBaud 的通信速率。

该标准基于轮询原则，支持不平衡的和平衡的数据传输模式。不平衡模式是只有主机发起消息，平衡模式是主机/从机可以发起数据通信。

如图 8.13 所示，该标准定义了信息交换的帧格式。起始帧包含：起始字符（为了可靠，重复多次）、帧的长度、指示方向的控制字段和用作站地址的链接地址。

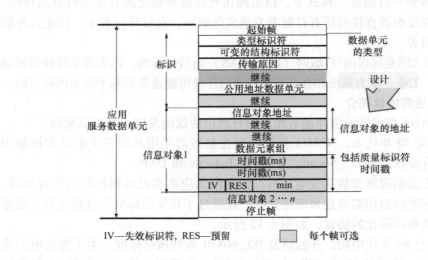

图 8.13 根据 IEC 60870 – 5 – 101 的帧结构和内容

此帧的标识字段包含了类型标识符和可变的结构标识符。这两个都定义了应用服务数据单元（ASDU）的结构和长度。此类型标识符描述了信息对象的类型和属性（例如，时间戳）。IEC 60870 – 5 – 101 支持表 8.1 所示的类型。

表 8.1　由 IEC 60870 – 5 – 101 支持的类型标识（TI）

监测	TI	控制	TI
有/无时间戳的单点标识	1 2	单命令	45
有/无时间戳的双点标识	3 4	双命令	46
有/无时间戳的调节步骤位置标识	5 6	调节步骤命令	47
有/无时间戳的位图	7 8	数字设置点命令（位图）	51
有/无时间戳的测量值的标幺值	9 10	模拟设置点命令标幺值	48
有/无时间戳的按比例缩放值	11 12	按比例缩放的模拟设置点命令	49
有/无时间戳的浮点值	13 14	模拟设置点命令浮点值	50
有/无时间戳的计量值	15 16	一般查询命令 计量值查询命令 扰动记录命令的请求 时钟同步命令	100 101 102 103

分配给每种类型的标识符一个数字代码。过去，每种类型要选择有或没有时间戳。现在，分配给每个 ASDU 时间戳，该时间戳分辨率为 1ms。

可变的结构标识符定义了 ASDU 中后续的信息对象的数量。传输的原因可能源于监测方向：自发的、循环的、应请求的、一般查询命令、命令确认等。在控制方向上，一般查询命令、一般设置、开关参数设置和其他等都有应用。用特定数字编码传输的原因。提供 ASDU 地址，以分类接收端站及其不同段。因此，当完成识别字段时，ASDU 帧结构也固定了。

提供有一个专用地址号的信息对象，必须通过设计来指定该地址号。该地址定义了这些类型，例如，"测量值"类型表示 110kV 变压器 101 馈线中相位 A 的电流，或"双点标识"类型表示 110kV 变压器 102 馈线中断路器的位置。

该地址号必须在控制中心（主机）和变电站（从机）中具有相同的设计。数据元素集包含与类型标识符一致的消息或命令的值——一个测量的浮点值、若干变压器分接头的位置、开关设备位置。

该数据元素集还包含如图 8.14 所示的几个质量标识符,例如,双点信息(DPI)。

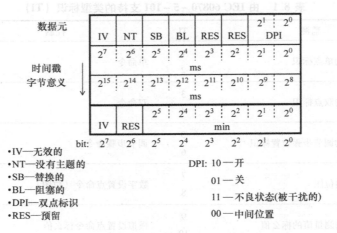

- IV—无效的
- NT—没有主题的
- SB—替换的
- BL—阻塞的
- DPI—双点标识
- RES—预留

DPI: 10—开
01—关
11—不良状态(被干扰的)
00—中间位置

图 8.14　带时间戳的双点信息类型的信息集

ms 和 min 内的时间戳是从一个确切起始时刻开始算起。时间戳的质量标识符可用时间戳的一位表示,质量标识符是,IV = 0 有效,IV = 1 无效。

停止帧结束 ASDU。其包含校验和和停止字符。

每个数据段的检验和一个奇偶校验位保证了数据段间的 4 个代码间距,确保了信息安全。

扩展 IEC 60870 - 5 - 101 至 EC 60870 - 5 - 104 标准,该标准在 2 ~ 4 层采用以太网和 TCP/IP 寻址方案。因此,此通信标准可以应用于广域通信网络。另外,为满足控制中心之间的通信需求,制定并发布了 IEC 60870 - 6 - TASE. 2 标准。

目前,在大多数用于电网控制的 SCADA 系统中,全世界广泛采用 IEC 60870 - 5 - 101 和 IEC 60870 - 5 - 104 标准。

这些标准的主要缺点是需要设计信息对象地址。此方法无法使用“即插即用”功能。

信息对象地址的设计需要大量的人力。通过使用不同的用于主、从机的设计工具,才能实行设计,通常由通信双方的不同专家实行设计。这种方法伴有主、从机数据集不一致的高风险。

除了 IEC 协议标准,其他协议在特定区域或应用领域中变得很重要。这指的是,协议 Modbus、DNP3. 0 在北美分布广泛,Profibus 常应用于工业网络,以确保生产程序通信的兼容性。这三种协议都基于一个类似于 IEC 60870 - 5 协议的结构。若无扩展设计,此三种协议不允许即插即用。

根据图 8.9，分布式数字保护和控制技术从 1986 年开始在市场中应用。串行通信达到变电站层。

又一次，用于保护数据通信的协议是供应商专用的。然而，输电系统运营商的普遍做法是，安装不同供应商的保护继电器，以实现主、后备保护。在上述通信标准的背景下，若要遵守此保护原则，是无法接受集约设计所用的专用协议和请求的。因此，不同供应商的设备的互操作性和"即插即用"功能成为一个高优先级的需求。

在 20 世纪 80 年代末，德国电力工业联合会（VDEW）开始制定基于 IEC 60870 – 5 – 101 结构元素的通信保护建议。这些建议在 1993 年成为了一份官方文件。所有在德国市场中的保护制造商都有义务在其数字保护装置中实施推荐的协议。

在 1994 年，成立了 IEC 技术委员会 TC 57 的一个专门工作小组（WG），以制定一个用于变电站通信的通用标准。

这个工作小组决定采取两步走战略来完成这个重要的任务。

1）短期的方法是，必须使用现有体系，以满足兼容不同保护单元的数据交换的迫切需求。因此，批准了 VDEW 的建议，授权这些建议可在全球市场应用。

2）长期的方法是，致力于为变电站通信建立一个全面的标准（用于数字传感器、执行装置和仪用互感器的厂站总线和过程总线），此标准没有限制，能避免扩展设计，也允许即插即用，同时也向扩展和未来的技术保持开放。

在短期方法的框架中，通用扩展的机会扩展了 VDEW 的建议。在 1995 年，IEC 60870 – 5 – 103 相关标准以委员会表决草案（CDV）的形式发表，并自 1997 年起生效[4]。

IEC 60870 – 5 – 103 标准使变电站控制系统的保护装置和设备之间的互操作性成为可能。该标准基于与 IEC 60870 – 5 – 101 标准相似的框架。实现即插即用的主要原因在于对信息对象地址的固定定义。

信息对象地址由以下两个明确的标识符代替：

- 保护装置的功能类型。
- 信息代码。

该标准只定义了四种保护功能类型，其由下述数字代码表示：

128 距离保护

160 过电流保护

176 变压器差动保护

192 线路差动保护

此外，254 是为通用函数类型预留的，而 255 是为全局类型预留。单字节功能类型字段的其他数字可用于保护制造商的私有扩展。

保护相关功能的信息（例如，自动重合闸、同步校验、故障定位和扰动记录等）都归入主保护原则的功能类型中。按照表 8.2，该标准提供了 93 个兼容的和 17 个通用的信息数字。

表 8.2　IEC 60870－5－103 定义的信息数字的类别和数量

监测	数量	控制	数量
系统指示	6	系统命令	2
状态指示	25	一般命令	8
监测消息	9	通用命令	9
接地故障指示	5		
短路指示	30		
自动重合闸信息	3		
测量值集	5		
通用功能	8		

因此，标准的兼容部分是非常有限的，并且不对将来的扩展开放。在标准中定义通用方法，在制造商的私有地址数组中，可以采用该通用方法来扩展。这种限制则是该标准的主要缺点。

该标准定义了两个物理层：RS 485 总线和传输速率达 19.2kBaud 的光缆。

数据传输速度慢和应用轮询原理（不平衡）是其进一步的缺点。然而，自从 CDV 在 1995 年发布以来，此标准协议已经在世界各地的数万个变电站中使用。

"长期的方法"开始于 1995 年，TC 57 成立了三个新的国际临时工作小组。这些工作小组的职责重点在于：

- 系统的整体架构。
- 厂站总线的细节。
- 过程总线的细节。

为下一步的标准开发，制定了下述目标：

- 互操作性

－以自解释的面向对象的数据模型为基础，几个制造商生产的智能电子设备（IED）之间的自由信息交换。

－为了自身的功能去使用这些信息。

- 自由配置

－设备功能的自由分配。

－支持任何类型的用户理念，例如，在集中式或分散式系统中。

- 长期稳定性

－协议层成熟技术的应用。

－未来的兼容性。

－跟随主流通信技术的发展。

– 满足新应用对系统的不断发展的需求。

- 效率

– 减少设计工作量。

– 降低不一致的风险。

- 性能

– 减少主 – 从通信的延迟。

– 垂直（间隔/站层）和横向（间隔到间隔）的通信。

– 高速通信。

- 安全、质量监督

– 安全服务。

– 检测到错误数据和数据丢失。

– 确认服务。

– 质量标识符。

- 易用性

– 目录服务。

– 诊断服务。

– 时间同步。

– 独立的设计。

今天，应该强调的是，在许多国际专家多年辛勤工作之后，才达到这些目标。之所以能取得重大的进展，是因为综合了两个国际机构（国际电工委员会（IEC）和美国电气和电子工程师协会（IEEE））的实践经验。

考虑了下述方面的连续性，才使用 IEC 通信协议的经验：

- 结构元素和信息类型。

- 数据的质量标识。

- 安全和确认服务。

为了通用 IEC 标准能国际应用，IEEE 专家开放和调整了以前制定的公用通信体系（UCA）办法。此协议通过使用以下几个方面的规则，带来了应用层中的模式变换：

- 基本服务的制造报文规范（MMS）。

- 变电站和馈线设备的通用对象模型（GOMSFE），作为面向对象的数据模型。

MMS 是一个国际标准（ISO 9506），用于处理消息系统，该消息系统传递网络设备之间的实时过程数据和监测控制信息。该标准由 ISO 技术委员会 184（TC184）制定并维护。MMS 定义了以下几个方面：

- 一组标准对象，其必须存在于每一个智能设备中，这些设备可以用于执行读、写、事件信号等操作。

- 客户端和服务器之间交换的一组标准消息，用于监测和/或控制这些对象。
- 一组编码规则，用于在传输时将这些消息映射到位和字节。

GOMSFE 介绍了面向对象数据模型构建的基本方法，并在 8.3 节对其进行了描述。

图 8.15 演示了这个被选择的方法，该方法成功包含 IEC 61850 标准，并得到全球认可。

现在，通信标准系列 IEC 61850《变电站通信网络和系统》提供了上述的特点和优点。制定此标准系列的第一需求是变电站内的通信需求。

现在，在智能电网环境的框架中，该标准将得到扩展，以满足网络其他组件和网络用户的需求。因此，该标准的第 2 版于 2011 年发布，并重新命名为《电力公用事业自动化通信网络和系统》。

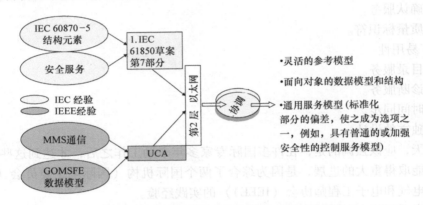

图 8.15　协调 IEC 和 IEEE 的经验以达到共同的标准协议

8.3　用 IEC 61850 标准系列进行无缝通信

8.3.1　IEC 61850 的参考模型和结构

IEC 61850 标准系列提供的不仅仅是通信协议的定义。其参考模型的制定奠定了所需灵活性的基础，如图 8.16 所示。

在这里，主要思想是，将具有长期稳定性的解决方案放在一边，将快速改变的通信技术放在另一边，以此分离两者。电网运行的基本应用将在未来保持稳定，但可能要求扩展。在 ICT 的发展中，可以看到有快速的进步。

因此，设计 IEC 61850 标准的参考模型，以提供以下所需：

- 基本应用的稳定功能，通过灵活的扩展方法。
- 在新通信技术应用上的高度灵活性。

电网控制应用需要所请求的数据对象的定义、其建模和相应的通信服务。该标准在抽象通信服务接口（ACSI）内定义了这些项目。

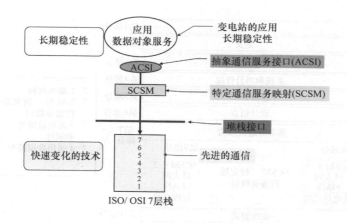

图 8.16　IEC 61850 参考模型

特定通信服务映射（SCSM）为 ACSI 的数据模型和服务与 7 层协议栈中使用的最新通信技术的结合提供了机会。

IEC 61850 标准系列通过连接电网运营实践与通信体系，支持一种通用的系统方法。

在标准的不同部分，要考虑和定义以下几个方面：

- 系统方面和总体管理。
- 先进通信服务。
- 通用数据模型。
- 映射到实际的通信网络。
- 设计过程。
- 一致性和调试测试。

第 1 版 IEC 61850 标准的结构如图 8.17 所示。该结构与变电站内的通信任务有关，这些通信任务就是制定该标准的初始目的。如今，这个标准系列添加了更多的部分（见 8.3.7 节）。

系统方面都包含在第 1、2、3、4 和 5 部分中。

第 1 部分给出了标准系列的介绍和总体情况。第 2 部分包含定义和术语表。第 3 部分详细考虑了通用需求。

第 4 部分是为了支持 IED 的互操作性，不仅从通信的角度来看，而且也与资产管理和 IED 产品在其生命周期内及之后的兼容性有关。

第 5 部分涉及为实现功能的通信需求和相关的 IED 模型。

IEC 61850 标准的一个目的是，简化设计，有机会支持供应商独立的设计过程。因此，在标准的第 6 部分中，制定并定义了变电站配置语言（SCL），该语言基于可扩展标记语言（XML）。XML 是一种人类和计算机都可以理解的定义语言。

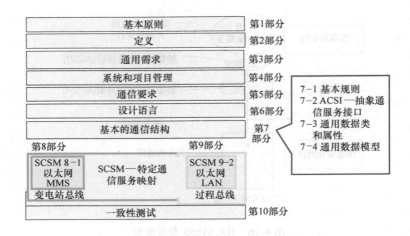

图 8.17　IEC 61850 结构

第 7 部分描述了面向对象的数据模型构建和通信服务。这一部分共有 4 章，强调了实现互操作的重要性和实现互操作所请求的信息量的大小。第 7-1 部分定义了考虑数据模型的通信原则和需求。这些原则执行 ACSI 的基本规则，在第 7-2 部分中定义了 ACSI。数据模型要求通用数据类（CDC），CDC 既不定义数据，也不定义其他，该数据描述复杂的控制机制、测量值。CDC 定义了数据属性和功能约束之间的关系。CDC 的结构部分继承了 IEC 60870-5-101 标准中定义的类型（见表 8.1）。但是，根据技术过程，要调整和扩展 CDC 的结构。例如，描述过程的所有数据类都包含了一个时间戳，该过程与在线数据相关。在第 7-3 部分中，也定义了指定给数据的一组属性。这些属性可以定义为强制的或可选的。

数据模型的具体的结构和定义则在第 7-4 部分给出。

第 8-1 部分描述了当前可用的厂站总线的 SCSM，该描述基于用于应用层的 MMS。

第 9-2 部分为过程总线应用提供 SCSM。（第 9-1 部分已经撤回。制定它是用来定义通信，该通信用于数字仪用互感器传送的采样值。）第 9-2 部分定义了所有在线数据的通信，通过串行以太网链接，这些在线数据在间隔 IED 和过程层之间进行交换。

最后，第 10 部分定义了协议一致性测试的规则和仪器。

每一个 IED 作为 SAS 的一个元件，必须提供基于以下方面的互操作性：

- 一个符合第 7-1、7-3 和 7-4 部分的可访问的数据模型。
- 符合第 7-1 和 7-2 部分的数据交换原则。
- 图 8.18 中描述的、与第 8-1 和 9-2 部分相关的 SCSM。

该标准为"做什么"提供定义、为"如何"进行数据交换提供 ACSI、为完整通信协议栈提供 SCSM。

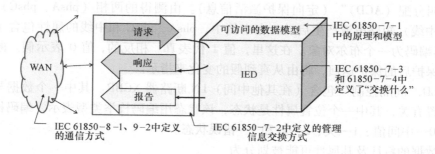

图 8.18 确保 IED 的协议互操作性的主要标准应用

8.3.2 数据模型

数据模型的结构使用了结构元素的标准化术语，并遵循图 8.19 所示的层次结构。

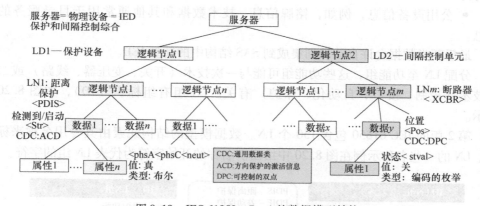

图 8.19 IEC 61850-7-4 的数据模型结构

一个物理设备就是一个 IED，IED 实现变电站自动化一部分功能。从通信的角度看，物理设备起到了服务器的作用。一个物理设备可能包含一个或多个逻辑设备（LD）。一个 LD 实现一种变电站功能，例如，保护继电器、间隔控制单元或电压调节器。每个 LD 都包含逻辑节点（LN）。

一个 LN 是一个功能数据的容器。基于通用数据类，描述功能数据的类型和格式，该通用数据按照 IEC 61850-7-3 定义。

每个 LN 包含一组数据。最后，指定一组属性给每个数据。图 8.19 展示了数据模型的结构的两个例子（见图 8.21）。

物理设备由两个逻辑设备组成——一个保护设备和一个间隔控制单元。"保护" LD 的一个 LN 是距离保护 PDIS，其包含多个数据，例如，启动（检测到）和操作（跳闸）。本例中的数据是启动"Str"，其是根据通用数据类（CDC）的"自动呼叫分配（ACD）"（定向保护激活信息）。由测得的两相（phsA、phsC）对接地（中线）短路电流产生启动。在本例中，phsA、phsC 和中线的属性包含了数值 1，其编码为一个布尔对象。在这里，值 1 代表真。相反的，值 0 表示假。断路器跳闸保护后的保护返回，将由从真到假的变化来指示。

LD"间隔控制"包含（在其他中间）LN 断路器 XCBR。其中一个数据与断路器位置有关，其中一个位置属性是状态，该状态用编码枚举类型表示，编码枚举为数值 0—中间值、1—关、2—开和 3—错误状态。

数据的特征及其属性可能被划分为

- 描述当前过程状态的在线过程数据。

- 影响功能的设置数据，可能可以在线更改设置数据和重置数据，例如，用于计数器的在线重置。

- 描述功能或设备的稳定行为的配置数据，将通信这些配置数据，以配置系统行为和

- 公用设备信息，例如，铭牌信息、技术数据和其他通常用于目录服务的信息。

最后两类数据允许自动识别集成到 SAS 结构中的新型 IED。

分配 LN 至功能组，这些功能组可能与一次技术（开关、变压器、线路）或二次技术（控制、接口、自动化、保护）有关。LN 组有组标识（ID），如图 8.20 所示。

第 2 版的 IEC 61850 包含 150 个 LN。数据模型的结构元素由其专用名称来标识。LN 的一些名称示例在图 8.20 中给出。名称的开始字符为代表 LN 组的字符。

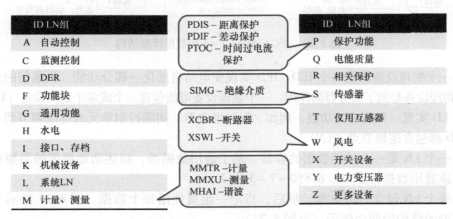

图 8.20　LN 组和 LN 的例子

在图 8.21 中描述了数据模型结构的一个详细例子，从最高层的服务器开始，向下经过 LD 的"间隔控制"，再到 LN 层。大多数 LD 采用系统 LN0（LLN0），其

表示 LD 的公共部分，例如，操作次数的计数器和本地控制状态的计数器。

LN "断路器"（XCBR）给出了指定的主要数据和属性。数据及其属性与 CDC 有关。按照互操作性的目的，CDC 作用重大。也定义了哪些数据和属性是强制的或可选的。

图 8.21 给出了一种高级设计工具的结构，通过启用或禁用相关的结构元素，其允许配置物理设备。

所指定的数据如下：

* Health———种在线过程数据，它为断路器提供了一种红绿灯形式的诊断信息：正常、警告和报警。

* NamPlt———描述断路器技术数据的配置数据。

* Loc———种定义本地控制状态的在线过程数据。

* OpCnt———可重置的操作计数器。

* Pos———所有属性的通用数据，符合 XCBR 位置控制和状态指示。

本例中的位置数据包含以下属性：

* ctlVal———表示在线开关命令，其值为开和关。

* pulseConfig———种定义控制状态的设置。控制脉冲可以用在几秒钟内的确切脉冲时间信号或连续信号来配置，在接收到开关操作的返回信息后，将终止信号。

* operTimeout———个限制控制信号持续时间的设置，前提是操作的返回信息没有在规定时间内收到。

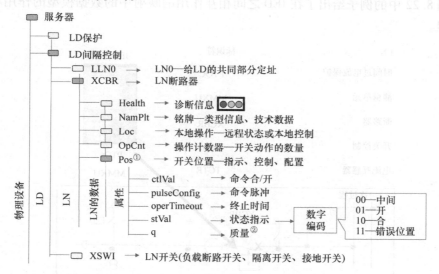

①CDC DPC-可控双点的公用数据类。②几个质量类型，请参见表 8.3。

图 8.21　数据模型的设计实例

- stVal——在线过程数据属性，表示在已知的四个位置中的开关状态。
- q——定义信息的质量，并由一组与 CDC 相关的属性组成。

CDC 和质量属性的细节的例子，见表 8.3。质量属性细节具有属性类型"打包列表"的性质，包含一组用布尔值表示的细节信息。根据 CDC，配置质量属性。例如，细节"Overflow"是测量值的典型特征，不能用于状态信息。质量属性也显示在表 8.3 中。表 8.3 中的例子说明，CDC 和质量属性极大超出了 IEC 60870 - 5 系列的充足类型和质量定义。

表 8.3　CDC 和质量类型定义示例

CDC 的示例	名称	质量属性的名称	类型
单点状态	SPS	Validity	编码枚举
双点状态	DPS	DetailQual	打包列表
整数状态	INS	● Overflow	布尔
保护激活信息	ACT	● OutOfRange	布尔
测量值	MV	● BadReference	布尔
三相测量值	WYE	● Oscillatory	布尔
二进制计数器读取	BCR	● Failure	布尔
谐波值	HMV	● OldData	布尔
可控双点	DPC	● Inconsistent	布尔
可控整数状态	INC	Inaccurate	布尔
可控模拟过程值	APC	Source（如替代）	编码枚举
枚举的状态设置	ENG	Test	布尔
设备铭牌	DPL	OperatorBlocked	布尔

图 8.22 中的例子给出了在 IED 之间相互作用的映射中的数据模型的作用和一次过程。

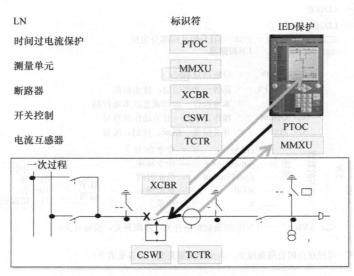

图 8.22　数据建模和 IED 与一次过程之间的关系

基于连接到双母线的馈线接线，演示了该一次过程。IED 是一种保护单元，其主要保护功能是"时间过电流"。通过来自于 LN TCTR "电流互感器"的采样值，在线获得电流曲线，指定电流的方向是指向 LN MMXU "测量单元"和 LN PTOC "过电流保护"。LN MMXU 计算在 IED 和测量记录中显示的相电流的一次侧有效值。报告更改的测量数据，并将其传送到客户端。

LN PTOC 观测采样值，可能检测出故障电流。在保护启动后，将开始几个安全程序，以避免过保护，并根据相应的时间延迟，将跳闸信号发送到 LN CSWI "开关控制"。在 IED 显示屏中可以看到开始信息和跳闸信息，并将其发送给客户端。LN CSWI 激活断路器的跳闸输出指令。

LN XCBR "断路器"获取已更改的状态指示"开"，在 IED 显示屏和事件报告上，也会表明"开"，在相同的显示器上，事件报告是可读的，并且在一个多点广播中，将信息发送给客户端和/或其他服务器（订阅者）。

关于 IEC 61850 数据模型的一个特别之处是，在 LN MMXU 中，以一次侧有效值的形式，准备测量值。如图 8.23 所示，根据 IEC 61850 – 9 – 2，IED 通过模拟输入触点或过程总线，从仪用互感器中，获得电压和电流波形的瞬时值（instMag）。

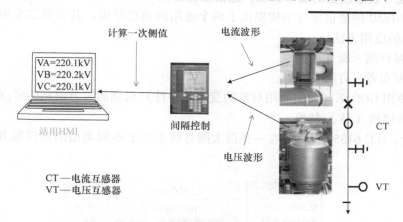

图 8.23 测量值从瞬时值到一次侧有效值的转换

LN MMXU 不仅计算获得电压和电流的一次侧值，还计算有功功率、无功功率、视在功率、功率因数和频率。

在 IEC 61850 – 7 – 3 中，与测量值（例如，MV 或 WYE）相关的 CDC 定义了所请求的配置参数（例如，单元、采样率、比例因子和其他参数）。因此，在没有进一步配置的情况下，通信测量值已准备好，可用于所有接收该值的 IED 中的应用。这样，只在服务器层执行一次测量值的设计。

数据模型的另一个好处是，可以根据电网运营商的原则，有可能自由配置 LN。在图 8.24 中，有指定给 LD 的 LN 的两个可能的指定方案。

此外，数据模型的专用属性支持设施的便捷管理。关于 IED 和一次设备的一般诊断信息（Health），可以使信息在不断变化的情况下自动产生。

IED 的类型信息（NamePlt）允许被替换的 IED 快速集成到 SAS 中，并可用于目录服务。设施管理者可以直接从发电厂快速获得安装设备的总体情况。

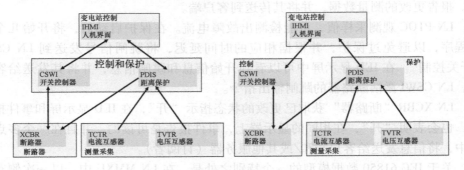

图 8.24　LN 自由分配到 LD

8.3.3　在一条总线上的三个协议：通信服务结构

IEC 61850 的通信服务结构提供了两个通用的通信原则，其中第二个原则用于两个不同的应用方法：

1）客户端 – 服务器原则。

2）发布者 – 订阅者服务：

• 使用 GOOSE（面向通用对象的变电站事件）机制的紧急消息的多点广播。

• 采样值（SV）转换。

因此，IEC 61850 提供了在一条以太网总线上 3 个不同类型的协议服务，如图 8.25 所示。

ACSI:	IEC 61850 – 7 – 2		
SCSM:	IEC 61850 – 8 – 1	– 9 – 2	
ISO/OSI 各层	客户端 – 服务器	GOOSE	SV
应用层	ISO 9506		
表示层	ASN.1①		
会话层	COS②		
传输层	TCP – RFC 1006③		
网络层	IP	以太网类型	
数据链路层	------ 以太网 ------		
物理层	------ 光纤 ------		

① ASN—抽象语法表示法 ISO 8824/8825
② COS—面向会话的连接 ISO 8326/8327
③ 基于TCP的ISO传输 RFC 1006

图 8.25　定义在 IEC 61850 的 3 个协议和 7 个层

客户端－服务器原则提供了客户端和服务器之间的信息交换，并适用于典型的 SAS 应用，例如，对变电站设备的控制和监测、传送事件报告、数据请求（读取）、数据设置、时间同步、存储和检索事件序列（日志）以及文件传输（例如，Comtrade 文件）。在通信技术中应用的成熟的标准化解决方案，用于覆盖 7 层模型的各层。客户端－服务器原则使用带确认信息的信息交换序列，以这种方式，确保给定了地址的 IED（通过 TCP/IP 寻址方案）接收到数据。

　　为在几毫秒内实现快速传输，极端的时间关键信息交换使用 GOOSE 原则。在这里，一个 IED 充当发布者，在配置事件出现后，立即提供紧急信息的交换（通过多点广播）。事件消息的传输具有最高优先级，并且由在设计过程中定义的所有订阅者接收。客户端或服务器可以配置为各种事件的发布者或订阅者。此类的时间关键信息可能是保护 IED 的启动、断路器的跳闸或用于防误闭锁目的的所有开关的状态变化。在 4.5.1 节中（见图 4.30），展示了一个例子，该例子是关于用于中压母线保护的反向防误闭锁原则的，说明了快速事件传输的好处。

　　GOOSE 机制不采用确认序列。然而，出于安全原因的考虑，多点广播可能在短时间段内重复进行。

　　大量的采样模拟值（CDC SAV）按照发布者－订阅者原则传输。这些值通常是按照 IEC 61850 – 7 – 2 的"采样值模型传输"来传输的。在这里，后续时间戳和采样率的不一致可能会使检测数据丢失。

　　ACSI 的通信原则通过指示 IED 之间的通信服务和链接来显示。

8.3.4　协议服务

　　图 8.18 和图 8.26 展示了如何管理信息交换。

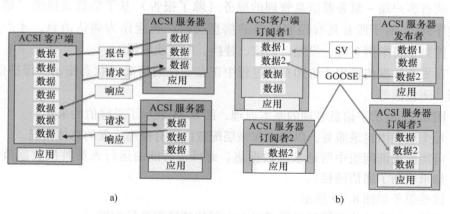

图 8.26　基本概念：a）客户端－服务器，b）发布者－订阅者（GOOSE 和 SV）

　　IEC 61850 提供了适当的服务模型的设置来实现这些目的。

　　除了数据模型支持的"即插即用"特性外，还通过实现关联服务，获得"即插即用"的创新特性。"即插即用"的概念基于新服务器必须向客户端提交其功能特性的机会。在下一步中，客户端决定如何将这些功能嵌入到系统中。系统相关的合适的配置数据和设置可以下载到 IED 中，以确保 IED 的有效的系统集成。

信息管理包括以下服务：

客户端－服务器：

- 读取和写入数据。
- 创建/删除数据集。
- 替代数据。
- 自发性数据传输（报告）。
  - 配置报告。
  - 缓冲传输（事件顺序）或非缓冲报告。
- 设置组。
  - 编辑设置组。
  - 激活设置组。
- 文件传输。
  - 读取和写入文件。
  - 删除文件。
- 目录和查询服务。

发布者－订阅者：

- 快速传输事件——多点广播的 GOOSE。
- 传输采样值。

所有客户端－服务器信息管理的服务（除了报告）基于信息交换的"请求－响应序列"。对于所有具有控制字符的信息交换，响应作为确认消息，才产生响应。控制字符举例有写、设置、创建、替换、配置或编辑。

自发性数据传输用于告知在此过程中正在变化的情况（状态指示、保护信息、诊断、测量值等）。

图 8.27 展示了信息管理的基本原理，图 8.28 展示了采样值的采集。

每个层提供目录服务，以请求在该层配置的所有模型元素的总体情况。

可能配置询问组中所请求的数据集。此外，可能由运行人员替换数据值（例如，如果中断了通信链接）。

这些服务如图 8.29 所示。

此外，标准的信息模型提供了以下方面的便捷服务的配置：

- 创建事件序列（记日志），并含有以下选项：
  - 配置日志。
  - 读取日志信息。

控制模型包括进一步的服务，举例如下：

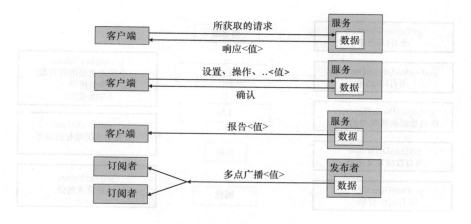

图 8.27 信息交换原理

- "操作前选择"信号。
- 时间激活操作。

如图 8.30 所示，控制模型的功能代表保护和控制序列。

距离保护（PDIS）基于获得的电压（TVTR）和电流（TCTR）采样，决定是否跳开断路器（XCBR）。在跳闸结束后，启动自动重合闸（RREC）的激活操作时间。然而，自动重合闸在开始"合上开关"命令前，会向 LN "同步检查"（RSYN）发送请求，检查是否同步。同步条件 Δf、ΔV 和 $\Delta \delta$ 中，

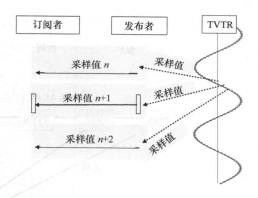

图 8.28 获取采样值

有任一个条件违反了，就会阻止断路器的闭合。保护 IED 将保护和自动重合闸信息，传递给变电站层的 IHMI。

为了进行合闸操作，启动"操作前选择"的服务信号，将其送至 LN 开关控制 CSWI，以此方式，经 IHMI，启动断路器控制。CSWI 检查下述两个条件：

1）通过 LN RSYN 的同步条件 Δf、ΔV 和 $\Delta \delta$。

2）通过 LN CILO "防误闭锁"的防误闭锁条件。

通过负责检查的 LN，提交任何违反开关操作条件的情况和阻止断路器操作的原因给变电站控制 IHMI。阻止断路器操作的原因如下：

1）$\Delta \delta > 30°$（30° 为设定的限值）。

2）闭合馈线的接地开关。

否则，将"合上开关"命令从 LN CSWI 送至 IHMI。

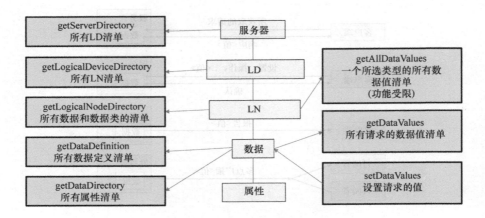

图 8.29 目录、询问和替换服务

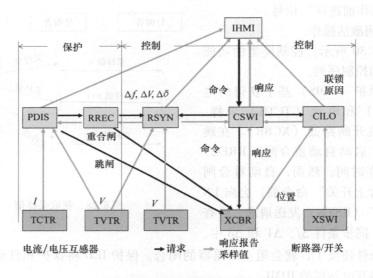

图 8.30 控制模型的服务关系

在"合上开关"命令后，启动开关操作，通过在 IED 的二进制输出处设置一个脉冲，或者通过一个过程总线命令，激活断路器的闭合机构，以此执行"合上开关"命令。

用 IEC 61850 的报告服务，提交有关断路器状态的返回信息给 CSWI 和 IHMI。

对于 IEC 61850 的控制模型，有如下两种选择：

• 有正常安全水平的控制，这意味着在发送命令之后，立即在过程映像中设置所选状态（美国标准）。

• 有增强安全水平的控制，这意味着在命令输出之后，设置状态为中间状态，并且只有在接收到更改状态信息后，才会将此状态存储在过程映像中（欧洲要求）。

图 8.31 显示了控制模型服务序列的细节。

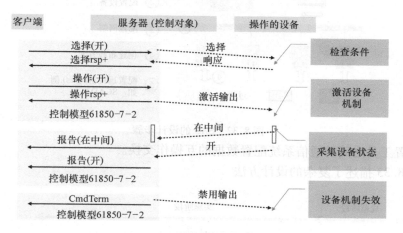

图 8.31 控制模型服务序列

根据 IEC 61850 - 7 - 2 的控制模型，控制过程结束于控制输出的失活（如果没有配置一个短期脉冲），发送最后一条消息"命令终止"给客户端。

最后，IEC 61850 的服务包还包括诸如"时间同步"之类的系统服务。要实现时间同步，无论是简单网络时间协议（SNTP）（通常用于个人计算机的时间同步），还是为了实现更高的精度要求，都可能采用 IEEE 1588[6]。

8.3.5 独立设计

IEC 61850 -6 部分的制定是为了支持一个独立于 SAS 的供应商设计过程。因此，这部分指定了设计过程和描述语言，以此配置 SAS 和其 IED。这种语言也称为 SCL。配置语言基于 XML 1.0 版本。

SCL 用于根据 IEC 61850 的数据模型和服务，设计 IED 的配置和通信系统。其允许形式化描述 SAS 和处理单元（子站、开关间隔）之间的关系。使用 SCL，以形式化和支持该步骤链，该步骤链有 5 步，属于 SAS 及其组件的复杂设计过程。

设计步骤如图 8.32 所示。其与下述几个方面相关：

1）通用 SAS 的规范。

2）IED 的配置。

3）通信网络的设计。

4）IED 和处理设备之间的连接方案。

5）与远程控制中心和变电站自动化的其他外部用户的数据交换的配置。

SCL 允许将 IED 配置的描述，传递给通信和应用系统设计工具，并以一种兼容的方式，传回整个系统配置描述。其主要目的是，允许一个 IED 配置工具和一个

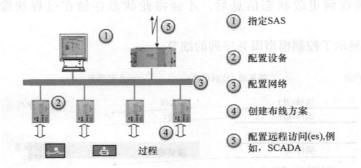

① 指定SAS

② 配置设备

③ 配置网络

④ 创建布线方案

⑤ 配置远程访问(es)，例
如，SCADA

图 8.32 SAS 的设计步骤

系统配置工具之间的通信系统配置数据的互操作交换。

图 8.33 描述了复杂的设计方法。

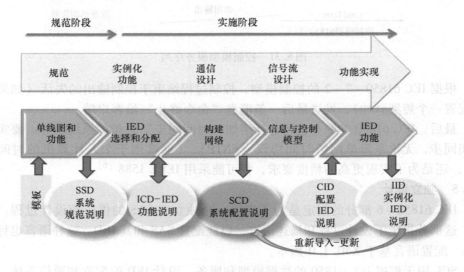

图 8.33 设计过程和相关 SCL 说明

在第一步中，在 SAS 的背景下，必须指定与 IED 相关的间隔的功能。为了设计功能交互和开发足够的单线图，要使用模板。XML 的变换过程由一个规范工具支持，并创建了 ssd 文件（系统规范说明）。ssd 文件为单线图，该单线图考虑下述因素：连接过程设备的 LN、功能需求、保护及其相关的功能、控制模型、测量和计量容量、扰动记录和自动化序列。在数据和数据属性方面，可以创建一个信号列表。

在第二步中，必须分配和预先配置所描述的功能规范至具体的 IED 中。选择 IED 时，必须考虑功能和性能。在功能说明转换为 XML 的过程中，该过程创建了 icd 文件（IED 功能说明），用来表示 IED 的"类型"。icd 文件包含通信接口和

LN、数据和数据属性，这些均可配置在 IED 中。需要预先配置数据交换所需要的元素。将预先设计绑定 IED 的输入/输出的数据。一个 IED 的配置器可以支持所有的设计任务。

第三，通信网络的配置定义了通信链路和参数、用于 IED 实例和通信子网络的寻址方案。

前三个设计步骤的结果为系统配置器提供输入数据。IED 表示为类，必须在系统中将其实例化。系统配置器创建系统配置说明，该说明基于 IED 实例，是 scd 文件的形式。

scd 文件描述了数据模型的元素和一次过程之间的所有链接，以及构建 SAS 的 IED 之间的数据传输。

因此，设计 LN 的输入和输出都是在 IED 内部进行，而 IED 之间的外部数据流最终配置为

- 客户端 – 服务器通信，包括 SAS 的服务元素（报告、控制、目录服务、数据集、日志等）。
- 发布者 – 订阅者服务（GOOSE、采样值和相关数据集）。
- 客户端可访问 WAN，以使能进行与控制中心（SCADA）的数据交换，及能执行其他操作机构向 SAS 请求数据。

这样，scd 文件就包含了整个 SAS 的说明。图 8.34 展示了采用了设计工具的设计过程。

但是，scd 文件的创建并不是设计过程的最后一步。系统设计导致对 IED 功能、通信数据、数据流等都进行了更精确的定义。现在，scd 文件为 IED 配置器执行输入。IED 配置器将所有的 IED 预配置调整到适应于 scd 文件的精确请求和定义。当更新实例化 IED 说明（iid. file）的 IED 配置和重新输入数据到系统配置说

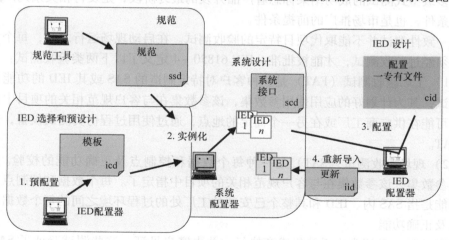

图 8.34 设计流程和应用的设计工具

明中时，完成了设计过程。

因此，IED 设计涵盖了图 8.34 所示的以下 4 个顺序步骤：

1）预配置。

2）为了系统集成，实例化。

3）基于集成过程的精确配置。

4）更新变电站配置说明（SCD）中的实例。

在完成设计过程之后，为了获得已设计的 SAS 的批准，需要一个测试阶段，该测试包括所有通信链路和数据流情况。

系统和 IED 设计的不同步骤的配置工具由市场上的不同供应商提供。

8.3.6　一致性和验收测试

一致性测试是一种行为，其用来决定是否产品或系统与规范中包含的要求一致。IEC 61850 标准系列是一种需要一致性测试的规范。

根据 IEC 61850 - 4，为了集成到 SAS 中，采用 IEC 61850 系列的通信协议的每一个产品都必须经过一个多层系统和型式测试。型式测试是，在与技术数据相对应的测试条件下，使用系统测试软件，验证 SAS 的 IED 的正确功能。IEC 61850 - 4 制定了一种型式测试组件的通用分类。

一致性测试是型式测试的一部分，这部分就是在 IEC 61850 协议规范的背景下，验证一个 IED 的通信行为。

IED 的一致性测试涉及与一个 SAS 的其他系统组件的信息交换。因此，一致性测试也总是对 IED 相应系统集成的测试。

从这个意义上说，IEC 61850 - 10 描述了标准化的一致性测试过程，以确保所有采用这些过程的供应商遵守 IEC 61850 的规范。

多级型式测试的成功结束标志着产品开发的最终阶段，是发行相关系列产品的先决条件，也是市场推广的前提条件。

一致性测试并不能取代项目特定的验收测试。在启动现场运行之前，每个 SAS 都必须经过验收测试，才能被批准。IEC 61850 - 4 定义了以下两类验收测试：

1）工厂验收测试（FAT）是一种客户对特定制造的 SAS 或其 IED 的功能认可的测试，其为计划好的应用使用参数集，该参数集在与客户规范相关的项目中已指定。可能在供应商工厂或在另一个商定的地点，通过使用过程仿真测试设备，来进行 FAT。

2）现场验收测试（SAT）是一种每个数据和控制点及正确功能的校验。SAT 使用参数集，该参数集在与客户规范相关的项目中指定了。每个数据和控制点及正确功能是指 SAS 内、IED 和其整个已安装的工厂处的过程环境之间的每个数据和控制点及正确功能。

FAT 和 SAT 通常由系统集成商执行，并由客户见证。这些测试验证了 SAS 和 IED 执行了指定的功能，并且增加了检测出和消除系统中潜在漏洞的信心。

一致性测试的标准化测试过程显著降低了漏洞问题的风险，漏洞问题的风险发生在 FAT 和 SAT 的系统集成过程中。此外，IEC 61850 – 10 的测试程序提供了 FAT 和 SAT 的指导方针。

IEC 61850 – 10 提供了测试的方法、结构、设备、设计、方案和工具的完整描述。指定了一致性测试的通用方法，包括也指定了结果的文档。对于所有指定的测试用例，一个设计工具必须确保 cid 文件和 scd 文件一致。

图 8.35 显示了作为服务器或 GOOSE 订阅者的 IED 的测试配置。

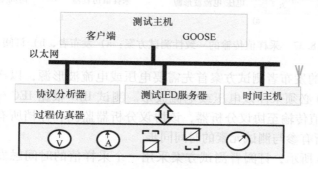

图 8.35　服务器/订阅者 IED 的一致性测试方案

测试 IED 连接到一个过程仿真器，该过程仿真器提供电压和电流波形、二进制输入信号、接收二进制输出信号和模拟数据点（从左到右）。测试主机负责所有测试用例（初始化、停止）的控制、触发协议分析器和测试结果的文档。分配测试用例给客户端仿真器或 GOOSE 订阅者。第一步，IED 的 cid 文件必须符合客户端和 GOOSE 发布者的协议仿真器的 scd 文件的要求。

高级商业配置工具允许对相关文件进行相互修改。

时间主机要确保时间同步的高精度。此时间是指在测试配置中，所有链接以太网的参与用户的时间同步。协议分析器监测和存储以太网的数据流量。

第二步，图 8.36 描述了客户端测试配置。

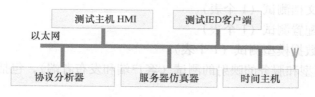

图 8.36　客户端 IED 的一致性测试方案

客户端测试需要一个测试主机，该测试主机初始化和停止测试用例、控制分析、归档测试结果。多服务器仿真器响应客户端请求，并根据测试主机初始化的测试用例，创建数据报告。协议分析器和时间主机在服务器测试计划中执行相同的任务。

第三步，对采样值传输的测试也按照图 8.37 所示指定。

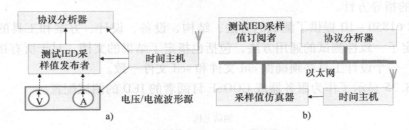

图 8.37　采样值传输的一致性测试方案：a）发布者，b）订阅者

图 8.37 中的发布者测试方案首先需要电压或电流波形源，以产生电压或电流波形，测试 IED 必须采样该电压或电流波形。测试 IED 根据 IEC 61850 – 9 – 2 的 SCSM，将采样值传输至协议分析器，该协议分析器监测和存档所有采样数据。时间主机负责让所有参与测试元素的时间同步。

如图 8.37b 所示，订阅者测试方案采用一个采样值的时间触发仿真器，根据 SCSM，经以太网发送采样值。

协议分析器监测和归档经过以太网的数据传输。与此同时，测试 IED 存储采样值。

IEC 61850 – 10 以表的形式，指定多个测试用例。

测试用例涵盖了 IEC 61850 的整个规范环境，并被分组如下：

- 服务器文档测试（1 个表）。
- 服务器配置测试（1 个表）。
- 服务器数据模型测试（1 个表）。
- ACSI 模型和服务的映射测试（服务器和订阅者端），包括 13 个子组和 31 个表。
- 网络冗余测试（1 个表）。
- 客户端文档测试（1 个表）。
- 客户端配置测试（1 个表）。
- 客户端数据模型测试（1 个表）。
- ACSI 模型和服务的映射的测试（客户端和发布者端），包括 13 个子组和 26 个表。
- 采样值的测试用例（7 个表）。
- 设计和配置工具相关测试（18 个表）。
- GOOSE 的性能测试（1 个表）。
- 时间同步测试（1 个表）。

测试用例主要以如下两种方式定义：

1）正面测试案例，以验证正常的数据交换情况，通常会产生正面的响应 rsp +。

2）负面测试案例，以验证异常或不正确的数据传输，通常会产生负面的响应 rsp -。

在没有支持测试工具的情况下，上述如此大量的测试用例是难以管理的。

现在，一些供应商已经开发并提供了方便的工具，以支持 IEC 61850 规范的设计和测试。

图 8.38 展示了这样一种通用工具的屏幕截图，其综合了客户端仿真器的任务、GOOSE 消息的发布者/订阅者仿真器、协议分析器和配置工具的几个功能。

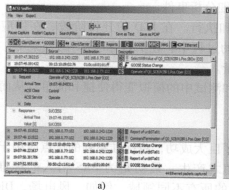
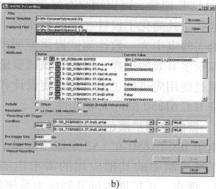

a)   b)

图 8.38　测试支持工具的屏幕截图：a）客户端 - 服务器，b）GOOSE/COMTRADE 文件
（来源：Omicron electronics GmbH [7]）

通过访问所有符合 IEC 61850 一致性的供应商提供的 IED，高级工具可能维护下述功能和任务：

- 很方便地展示带 GOOSE 的 ACSI，很方便地可视化客户端/服务器数据模型。
- 从 IED 读取数据模型级别的目录。
- 分析客户端/服务器数据传输，包括 MMS 的详细报告，也分析其他客户端和服务器之间的"外部"流量。
- 接收和解释报告。
- 来自服务器的数据和数据集的循环请求。
- 为服务器初始化控制数据和数据集。
- 模拟 GOOSE 消息。
- 在以太网和通用 GOOSE 监控中识别 GOOSE 信息。
- 将 GOOSE 消息转换成 COMTRADE 文件。
- 以设计工具的方式，为 IED 和系统（例如 cid、scd），创建 SCL 文件。

这些工具通常提供了便捷的用户界面，反映了 IEC 61850 的数据模型结构。图 8.38 显示了这样一种工具的两个屏幕截图。

在图 8.38a 中，在 ACSI 层上，演示了客户端-服务器流量分析（CS）。

该记录也包含 GOOSE 消息，因此，根据其顺序，联合分析了这两个 ACSI 服务。提供了所有请求和响应序列的按时间顺序的记录。

图 8.38b 显示了所选择的数据项从订阅的 GOOSE 输入流转换为 COMTRADE 文件。（这种用于电力系统的临时数据交换的通用格式是一种文件格式，用于存储与瞬时功率干扰有关的波形和状态数据。）

通过使用触发条件，可以手动启动或自动启动记录。这样，通过调研 COMTRADE 记录，可以用户友好型地详细分析事件。

这些工具简化了设计、测试的准备和执行。在 IED 的开发阶段、在供应商或企业的实验室中为一致性测试提供证明的过程中、在 FAT 和 SAT 的框架中，设计师们有很多有效的选择，以提高测试质量。

通过使用先进的工具，可以使设计和测试中的模拟变得便捷和简单，从而有效地管理 IEC 61850 的巨大复杂性。

8.3.7 智能电网扩展的新标准部分

由于 IEC 61850 在 SAS 中应用取得了巨大成功，将标准系列的优点应用于整个电力系统控制中的其他应用的需求也随之产生。最初是为 SAS 引入的标准 IEC 61850，现在，正扩展该标准到电力系统的所有不同领域，例如，风电场、DER 或水力发电厂。IEC 在技术委员会 TC57（电力系统管理和相关信息交换）和 TC 88（风力机）中，建立了另外的工作小组。

这个标准的基本理念是，将应用层的数据模型和服务（在 ACSI 中指定）与快速变化的技术分离开来，这些快速变化的技术涵盖 ISO/OSI 7 层模型。而这个理念支持 IEC 的扩展工作和通信标准的广泛应用。

图 8.39 显示了使用 ACSI 的通用数据模型和服务并将其应用拓展到 WAN 的可能性，例如，有数字用户线路（DSL）的长途通信电缆，或者有通用移动通信（UMT）的无线电通信等。

这些努力是为了整合新的电网用户进入公共通信网络中。新的电网用户举例如 DER、风电场和储能电池。新的电网用户连在较低的电网级别上。公共通信网络统一到输电系统运营商的控制中心的信息交换层。

在变电站和控制中心之间传输数据时，用下述两种方式应用 IEC 61850。

第一种方法考虑到在控制中心和变电站之间的数据交换中，全球成千上万的电力系统都引入了 IEC 60870-5-101/104。因此，在 IEC 60870-5-101/104 的结构元素中，采用 IEC 61850 的数据模型，这样就可以标准化软迁移。对于 SCADA 系统的所有扩展，IEC 61850 数据模型可能会取代以前的信息对象地址。这样，便可以实现采用一项设计技术和获得数据一致性的优点。在 IEC 61850-80-1 中指

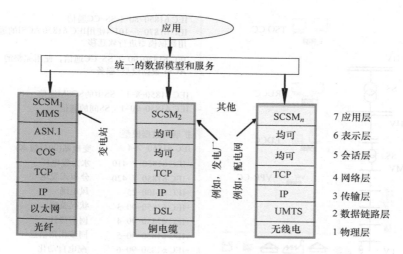

图 8.39 IEC 61850 对其他应用程序的适应性选项

定了此方法。

第二种方法是，在 IEC 61850 - 90 - 2 中，规定了变电站和控制中心之间数据交换，使用所有令其顺利进行的 ACSI 数据模型和服务。该标准的这一部分可用于建立新的 SCADA 系统。

首要是创建新的数据模型，这样可以将通信标准系列扩展至后续的应用。标准系列的新的大部分都是在 TC 57 的指导下制定的，所有可用内容继承自发布的 IEC 61850 - 7 部分，在此条件下，处理数据模型扩展。

图 8.40 表示已发布或仍在制定中的标准的新的部分。

风电场的通信交流的标准是在 TC 88 中制定的，因此，它有另一个识别号。IEC 61400 - 25 标准扩展了 IEC 61850 的数据模型，其中有与风电场相关的 LN，并在链路层上使用 WEB 服务。

随着超出变电站范围的扩展，IEC 61850 支持使用穿越电力系统的集成解决方案。

第一次，一个标准系列通过提供统一的数据模型和服务，涵盖了从低压插座到输电系统的网络控制中心的所有级别的数据交换，如图 8.40 所示。

现在可以避免下述因素造成的高额设计费用：采用不同供应商专用的设计工具的、各级间的数据模型转换以及不一致的风险（见 8.1.2 节）。

IEC 61850 通信标准系列的应用正在迅速穿透各级电力系统的控制和监督。

8.4 基于通用信息模型 IEC 61968/70 的数据管理

在 8.1.3 节中，可以认为在共同基础上，所有参与者通过操作和使用电网，实现数据交换，此需求与日俱增。这是为了确保在整个电力系统的各个层面上电网运

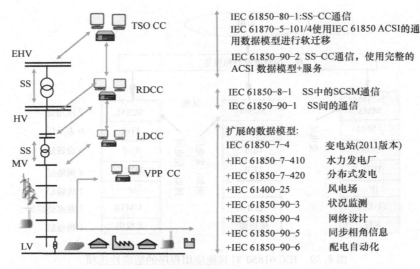

IEC 61850-80-1:SS-CC通信
IEC 61870-5-101/4使用IEC 61850 ACSI的通用数据模型进行软迁移

IEC 61850-90-2 SS-CC通信，使用完整的ACSI数据模型+服务

IEC 61850-8-1　　SS中的SCSM通信
IEC 61850-90-1　　SS间的通信

扩展的数据模型:
IEC 61850-7-4　　　　变电站(2011版本)
+IEC 61850-7-410　　水力发电厂
+IEC 61850-7-420　　分布式发电
+IEC 61400-25　　　　风电场
+IEC 61850-90-3　　　状况监测
+IEC 61850-90-4　　　网络设计
+IEC 61850-90-5　　　同步相角信息
+IEC 61850-90-6　　　配电自动化

图 8.40　在整个电力系统使用 IEC 61850 进行无缝通信

行的可靠性。

IEC 61970 标准[1]指定了语义的"通用信息模型"（CIM）。

- 其从电气角度，描述能量管理系统和输电系统的组件。
- 建立组件之间的关系。

IEC 61970 的基本概念主要集中在以下主题：

- 数据对象在类中。CIM 中指定的每个类都将一种真实对象映射到虚拟对象的形式，该虚拟对象包含原始对象的数据。
- 这些类提供了用于表示实际参数、回溯、操作和通用技术数据的功能。
- 通过使用诸如继承和各种各样联系的原则，可以将真实对象之间的关系表示在虚拟映射中。
- 数据模型是可扩展的。
- 用统一建模语言（UML）指定数据模型。UML 类图为面向对象的建模和表示对象层次结构提供了有用的工具。
- XML 用于封装数据对象模型和应用程序之间交换的数据。

为了输电系统运营商（TSO）的数据库管理，美国采用了 CIM，首次应用之后，便确定了在配电层扩展应用的需求。

因此，随后的 IEC 61968 标准系列[8]扩展了 CIM，以覆盖配电网运行的各个方面，这些方面包括从电网资产到消费者市场集成。

CIM 是这两个标准系列的核心，并且主要在 IEC 61970-301、-302 和 IEC 61968-11 中指定。由于有大量的类，采用类包是很有用的。图 8.41 显示了与标准部分相关的类包。

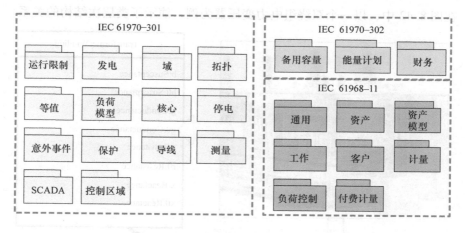

图 8.41　IEC 61970 和 61968 的类包

IEC 61970 – 301 部分指定了 CIM 概念的基础，这些概念是关于输电系统运行和能量管理方面的。第 302 部分增加了信息模型，这些信息模型是关于备用容量、能量计划和财务细节的。最后，IEC 61968 – 11 拓展了 CIM，该 CIM 总体上考虑了配电管理系统（DSM）。

IEC 6168 的第 3 – 10 部分[8]定义了接口，该接口用于一个整体 DMS 接口架构。其目的是支持供电领域的 DNO 和其他参与者的应用间集成，这需要从不同的应用中收集数据，这些应用有不同接口和运行条件。

第 12 部分和第 13 部分支持 DMS 的 CIM 的应用，通过以下方式

- 指定重要的"用例"和
- 配电网的资源描述框架（RDF）模型交换格式。

如上所述，类层次结构构建了数据建模的基础。类层次结构是一个抽象模型，其将系统的每个对象定义为一个单独的类。类层次结构反映了真实系统的结构。

这些类具备自己的内部属性和与其他类的关系。由于 CIM 类模型是一种面向对象的方法，所以使用关系来将多个信息片段关联在一起。

每个类都可以实例化为任意数量的独立实例对象。这些对象包含了相同的属性和关系，但是有其自己的内部值。

继承可用于将类定义为父类的子类。子类继承了父类的所有属性，但也可以通过它自己的属性进行扩展。

关联描述类之间的关系。例如，通过关联，将一种类型的几个类分配给另一个类。

聚合关系是一种特殊的关联，其表明一个类是另一个类的容器。

组合是一种特殊的聚合形式，其中包含的类是容器类的基本部分。如果容器受到了扰动，那么容器类中的所有对象也会受到类似的扰动。

在图 8.42 中，以一个双绕组电力变压器为例，演示了类层次结构的关系。

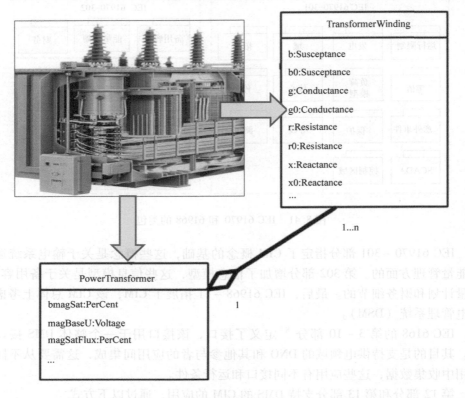

图 8.42　变压器类和变压器绕组类之间的关系

变压器是绕组的容器。一条连接线表示这个关系。图中表示关系的线包含一个菱形。这表明这两个类有一个聚合关系。该线的末端有 1...n，标识此关系。这表明一个类可能与同一类型的多个对象相关，对象数量从 0 或 1 至多个，多个是指 <1...n>。

在这个例子中，变压器有两个绕组。如果定义了绕组 1 的 CIM 类，则可以从绕组 1 实例化绕组 2 的类。变压器的完整 CIM 包含更多的类和关系。

图 8.43 显示和扩展了变压器 CIM 的部分。

在这里，变压器类是"变压器绕组"类的容器。绕组类与"分接头"类有聚合关系。

用以箭头结尾的连接线，表明关联。

例如，线圈与导电设备相关联，并且其与设备类有关系。分接头与电压调节计划相关联。

在 CIM 中，为变压器建模所演示的原则，可应用于一步步建模一个复杂的电网。

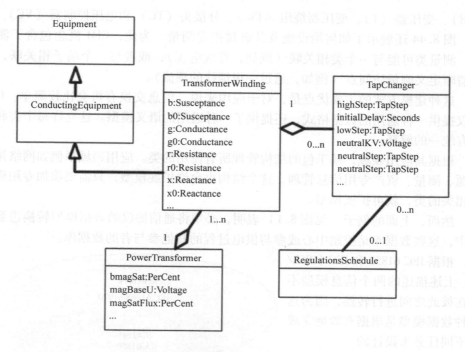

图 8.43　CIM 中变压器类模型的扩展部分

在图 8.44 中，以一种简单的方式，给出了变压器馈线的建模。

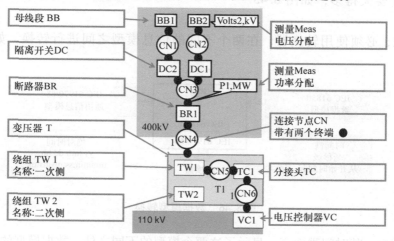

图 8.44　CIM 中变压器的馈线模型

为了简化表示复杂模型，CIM 使用连接节点（CN），其与端子有关联。端子定义了电网组件是如何连接在一起的。

电力设施建立了其自己的类，例如，母线（BB）、隔离开关（DC）、断路器

（BR）、变压器（T）、变压器绕组（TW）、分接头（TC）和电压控制器（VC）。

图8.44 还展示了如何给设施及其链接指定测量。为此，CIM 概念包含了测量类，测量类可能与一个类相关联（例如，母线电压），或者与一个端子相关联，用于清晰定义测量访问点（例如，通过一根馈线的潮流）。

这种建模方式的主要优点是，对于应用来说，信息交换有机会比较简单。CIM 不仅提供一种通用的数据格式，还提供了一种通用的语义模型。这允许每个类和属性有统一的解释。

根据其应用领域，基于包的结构管理所有使用的类。应用领域举例如网络拓扑问题、测量、资产专用信息管理。这个结构也允许扩展模型，只需要添加专用模块和相关的类，就可扩展模型。

然而，上面的例子（见图8.1）表明，必须将通信协议的数据模型转换进数据库中，这些数据库是控制中心或参与供电过程的其他参与者的数据库。

根据 IEC 61850 和 IEC 61968/ 70，上述描述的两个信息模型不能在彼此之间进行转换，因为这两种数据模型是根据有效地完成其不同任务来设计的。

此外，与电网运行的在线信息交换的内容相比，数据库包含的数据量要大得多，如图8.45 所示。

图8.45 数据库和实时通信中数据量的定性比例

因此，必须使用转换器，在两个不同的信息模型之间进行转换，如图8.46 所示。

图8.46 数据模型转换

此图中，就时间戳而言，显示了这两个模型的不同之处。数据模型的通信协议使用一个相对时间戳（见图8.46 左边），而信息模型表示绝对日期和时间（见图8.46 右边）。

确定目标就是，开发标准化的转换器，以确保两种模型之间便捷的和一致的数据输出/输入。首次实现这种转换的经验见9.2 节。

8.5　数据和通信安全 IEC/TS 62351

IEC/TS 62351[2] 系列的范围主要集中在信息安全方面，特别是在电力系统控制操作的信息安全方面。其主要目标有下述两点：

1）提供标准，该标准用于信息安全，该标准是关于 IEC TC 57 所定义的 ICT 标准，特别用于下述情况：

- IEC 60870-5 系列（第 101 和 104 部分用于子变电站控制中心，第 102 部分用于电表，第 103 部分用于保护通信）。
- IEC 60870-6 系列（用于内部控制中心通信）。
- IEC 61850 系列（用于电力系统的多层通信）。
- IEC 61970 系列（用于输电层的数据管理）。
- IEC 61968 系列（用于配电层的数据管理）。

2）制定端到端的安全解决方案的标准技术报告。

标准系列目前由几个部分组成，这些部分考虑了信息安全的特定目标。

第 1 部分介绍了标准的后续部分，主要是根据电力系统运行来介绍信息安全的各个方面。

和通常一样，第 2 部分包含术语表。

第 3～6 部分规定了 IEC TC 57 通信协议的安全标准，以及专用层规范文件 TCP/IP 和 MMS。这些可以用来提供通信安全的各个层级，这取决于定义具体实施的协议和参数。

第 7 部分提出了端到端的信息安全的专用领域，即增强用于电力系统运行的通信网络的全面管理：网络系统管理（NSM）。NSM 提供通信网络的信息基础设施管理，类似于在局域网中用于个人计算机（PC）通信的简单网络管理协议（SNMP）。NSM 通过引入符合 IEC 61850 数据模型的命名规范，专注于电力系统运行通信。例如，可以将数据模型映射到 IEC 61850、IEC 60870-5、SNTP 和 Web 服务。

第 8～10 部分定义了专用安全方面的管理，对于采用 CIM 的数据库中的数据管理，这也是有效的。

图 8.47 描述了上述标准部分在通信协议方面的关系。

标准部分定义了大量的保护措施，防止以下情况：

- 未经授权的信息访问。
- 未经授权的信息修改或信息窃取。
- 信息丢失。
- 拒绝服务或阻止授权的访问。
- 信息丢失的责任，其包括
  - 否认已发生的事件。
  - 声称存在没有发生的事件。

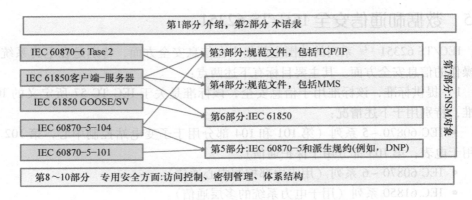

图 8.47　IEC/TS 62351 的结构及其和通信标准的关系

除了如加密、防火墙、反病毒/间谍软件、密码等功能外，信息安全的一个关键措施还包括：通过数字签名，引入基于角色的访问控制（RBAC）的授权，其中该数字签名添加到从客户端、服务器或发布者送出的每个协议帧。

此法使用一个专用的密钥——Hash 消息验证码（HMAC）。HMAC 是一种特定构造的、用于计算消息验证码，此消息验证码包括加密 Hash 函数结合加密密钥。HMAC 的加密强度取决于底层的 Hash 函数、该 Hash 输出的大小、密钥的大小和质量。

图 8.48 比较了有身份验证和没有身份验证的协议帧。

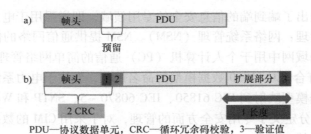

PDU—协议数据单元，CRC—循环冗余码校验，3—验证值

图 8.48　IEC 61850 协议帧：a）无验证，b）有验证

用于电力系统管理的数据和通信安全的标准化工作仍在进行。根据新发现（尚未准备）的安全问题和潜在威胁的技术发展，预计还会有新增部分，用于处理信息安全的更多领域。

8.6　统一智能电网标准的全球性行为

8.6.1　IEC/TR 62357 参考模型

智能电网的概念对供电过程的以下所有利益相关者都有影响：

- 各级电力系统的电网运营商。
- 小型和大型的电力生产商。
- 交易商和服务提供商。
- 传统消费者。
- 需要特定电网接入环境的新型负荷的用户。

所有这些利益相关方都需要一套一致的标准，以确保在智能电网环境下仍可能维持高质量的供电。

"已确认与智能电网[8,9]相关的 IEC 标准超过 100 个。"

这些标准中的很大一部分属于 ICT 领域。智能电网需要连接能力，使电网设备的新设计和新的 ICT 解决方案能够成功地适应运行中的、现有的、传统的电网设备和 ICT 解决方案。

在这种情况下，持续支持在世界范围已建立的"旧的"通信标准是非常重要的，而且不能忽视。

IEC 的技术委员会 TC 57 制定了一份技术报告，该报告描述所有的现有的对象模型、服务和协议，这些对象模型、服务和协议在智能电网中扮演着关键的角色，并展示了它们之间的相互关系。

IEC/TR 62357 – 1：2012[10]规定了一个参考体系结构和框架，用于开发和应用信息交换的 IEC 标准，这些信息交换涵盖了电力系统的所有级别——从低压构建电网开始，结束于各级电力批发市场和输电系统运营商的控制区域。

该技术报告概述了可用的新标准、传统标准、指导方针和一般原则，这些均是用于配电、输电和电力生产中的应用的，与下述方面相关：电力系统运行、设施和维护管理、电网规划、设计方法、外部 ICT 应用、电力系统与市场行为的相互作用。

该技术报告中描述了未来多层参考结构，该多层参考结构考虑到新概念和先进技术，例如，语义对象建模或创新规范方法，为了在创新的技术趋势和标准活动上构建，以实现智能电网概念的一致性和互操作性。图 8.49 根据技术报告[10]给出了参考结构。

该参考结构包含所有以上考虑的核心 ICT 标准（灰色），并将相关部分分配到其应用层。除了 ICT 标准的系统配置外，还提供了至其他领域的桥梁，举例如下：

- 覆盖了通信标准 7 层模型的成熟的 ISO 和工业标准的应用。
- 互连系统规范工具，例如，XML 或 RDF。
- 映射至其他技术。
- 与其他技术委员会的相互关系，特别是涉及电表和构建自动化标准（TC 13、TC 14）。

以此方式，提出了一种策略，该策略考虑需要通用建模的地方。如果有可能，推荐一些方法，以协调不同的建模方法。

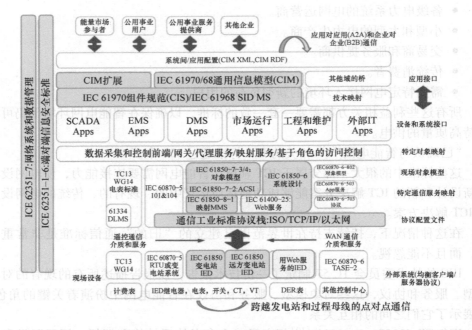

图 8.49　用于电力系统信息交换的 IEC TC57 参考模型 ——根据参考文献［10，13］更新

参考结构的工作仍在继续。计划改进后的参考结构与智能电网结构模型（SGAM）保持一致。该模型提供了一种表示智能电网的系统方面的方法。

8.6.2　欧洲授权标准 M/490

2011 年 3 月，欧盟委员会发布了授权标准 M/490，"针对欧洲标准化组织（ESO）的标准化要求，以支持欧洲智能电网部署"[11]，该标准是针对三个欧洲标准化组织，即欧洲标准化委员会（CEN）、欧洲电子技术标准化委员会（CENELEC）和欧洲电信标准化委员会（ETSI）。

M/490 要求 CEN、CENELEC 和 ETSI 开发一个框架，该框架能使 ESO 在智能电网领域进行连续的标准改进和开发，同时，保持横向一致性，并促进持续创新。预期的框架将包括下述可交付内容：

1）一种技术参考结构，其表示主要领域之间的功能信息数据流，并集成许多系统和子系统架构。为了进一步的考虑，直至 2013 年这些用例才完成。

2）一组一致的标准，其将支持信息交换（通信协议和数据模型），并将所有用户集成进电力系统运营中。

3）可持续的标准化过程和协作工具。在确保符合高级别的系统约束的情况下，可持续的标准化过程和协作工具用于：①能支持利益相关者的交互；②改进上面的两个可交付成果；③根据基于差异分析的新需求，对其进行调整。系统约束举例如互操作性、安全性和私密性等[11]。

欧洲授权标准 M/490 要求 ESO 在既存文件上建立。既存文件由各种标准化机构递交，并通过了其他标准，例如，M/441（智能计量）和 M/468（电动汽车充电）。

为了完成所要求的工作，ESO 将其战略方法结合在一起，在 2011 年 7 月，建立了共同的 CEN – CENELEC – ETSI "智能电网协调小组"（SG – CG），该组织负责在 M/490 方面的共同工作。

从 2011 年年底到 2012 年年底，SG – CG 抓紧工作，发布了下述报告（2013 年1 月，由三家组织的技术委员会批准）[12]：

- 提供对概念和结果综述的框架文档。
- 参考架构。
- 第一套一致的标准。
- 可持续过程。
- 智能电网信息安全。

（1）框架文档

考虑了如何将不同的标准元素组合在一起，为智能电网提供一致的框架，以满足 M/490 的要求。

该文档展示了标准及其分类的可交付内容。给出了四个工作组的结果的综述。该文档描述了标准需求的未来识别的过程。

（2）参考架构文档

必须指定通信和能量流、电力系统的主要元素及其相互关系。

在第一步中，已经分析了现有的架构模型。智能电网的概念模型（由美国国家标准和技术研究所（NIST）制定）被确定为可靠和公认的基础。然而，为了考虑欧盟的具体要求，有必要扩展它。

为了增强功能，引入了以下两个主要组件：

- DER 域，其允许阐述连接到电网的 DER 日益增长的重要性。
- 灵活性概念，该概念将消费、生产和储能整合到一个灵活的实体中。

此外，SGAM 框架被认为是一种适当工具。该工具有架构方法，用于支持智能电网用例设计。该架构方法也为进一步扩展提供了必要的开放性。该模型合并五个互操作层（商业案例、功能、信息内容、通信和组件），将其合并为智能电网概念的以下两个领域：

- 电力系统管理和能源市场的层。
- 从发电到终端消费者的能源转换链。

架构视图详细说明了一组方法，该方法用于代表智能电网中的不同利益相关者的视图的抽象概念。选择了四个视角，这四个视角与适当的体系结构相关联。这四个视角是指：商业案例、功能和用例、信息模型、通信协议。

描述参考体系结构的用法，以此代表大范围的应用。

通过 SGAM 方法，分析智能电网用例，可以支持即将使用这些用例的设计师的工作。

（3）第一套一致的标准

这是一个选择指南，根据目标应用领域，该指南制定出最合适的标准来考虑。在第一步中，确定了要考虑 24 个智能电网系统，以满足一套一致的标准的需求。这 24 个智能电网系统分类如下：

- 发电管理。
- 输电管理：
  - 变电站自动化。
  - 广域测量。
  - EMS 和 SCADA。
  - 柔性交流输电系统（FACTS）。
- 配电管理：
  - 变电站自动化。
  - 馈线自动化/智能重合闸。
  - 分布式电源的质量控制。
  - 配电管理 SCADA 和地理信息系统。
  - FACTS。
- DER 管理：
  - DER 运营。
  - DER EMS。
  - VPP。
- 智能计量：
  - 先进的计量基础设施。
  - 计量后台系统。
- 需求和生产柔性－聚合"产消者"管理系统。
- 电力市场系统。
- 交易系统。
- 电动汽车（连接到电网）。
- 公共管理系统：
  - 设施和维护。
  - 通信网络管理。
  - 时钟基准。
  - 设备的远程配置。
  - 天气观测和预报。

采用 SGAM，以将所提到的 24 个系统，映射到一个结构化的系统描述中。在用例遵循下述方法的情况下，将所有上述提及的系统都映射到 SGAM：

1）所考虑的系统可能支持的通用用例集的定义。

2）系统（组件层）所使用的典型体系结构和组件的设计。

3）标准表的规定。认为这些规定是用于接口该系统中的在组件、通信和信息层的所有组件。

建立系统和相应的标准之间的关系，这些关系见表中所示。

在这种情况下，文档将 400 多个标准引用分配到此 24 个智能电网系统，这些标准引用来自 50 多个标准化组织。在文件审查阶段，工作组收到并审议了来自不同国际专家的约 500 条建议。

（4）可持续过程的规范

基于已制定的、标准化中的用例方法学。根据已制定的用例模板，从不同范围的利益相关者中，收集用例。

收集的用例已经分组，相应地指定了通用用例。可以认为通用用例是功能和过程的描述，该功能和过程响应大量参与者的需求。通用用例定义了通用概念，而不是项目专用的概念。

已经制定了主要智能电网用例集的概念性描述。在用例管理库（UCMR）中，存储和维护通用用例。发布了 UCMR 结构的描述。

以收集的和修改的用例作为基础，以此评估下一步智能电网标准的需求。现在，用例方法学是一整套工具的一部分，以此获得互操作解决方案。

（5）智能电网信息安全（SGIS）报告

报告提供了关于信息安全的标准的应用指导。规定智能电网的信息安全的主要支柱是保密性、完整性和可用性（CIA）。

该报告介绍了一种基于组件的欧洲智能电网稳定性场景：

- SGAM。
- 智能电网信息安全层结构。
- 智能电网数据保护类。
- 每个 SGAM 层的安全视图。

已经制订了实现这些组件的建议。

所考虑的 SGIS 工具箱提供了一个用户友好的指导，该指导是关于用例的特殊安全需求。

该报告得出的结论是，现在，智能电网信息安全所需的标准已经存在。尽管如此，还是认识到需要加强和补充标准来满足智能电网的特殊需求。

2013 年，延长了授权标准 M/490，以提供进一步的规范。例如，必须制定"映射工具"规范，以协调和改进不同的 IEC 标准的链接。

M/490 的结果对产生下一步提案有重大影响，这些提案在几个 IEC 技术委员会中。这些 ICE 技术委员会举例如 TC8（微电网和连接条件）、TC23（建筑物中的能量管理和微电网)、TC57(参考架构,基本的 ICT 标准的增强,接口网络 – 消费者的规范)、TC64(智能电网和建筑安装)、TC65(智能电网和工业)、TC88(风电厂的通信)和 TC120(储能技术集成)。在全国性路线图中,为部署推荐的标准集,在几个全国性的活动中,还观察到有其他影响。

8.6.3 在电力能源/智能电网标准化路线图中的全球性行为的分析

以上所述的 IEC 和欧洲授权标准 M/490 所做的努力,都伴随几个国际性和全国性行动,并受其影响。这些国际性和全国性行动与标准相关,这些标准与用于智能电网高效部署的建议、指导和路线图相关。

德国标准化的电力能源/智能电网路线图发布了两个版本——1.0 版本于 2010 年 4 月 13 日发布[13],2.0 版于 2012 年 11 月 14 日发布[14]。

路线图[13]开始于一个全球行动的调查和分析,该全球行动是关于智能电网标准化的。这是为各国委员会提供其他委员会的工作信息,描述和联系欧洲和国际标准化行动。此外,其目的是让外界深入了解各种渐进的制定工作。文档[13]包含了下述行动的详细描述:

IEC 的标准化管理委员会(SMB)建立了一个智能电网战略组,该战略组发布了一个关于 IEC 标准的初步路线图和 11 项高层建议。上面详细论述过被确立为核心标准的 IEC 标准,即 IEC 62357、IEC 61850、IEC 61970/68 和 IEC 62351。

国际大电网会议(CIGRE)研究委员会 D2 成立了一个工作组,以调研"21 世纪的 EMS 架构"。为了确保在 ICT 领域的互操作性和可重用性,规定了 11 个设计原则。

IEEE 启动了 P2030 项目,该项目目标是,确保智能电网中的能源技术和 ICT 的互操作性,并特别关注终端用户应用。

"公用通信体系结构国际用户组(UCAiug)"是标准系列 IEC 61850 和 IEC 61970/68 的用户的国际协会。该团队根据在几个项目中的经验,为这两个标准系列的协调提供重要的输入。

NIST(与美国电力研究院(EPRI)合作[15])在 2010 年 1 月发布了一个智能电网互操作性标准的框架和路线图。其描述了一个抽象参考模型,并确定了将近 80 个标准,这些标准对于智能电网的部署是必不可少的。此外,还考虑了 14 个关键领域,在这些领域,需要新的或增强的标准。NIST 发表带有时间表的行动方案,并与标准化组织合作。确定其目标是,在不久的将来,缩小仍然存在的差距,并实现智能电网的互操作性。

在 2010 年 1 月的第 1 份报告中,考虑了日本智能电网的国际性标准化的路线图,以及和其他国家的合作[16]。确定了电力供应过程中的 7 个主要领域,并为供电过程指定了 26 个优先行动区域。分析了日本经济的特殊核心效应。

英国电网战略集团[17]制定了一个智能电网发展路线图。考虑了 12 个主要挑战,涉及目标有碳减排量、供电可靠性和竞争。

西班牙电网平台 FuturED[18] 提出了一些建议，这些建议是关于技术进步以及部署智能电网的政策、立法和监管支持的。

奥地利的智能电网路线图[19] 定义了技术领域，在这些技术领域中，对于未来的智能电网，技术进步是不可或缺的领域。

德国标准化路线图 1.0 简述了已经在德国实施的几项行动：

- 对在 2009 年 1 月发布的电力能源项目[20] 的标准化环境的调研[21]。
- 德国标准化委员会（DIN）的基础研究，涉及 2010 年 4 月发布的未来的标准化需求[22]。
- 2010 年 2 月发布的德国工业联邦协会（BDI）"能源互联网——未来能源市场的 ICT"[23]。
- 德国电气与电子制造商协会（2009 年）的自动化分部的能源集成路线图"自动化 2020 +"[24]。
- 德国电气、电子、信息和通信技术标准化委员会（DKE）和电力能源研究的内部自动化联合工作组。

德国标准化路线图 1.0 分析了所述的国际性和全国性调研的共同点。这些研究和路线图宣称有下述需求：

- 全球化、统一和协调的标准，该标准有所采用数据模型的语义和语法的严格定义。
- 高度的信息安全，以确保电力系统可靠地和稳定地运行。
- 将计量和家庭自动化标准纳入协调工作中，以部署消费者市场整合和需求侧整合，同样，在共同的标准基础上，最后，但同样重要的是，
- 监管和立法框架中的模式改变。

此外，在未来电力系统的运行中，设计、分布式能源资源、电力存储和电动汽车管理等领域将发挥重要的作用。因此，必须考虑这些领域的标准化，并将其添加到核心标准集中。

然而，在全球层面上，这些领域只是部分相关。

总结对全球研究和德国经验的分析，结论是，文件[13] 指定了一组建议，这组建议涵盖了下述 12 个领域（有领域特定建议的数量的说明）：

1）总体方面（12）。

2）监管和立法框架（3）。

3）信息安全和数据保护（4）。

4）通过通信进行信息交换（4）。

5）结构、数据交换和电力系统管理（4）。

6）主动配电系统（2）。

7）智能计量（5）。

8）分布式发电和虚拟发电厂（3）。

9）电动汽车（3）。

10）电能存储（3）。

11）负荷管理和需求侧响应（2）。

12）建筑和内部自动化（5）。

根据上述建议，表8.4给出了智能电网核心标准的扩展的总体情况。

如今，在世界各地的"智能计量"和"建筑自动化"领域，采用了太多的标准，这在表8.4中只得到了部分体现。

表8.4 根据全球性活动分析的用于智能电网的核心标准

应用	标准
无缝的 ICT 愿景——参考结构	IEC 62357
在电力系统中建立的通信	IEC 60870
电力系统中先进的无缝通信	IEC 61850
风电场的先进通信	IEC 61400
使用 CIM 对 EMS 和 TSO 进行数据管理	IEC 61970
使用 CIM 对 DMS 进行数据管理	IEC 61968
使用 CIM 对市场通信进行数据管理	IEC 62325
信息安全	IEC 62351
使用功能构建块实现分布式控制和自动化的兼容开发工具	IEC 61449
电动汽车充电系统	IEC 61851
电能计量配套规范（COSEM）	IEC 62056
使用设备消息规范（DLMS）进行电表通信	IEC 61334
电能计量——包括客户 – 机构的信息交换	IEC 62051
楼宇自动化 KNX	IEC 14543 EN 50090 EN13321
楼宇自动化 BACnet	ISO 16484
楼宇自动化 LON	EN 14908
家用电器互连	EN 50523

制定了大量的专用解决方案和标准，这些方案和标准或者有地域性，或者其用途与重要性相关，不同的供应商和公司采用这些方案和标准。

有需要趋向于一个全世界接受的共同标准（例如，IEC 61850 标准在电力系统控制领域的应用），或者，有需要减少可选标准的数量。但是，对于当前来说，这样的目标是不现实的。

欧盟已经建立了标准 M/441，以制定智能计量领域的战略。

用于建筑自动化和计量的低层次通信应该是简单的、成本高效的，不应该要求高级协议服务。在 IEC 61850 中，为了电力系统控制，实现了这些高级协议服务。

然而，用于较低电压等级的计量或建筑自动化和用于更高电压等级的电网控制有共同的信息，但是，这类共同的信息对象的数量极少。原则上，其包含了测量值和电网信号（例如，工业企业应降低负荷），与电力系统控制所需的成千上万的数据相比，实际的能源费用信号和费用预测的设置要少得多。

使用网关将低层应用协议的数据模型转换为电力系统控制层的 IEC 协议，这是一种可能的方案，可实现在封闭计量和家庭自动化或者电力系统之间所需的数据交换。

在 IEC 领域，可将 TC57（系统方面）和 TC13（计量）之间的紧密合作，视为一个机会，可将设备语言消息规范/电能计量配套规范（DLMS/COSEM），添加到 IEC 61850 数据模型中，而无需直接更改相关标准。

DLMS/COSEM 规范是 IEC 62056 标准的一部分。DLMS 是由 DLMS 用户协会（UA）制定和维护的一套标准，由 IEC TC13 接管，并添加到 IEC 62056 标准系列中。COSEM 包括一套规范，其定义了 DLMS 概要文件的传输层和应用层。

下述三种建筑自动化标准是欧洲的领先标准，并已在全球范围内应用于数千个项目：

● 按照 EN 50090，智能建筑控制系统（KNX）是一种欧洲建筑标准，其包含了包括传感器通信协议在内的家庭和建筑的技术规则。当前版本的 KNX 标准也在 IEC 14543－3 中规定。

● 根据 EN ISO 16484，楼宇自动化和控制网络（BACnet）在第 5 部分中规定了带传感器和执行器的控制设备的通信的 BACnet 协议。

● 根据 EN 14908，本地运行网（LON）是一种针对介质上的网络设备优化的协议。这些介质举例如铜绞线、光纤、电力线载波和射频。该标准规定了一个多用途的、优化的控制网络协议栈，用于智能楼宇和智能城市。

正在进一步制定这些标准，以期改进和协调，例如，带有 ZigBee——美国使用的设备通信和信息模型。

文档[13]总结了具体步骤的定义，以期部署路线图的阶段 1。也会考虑后续的阶段 2 的主题。

可以预期各项技术将汇集，并发展成一个智能多用途能源系统。这些技术包括能源交易、发电、电网运营、车辆管理、ICT 服务和多用途概念（天然气、水、区域供热）。这种合并需要在国际标准化中进行进一步的实践。

在输电系统领域，重要的新功能也需要更多的关注。按照沙漠（DESERTEC）

愿景[25]（见第 2 章），需要新标准，以确保新的大容量输电线路的高效建立。

德国电力能源/智能电网标准化路线图 2.0 基于这些分析，以期探索最初在第一个路线图中提到的主题。与智能电网协调小组和有关欧洲授权标准 M/490 的相关工作小组紧密合作下，制定了该路线图。

已更新了国际工作的调查报告，并描述了下述扩展。

（1）国际的和海外的行动

在 IEC 层面上，已经建立智能电网的战略小组（SG3），当前，其工作重点在于智能电网路线图的新方案，以及上述 ICT 标准系列的改进。下一个版本的 IEC 路线图也考虑了未来标准的前景。除了 TC57 外，其他技术委员会也已经成立工作组，根据 TC 的相关领域，制定智能电网需求。

在 NIST 的领导下，2012 年 2 月美国正在进行的行动为智能电网互操作标准制定了第 2 版的框架和路线图。此外，还建立了一个新组织（智能电网互操作组（SGIP））。目前，大约有 800 家公司和组织加入了 SGIP。SGIP 的工作主要集中在制定优先行动计划（PAP）和标准目录（CoS）。

中国国家电网公司建立了一个涉及 8 个领域的智能电网标准化系统。这些领域包括电网规划、发电、输电、变电、配电、用电、调度和 ICT。对于智能电网部署来说，已经确定的 92 个标准系列是必不可少的，并需要对其进行增强或修正。

在韩国，自 2010 年以来，已经有一个标准化的路线图，在 2012 年 3 月，发布了一个互操作性框架。规定了三个顶层域，以支持智能电网部署。这三个顶层域是智能服务、智能发电和智能用户。这项工作是极其面向 NIST 框架的。

在巴西和印度，已建立了智能电网标准化组织。

智能电网的下一步的国际标准行动正在进行。

（2）欧洲的行动

欧盟委员会已经发布了三个上述提到的与智能电网标准化有关的标准（M/490、M/441、M468），因此，这三个并行协调小组正在积极地完成既定目标。

除了标准化标准外，在一个高级指导委员会下，还成立了以下四个专家组：

- 智能电网标准的参考组。
- 在智能电网环境中，关于数据隐私和数据保护的监管建议组。
- 智能电网部署的监管建议组。
- 智能电网基础设施部署组。

ETSI 制定了一个独立于领域的 M2M 通信架构（功能架构），其基于 M/490 和 M/441 的结果。2012 年 2 月，发布了"M2M 版本 1"的具体内容。

此外，已在立法中实施能源内部市场的第三个程序包，并规定了能源政策的一些根本性变化。该程序包也包含了一项规定，用于制定 ENTSO - E 范围的、一致的、统一的和有约束力的电网编码。因此，在 2014 年之前，将编制 TSO 的各种电网编码，目标是，为了一个单独的欧洲电力市场，确保建立安全高效的电网运营。

德国的行动主要集中在欧盟授权标准 M/490 中所规定的所有领域。在参考文献 [14] 中，描述了几个全国性工作组的目标和指标。

考虑到电网发展和多个利益相关方中的重要课题，德国联邦经济和技术管理局（BMWi）已经建立了"面向未来的电网"平台和"智能电网和电表"工作组。

为了引入智能电表，德国联邦信息安全办公室（BSI）正在制定一项技术指令，该指令是基于保护配置文件的，是根据使用安全智能电表通信链路的通用标准。

2008 年，德国联邦政府推出了一项复杂的计划"电力能源——以 ICT 为基础的未来能源系统"[20]。到 2013 年，已经检测和测试了 6 个工业和科学联盟的智能供电系统的基本要素，检测和测试条件是，在多个场景和地区。此 6 个工业和科学联盟使用可再生能源。

在 DKE 的保护下，建立了电力能源/智能电网标准化的专业知识中心和电力能源/智能电网标准化指导小组。其目标是，通过与国家技术委员会和多个利益相关方及协会合作，来协调智能电网产生的标准化问题。指导小组协调 11 个研究重点小组和工作小组的工作，以覆盖智能电网标准化中的不同领域。

此外，参考智能电网，还制定了另外两个标准化路线图，其目的是，展示全球行动的当前结果，并确定进一步结构化方法的要求：

在环境辅助生活（AAL）上的标准化路线图[26]响应了广泛使用智能辅助系统的请求，该智能辅助系统使得成本低廉的、统一的、一致的和可互操作的系统组件成为可能。该路线图帮助供应商开发产品，促进对不同厂商的 AAL 组件的互操作性和兼容性的统一理解。

德国电动汽车的标准化路线图 2.0[27]考虑了电动汽车的性能和消费特点。该路线图关注充电站本身的消耗情况。此外，根据现有标准，对电气安全性和电磁兼容性方面进行了描述。

总的来说，路线图的下一步主题[14]符合欧洲 SG – CG 的结果，得到了全国性委员会、协会和工作组的支持和关注。这种一致性尤其体现在以下方面：

- 引入用例法。
- 标准化过程的系统性和概要化。
- 智能电网信息安全。
- 智能电网结构模型。

用例的例子及其趋向电力系统运行实践中的应用已得到证实。在附录中给出了最佳实践示例。

德国的电力能源/智能电网标准化路线图 2.0 对 IEC 和欧洲 M/490 行动产生了

巨大的影响。目前，已在国际层面上使用所推荐的"用例"和"智能电网架构模型"方法论，并将其引入到电力系统控制层面以下的许多相关领域，例如，电动汽车、AAL 和智能家居。

参 考 文 献

1. IEC 61970-n, Energy management system application program interface (EMS-API); Part 1: Guidelines and general requirements; Part 2: Glossary; Part 301: Common information model (CIM) base; Part 302: Common information model (CIM) extensions; Part 401: Component interface specification (CIS) framework; Part 402: Common services; Part 403: Generic data access; Part 404: High Speed Data Access (HSDA); Part 405: Generic Eventing and Subscription (GES); Part 407: Time Series Data Access (TSDA); Part 452: CIM Network Applications Model Exchange Specification; Part 453: CIM based graphics exchange; Part 501: Common Information Model Resource Description Framework schema

2. IEC/TS 62351-n, Power systems management and associated information exchange – Data and communications security. Part 1: Communication network and system security - Introduction to security issues; Part 2: Glossary of terms; Part 3: Communication network and system security - Profiles including TCP/IP; Part 4: Profiles including MMS; Part 5: Security for IEC 60870-5 and derivatives; Part 6: Security for IEC 61850; Part 7: Network and system management - data object models; Part 8: Role-based access control; Part 9: Cyber security for key management for power system equipment; Part 10: Security architecture

3. IEC 60870-5-101: 1995, Telecontrol equipment and systems – Part 5: Transmission protocols – Section 101: Companion standard for basic telecontrol tasks.

4. IEC 60870-5-103: 1997, Telecontrol equipment and systems – Part 5: Transmission protocols – Section 103: Companion standard for the informative interface of protection equipment.

5. IEC 61850-n, Communication networks and systems for power utility automation – Part 1, 2003: Introduction and overview; Part 2, 2003: Glossary; Part 3, 2003: General requirements; Part 4, 2011: System and project management; Part 5, 2003: Communication requirements for functions and devices models; Part 6, 2009: Configuration description language for communication in electrical substations related to IEDs; Part 7-1, 2011: Basic communication structure – Principles and models; Part 7-2, 2010: Basic information and communication structure – Abstract communication service interface (ACSI); Part 7-3, 2010: Basic communication structure – Common data classes; Part 7-4, 2011: Basic communication structure – Compatible logical node classes and data object classes; Part 8-1, 2011: Specific communication service mapping (SCSM) – Mappings to MMS (ISO/IEC 9506-1 and ISO/IEC 9506-2) and to ISO/IEC 8802-3; Part 9-2, 2011: Specific Communication Service Mapping (SCSM) – Sampled values over ISO/IEC 8802-3

6. IEEE 1588: 2008, Standard for a precision clock synchronization protocol for networked measurement and control systems

7. http://www.omicron.at/en/products/pro/communication-protocols/iedscout (August 2013)

8. IEC 61968-n: Application integration at electric utilities - System interfaces for distribution management; Part 1: Interface architecture and general requirements; Part 2: Glossary; Part 3: Interface for Network Operations; Part 4: Interfaces for Records and Asset management; Part 5: Interfaces for Operational planning and optimization; Part 6: Interfaces for Maintenance and Construction; Part 7: Interfaces for Network Extension Planning; Part 8: Interfaces for Customer Support; Part 9: Interface Standard for Meter Reading and Control; Part 10: Interfaces for Business functions external to distribution management; Part 11: Common Information Model (CIM) Extensions for Distribution; Part 12: Common Information Model (CIM) Use Cases for 61968; Part 13: Common Information Model (CIM) RDF Model exchange format for distribution

9. http://www.iec.ch/smartgrid/standards (August 2013)

10. IEC/TR 62357: Power systems management and associated information exchange Part 1, 2012: Reference architecture

11. http://ec.europa.eu/energy/gas_electricity/smartgrids/doc/2011_03_01_mandate_m490_en. pdf (August 2013)

12. http://www.cencenelec.eu/standards/Sectors/SmartGrids/Pages/default.aspx (September 2013)

13. German E-Energy/Smart Grid Standardization Roadmap 1.0. VDE, 23rd April 2010. http:// www.e-energy.de/documents/DKE_Roadmap_Smart_Grid_230410_Deutsch.pdf (September 2013)

14. German E-Energy/Smart Grid Standardization Roadmap 2.0. VDE, 6th November 2012, English version of March 2013. http://www.dke.de/de/std/KompetenzzentrumE-energy/ aktivitaeten/Seiten/DeutscheNormungsroadmapE-EnergySmartGrid.aspx

15. Electric Power Research Institute: Report to NIST on the Smart Grid Interoperability Standards Roadmap, 2009, www.nist.gov/smartgrid/ (August 2013)

16. Japan's Roadmap to International Standardization for Smart Grid and Collaborations with other Countries, Document was presented and distributed at CEN/CENELEC-meeting Smart Grids"on 8th March 2010

17. Electricity Networks Strategy Group (UK) – A Smart Grid Routemap, February 2010, http:// www.ensg.gov.uk/ (September 2013)

18. FutuRed – Spanish Electrical Grid Platform, Strategic Vision Document, 2009 www.futured. es (August 2013)

19. Roadmap Smart Grids Austria – Der Weg in die Zukunft der elektrischen Netze, Vorabversion anlässlich der Smart Grids Week Salzburg. 2009, www.smartgrids.at (August 2013)

20. www.e-energy.de (October 2013)

21. M. Uslar et. all. Untersuchung des Normungsumfeldes zum BMWi-Förderschwerpunkt E-Energy – IKT-basiertes Energiesystem der Zukunft. Studie für das BMWi, 2009

22. INS-Basisuntersuchung „Identifikation zukünftiger Standardisierungsfelder 2009", DIN Deutsches Institut für Normung e.V. im Rahmen der Initiative „Förderung der Innovation und Marktfähigkeit durch Normung und Standardisierung – Innovation mit Normen und Standards (INS). http://www.din.de/cmd?level=tpl-home&contextid=din (August 2013)

23. http://www.bdi.eu/ (August 2013)

24. S. Behrendt, M. Marwede, T. Wehnert. Integrierte Technologie-Roadmap Automation 2020 + Energie. IZT Institut für Zukunftsstudien und Technologiebewertung für den ZVEI Dachverband Automation, 2009

25. www.desertec.org (August 2013)

26. http://www.dke.de/de/std/AAL/Seiten/AAL-NR.aspx/ (August 2013)

27. http://www.dke.de/de/std/e-mobility_neu/Seiten/E-Mobility.aspx/ (August 2013)

11. http://ec.europa.eu/energy/gas_electricity/doc/2011/03_01_standards_mv90.en. pdf (August 2013).

12. https://www.ceer.eu/ceer/gb/cop/Sa/en/GroupPages/default.aspx (September 2013).

13. German E-Energy/Smart Grid Standardization Roadmap 6.0. April 2010. http:// www.e-energy.de/documents/DKE_Roadmap_Smart_Grid_... ... (September 2013).

14. German E-Energy/Smart Grid Standardization Roadmap 2.0. VDE. 6th November 2012. ... November 2012. http://www.vde.de/de/Ausschuss/Kompetenzzentrum/e-energy umsetzungsausschuss/... Energy/Smart Grid.aspx.

15. Electric Power Research Institute. Report to NIST on the Smart Grid Interoperability Standards Roadmap. 2009. www.nist.gov/smartgrid (August 2013).

16. Japan's Roadmap to International Standardization for Smart Grid and Collaboration with other Countries. December 2010. ... and distributed at CEN/CENELEC meeting Smart Grids on 8th March 2010.

17. Electricity Networks Strategy Group (UK). A Smart Grid Routemap. Februar 2010. http:// www.ensg.gov.uk (September 2013).

18. FutuRed – Spanish Electrical Grid Platform: Strategic Vision Document. 2009. www.futured. es (August 2013).

19. Roadmap zum Smart Grid in Österreich: Der Weg in die Zukunft der elektrischen Energie...

21. Delta et al. Unternehmens der Netze... Energy – IKT-basiertes Energiesystem der Zukunft. Bericht der dena-...

22. INS-Basisuntersuchung... Identifikation ... Deutsches Institut für Normung e.V. im Rahmen der Initiative ... und Markt fähigkeit durch Normung und Standardisierung... Standards (INS). http://www.ins.de/zentrale/level/...-pd-home...

23. ... 2020 + Beispiele IKT ... ... Deutschland. November 2009.

25. www.dena.de/projects/... (August 2013).

26. http://www.vde.de/de/smart.../AA/AK/NKA.aspx (August 2013).

27. http://www.vde.de/de/e-mobility/...net_Net...eV.Mobility/e-en... aspx (August 2013).

第 9 章

全球智能电网

9.1　全球最大电力系统的智能电网

9.1.1　中国电力系统宏伟的发展战略

在 21 世纪的第一个十年中，中国成为全球最大的电力生产国和消费国。中国发电量增长迅猛，2011 年年发电量达到 4692.8TWh[1]。预计中国的发电量在未来十年翻一番，到 2035 年将增加至目前的 3 倍[2]。

主要有以下两个目的驱使中国建立智能电网：

1）建立统一的国家输电系统。

2）可再生能源的使用显著增长。

中国的电力系统是由 6 个区域输电网共同运行的，如图 9.1 所示。其中，以下 5 个输电网由中国国家电网有限公司（SGCC）管理，分别为

- NWCG——中国西北电网。
- NCG——中国华北电网。
- NECG——中国东北电网。
- CCG——中国华中电网。
- ECG——中国华东电网。

中国南方电网有限公司（CSPGC）是中国第二家国有输电企业，经营中国南方电网（CSG）。

缺乏统一的、联系紧密的国家输电系统阻碍了全国范围内广泛而有效地利用发电厂，加剧了局部拥堵的风险。例如，在中国不同地区，负荷高峰和负荷低谷的情况有很大的不同。

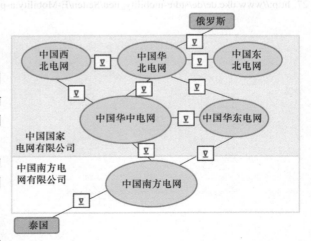

图 9.1　中国输电网和为建立统一电网的电网互连

北方地区有很高的冬季高峰负荷。另一方面，南方地区的水电站的水库水位下降，而南方地区的夏季用电需求量很高。功率缺口必须由昂贵的石油和柴油燃料满足。

具有大传输容量的直流和交流链路的输电系统的互连性更强，可以更好地利用发电和输电能力。

中国的电力系统主要基于燃煤型火电厂（约 75%）。然而，中国在可再生能源发电上也是世界第一。首先，这个结果是基于巨大的水电资源，其提供超过 600TWh 的年发电量。

此外，中国将很快占据光伏和风力发电技术的世界市场领先地位。2012 年中国风电装机容量达到 76GW，达到全球装机容量的 25% 以上（另见 2.2.1 节）。

到 2012 年，中国 17% 的发电来自可再生能源，计划可再生能源发电量将进一步快速增长。增长目标之一是在 2020 年计划安装的风力发电容量为 200GW。

将中国不断增长的可再生能源容量纳入国家电力系统，要求升级各级电网基础设施，最终建立智能电网。

中国智能电网政策与总体能源政策密切相关，由中国政府制定。中国政府的目标是建立一个强大的国家性智能电网，能够使用常规和可再生能源经远距离传输的大容量电能。在 2010 年 3 月，中国宣布到 2020 年建立"统一坚强智能电网"计划。

SGCC 是开发智能电网的领导者，并已宣布计划到 2015 年投资 2500 亿美元进行电力基础设施升级，其中 450 亿美元用于智能电网技术。2016～2020 年将再增加 2400 亿美元，以完成智能电网的增强[3]。

已完成了一个部署战略，其包括如下三个阶段：

- 第一阶段重点是发展规划、制定技术标准和启动试点项目。
- 第二阶段是 2011～2015 年的全面施工阶段，其主要集中在以下目标：

– 建立超高压（UHV）叠加电网，采用（世界上第一次）超高压输电线路交流 1000kV 和 ±800kV 直流（另见 3.3 节）。到 2015 年，超高压及其他地区内的输电能力将达到 240GW。

– 城乡配电网的改善主要是提高电能质量。城市供电可靠率必须达到 99.915% 及以上，农村供电可靠率必须达 99.73% 及以上。

– 智能电网运营理念和适当的控制技术。

– 将广泛应用关键技术方案。例如，将广泛使用智能电表，将部署电动汽车充电站，其数量满足需求。预计部署智能电表每年将需要 25 亿美元的费用，而在 2020 年，已安装的智能电表数量将达到 3.8 亿块。

–智能电网标准化工作一直伴随着施工阶段进行。SGCC 积极参与制定国际智能电网标准，SGCC 规定：在 2014 年，将采用 22 项核心标准，以确定中国的关键标准，并介绍这些关键标准。

- 第三阶段即"领导阶段"，其目标是完成一个坚强的全国互连智能电网。到 2020 年，特高压输电和其他地区内的输电能力将达到 400GW，足以将所需电力从已安装的火电厂、水电厂、核电站和风电场输送到需求量大、本地发电量不足的地区。配电网将得到加强，农村电网将得到改造。电力市场将使消费者积极参与需求方整合。

除了极大增强各级互连电网外，还将采用智能解决方案，以确保偏远农村地区的有效供电。通过结合可再生能源和存储单元，将在这些地区建立孤岛电力系统或所谓的"微电网"。这样，柴油所产生的昂贵的和不环保的发电量就可以完全被替代，或仅用于备用。

由于大量的智能电网战略和相关部署工作，中国有望成为管理、技术和系统运营解决方案的世界领先者。

9.1.2 美国互连电网的发展目标

世界第二大电力系统在美国运行。自 2002 年以来，美国的年发电量并没有显著变化（增长率 <8%），但是每年都有所不同。到 2012 年，美国的发电装机容量为 1168GW［化石一次能源（PES）占比为 76.7%，核电占比为 9.4%，可再生能源占比为 13.9%］，发电量约为 4100TWh[4]。2012 年，美国是第二大风力发电用户，装机容量为 60GW。

美国的北美电力系统由四个同步输电系统组成，称为"互连电网"。电压等级为 230kV、345kV、500kV 和 765kV。三个主要互连电网［阿拉斯加和岛屿除外］的区域如图 9.2 所示[4]。

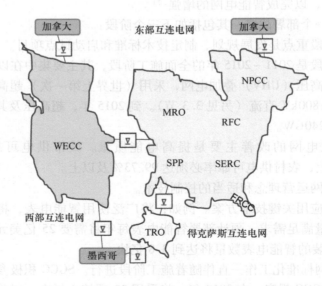

图 9.2　美国三个主要的输电系统（互连电网）[4]

包括阿拉斯加在内的四个输电系统为北美 3.34 亿人服务。

东部互连电网覆盖了美国东部大部分地区，该地区从中西部的落基山脉延伸至大西洋沿岸。经由高压直流输电线，东部互连电网与其他互连电网和加拿大（魁北克）相连接。安大略省（加拿大）的输电系统通过交流线路连接。

在东部互连电网中，以下 7 家可靠性理事会协调 TSO 的相互作用：

- NEPCC——美国东北电力协调理事会。
- MRO——美国中西部可靠性组织。
- RFC——美国可靠性第一公司。
- SPP——美国西南电网公司。
- SERC——美国东南部可靠性公司。
- FRCC——美国佛罗里达可靠性协调委员会。

西部互连电网覆盖了美国西部，该区域从落基山脉到太平洋海岸。它通过 6 条直流输电线路与东部互连电网相连，并与加拿大西南部和墨西哥西北部有联系。西部互连电网的可靠性委员会是美国西部电力协调理事会（WECC）。

得克萨斯互连电网覆盖得克萨斯州的大部分地区。它通过两条输电线与东部互连电网相连，也与墨西哥电力系统相连。得克萨斯互连电网的可靠性委员会是得克萨斯州可靠性实体（TRE）。

阿拉斯加互连电网覆盖了阿拉斯加州的区域，并没有与其他互连电网相连。阿拉斯加互连电网的可靠性理事会是阿拉斯加电力系统协调理事会（ASCC）。

可靠性委员会是北美电力可靠性公司（NERC）[5] 的成员。NERC 是北美的电力可靠性组织，其任务是通过以下方式确保北美输电系统的可靠性：

- 制订和执行可靠性标准。
- 观察可靠性参数，并发布适当的统计资料。
- 通过系统感知，监测输电网之间的潮流。

NERC 的责任范围遍及美国大陆、加拿大和墨西哥的下加利福尼亚北部地区。它负责可靠性参数，并发布适当的统计信息，以及监测潮流。NERC 只是参与美国智能电网战略的几个美国组织之一。

美国联邦能源管理委员会（FERC）是一个独立的机构，负责管理州际间电力、天然气和石油的输送。2005 年"能源政策法"赋予 FERC 以下附加责任[6]：

- 管理州际交易中电能输送和批发销售。
- 审查电力公司的某些并购、收购和企业交易。
- 审查电力输电项目的选址申请。
- 通过强制性可靠性标准，保护州际高压输电系统的可靠性。
- 能源市场的监测与调查。

- 通过实行民事处罚和其他方式，强制执行 FERC 监管要求。

FERC 正在进行市场改革，为各类可再生能源提供有利的市场准入。这些努力可能包括修正市场规则、更改辅助服务规则和相关政策，或实施支持可再生资源可靠整合的运行工具。通过实施这些或其他改革，FERC 的行动有可能增加可再生能源的发电量。

美国电力研究院（EPRI）负责支持智能电网部署的研究和技术开发（RTD）项目，美国国家标准与技术研究院（NIST）负责标准和技术。NIST 支持智能电网标准的开发（另见 8.6 节）。

美国能源部（DOE）是政府部门，在电力系统发展战略方面发挥领导作用。电力输送和能源可靠性办公室（OE）是美国能源部的一个下属机构，负责提高美国国家能源基础设施的可靠性和可恢复性[7]。然而，与中欧国家达到的供电可靠性相比，美国电力系统的供电可靠性较低。

供电可靠性低的原因是，由于缺乏电能质量政策性激励，导致电能需求快速增长与增强电网的投资水平之间有差距。

图 9.3 展示了这两个指标的差异[8]。

美国的人均电力消耗量为 12700kWh，是欧洲工业国家的人均电力消耗量的 2 倍（例如，德国人均电力消耗量为 6700kWh）[9]。美国的能源高需求的主要原因有如下两条：首先，平均每个家庭每年的电力消耗量总计高达 11000kWh，独立家庭住房的数量极多和美国终端用户

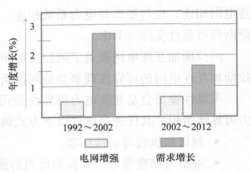

图 9.3　电力需求增长和电网发展的差异[8]

的典型行为造成了此种现象。主要的单一电器是电力空间采暖和水加热以及空调系统，其占总住宅用电量的比例略低于 50%[10]。另一方面，能源效率（主要是工业部门的能源效率）比其他工业化国家的能源效率低。

由于电力需求大，且缺少适当电网增强，导致供电可靠性较弱，2008 年系统平均停电持续时间（SAIDI）的一个比较证明了此点（见 4.6.1 节）：美国约为 300min/年[11]，德国约为 16min/年[12]。

供电可靠性低的后果是频繁停电。表 9.1 展示了 2004 年上半年美国大量停电的一个调查，该调查显示了输电网和次级输电网造成的停电。频繁的停电是农村消费者的日常问题，农村消费者通常由带电线杆的中压和低压架空线供电（中压/低压变压器安装在木杆上）。然而，这种停电的统计数据是未知的。

表 9.1　美国 2004 年上半年的停电数据统计

日期	位置	受影响用户	说明
1 月 14 日	明尼苏达州	12000	
1 月 28 日	马里兰州巴尔的摩市	70000	
2 月 6 日	俄亥俄州	2500	原因不明
3 月 1 日	佛罗里达州	15000	
3 月 12 日	新墨西哥州阿尔伯克基	20000	
4 月 22 日	加利福尼亚州洛杉矶	30000	鸟类造成的故障
4 月 29 日	华盛顿州	200000	
5 月 12 日	犹他州	31000	树木的接触
5 月 17 日	密歇根州 – 印第安纳州	边界地区	多个故障
5 月 27 日	密歇根州底特律	学校关闭	停电
5 月 31 日	伊利诺伊州	医院火灾	停电
6 月 3 日	得克萨斯州	400000	

来源：美国能源部 2004 年的数据。

在 2003 年 8 月美国东北部大停电之后，很显然美国需要对其供电系统基础设施进行根本性改善。

因此，通过研究和几项立法举措，加强了对美国电力系统的改善。2004 年，EPRI 启动了"智能电网"技术平台项目，在欧洲技术平台（ETP）为未来电网引入"智能电网"一词后，该项目成为"智能电网计划"（另见 1.2 节）。

美国能源部电力输送和能源可靠性办公室已经接管了领导角色，并与来自电网运营商、工业界、学术界和政府机构的主要利益相关者建立了伙伴关系，努力使美国供电系统现代化。相关的智能电网行动见表 9.2。

表 9.2　美国面向智能电网的行动

发起者	年份	行动	说明
OE/DOE	2003	研究：电网 2030——对第二个电力 100 年的全国性展望。改造电网实现电力变革	愿景和调度控制
OE/DOE	2004	美国国家电力输送技术路线图	行动计划
OE/DOE	2005	电网工程的多年计划	优先研究项目
美国国会	2007	美国能源独立和安全法（EISA）	供电安全
美国国会	2009	美国经济复苏和再投资法	电网增强

"电网 2030"课题的美国国家版本的定义如下：

"电网 2030 激发了北美竞争性的电力市场位置。它随时随地将每个人连接到丰富、经济实惠、干净、有效和可靠的电力。它提供了世界上最好和最安全的电力服务。"

美国能源独立和安全法（EISA）为美国能源部的智能电网活动提供立法支持。标题 13 的主要规定包括[7]：

- 第 03 节在美国能源部设立了"智能电网咨询委员会"和"美国联邦智能电网工作组"。
- 第 04 节授权美国能源部制定"智能电网区域示范计划"。
- 第 05 节将责任分配给 NIST。
- 第 06 节授权美国能源部为"智能电网投资成本"建立联邦匹配基金。

在"美国经济复苏和再投资法"的框架下，获得了 34 亿美元的资金。这笔款项后来又增加了 90 亿美元的额外资金。

美国能源部电力输送和能源可靠性办公室（OE）提供了为期两年的研讨会计划，以确定美国智能电网计划的主要智能电网功能特性。这些特性是

- 自愈配电网。
- 使消费者积极参与需求响应。
- 防止外部攻击时脆弱运行。
- 为 21 世纪电能需求提供更高水平的电能质量。
- 调节所有发电和储能选项。
- 允许新产品、服务和市场运行。
- 优化设施使用，提高电网运营效率。

智能电网的美国愿景采用数字技术，以提高所有电压等级的电力系统的供电可靠性、可恢复性、灵活性、能源效率和供电过程的经济性。

构成智能电网战略的关键活动是

- 为输电、配电、储能、电力电子、网络安全等领域的前瞻性技术的设计，制定研究和开发举措。
- 支持示范项目和随后的部署策略。
- 制定和引入互操作性领域的标准。
- 考虑电网的未来扩展，创造更大的确定性。
- 通过培训更多的训练有素、高技能、有智能电网运营知识的电力工作人员，以解决即将到来的劳动力短缺问题。
- 通过告知利益相关者的利益，分享持续改进的经验教训，以及交换技术和成本绩效数据，以此激励利益相关者的参与。
- 建立数据集，以显示美国在克服挑战和实现智能电网特点方面的进展。

智能电网的政策框架描述了四个主要目标：更好地协调经济激励，以支持智能电网技术的开发和部署；更加注重标准和互操作性，以实现先进创新；通过提供更好的节约能源的信息，使消费者融入市场；提高电网可靠性和可修复性。

9.1.3 俄罗斯及其邻国的电力系统的增强

俄罗斯和其他独联体国家的电力大多由同步互连的系统供应：

- UPS——俄罗斯统一电力系统。
- IPS——集成电力系统，其包括乌克兰、哈萨克斯坦、吉尔吉斯斯坦、白俄罗斯、阿塞拜疆、塔吉克斯坦、格鲁吉亚、摩尔多瓦和蒙古国这几个国家的国家电网。

UPS 目前由俄罗斯联邦电网公司（FGC）运营，包括 6 个 TSO：中部、南部、西北部、伏尔加中部、乌拉尔和西伯利亚。东部 TSO 仍然独立于 UPS 运行[13]。

输电系统的 IPS 部分由国家 TSO 和相关调度中心运行。

UPS/IPS 的输电系统服务于电力市场，该电力市场的年发电量超过 1500TWh。

基于这样大的发电量，UPS/IPS 的系统构成了世界第四大电力系统和市场（小于中国、美国和欧洲 ENTSO – E，大于日本和印度）然而，从领土的角度来看，UPS/IPS 覆盖了最大的领土面积，其包括设施举例如：在 2012 年，由 FGC 单独运营的 131000km 的输电线路和 891 个变电站[13]。UPS/IPS 的电网跨越 11 个时区。其输电系统采用的电压等级为 220kV、330kV、500kV 和 750kV。

在互连输电系统所服务的年电能消耗量中，俄罗斯所占电能消耗量为 1040 TWh，其互连输电系统的发电装机容量为 218GW[14]。

2009 年乌克兰的电能消耗量（UPS/IPS 中的第二大电量）约为 147 TWh（根据世界银行 2010 年公布的报告）。

由于 UPS/IPS 中的能源相关优势，在俄罗斯智能电网政策上，集中考虑以下因素。由于苏联解体，在 1990～2000 年间，俄罗斯发电量急剧下降，随后又稳定恢复，如图 9.4 所示[15]。

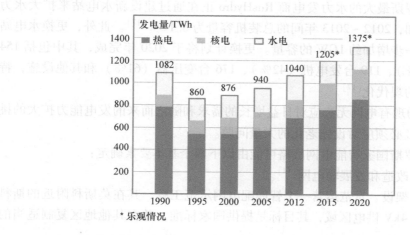

图 9.4 俄罗斯发电的发展（来源：俄罗斯联邦能源部，根据参考文献 [15]）

当前的发电量有约 64% 来自化石燃烧热电厂，19% 来自核电厂，17% 来自水电站。这些发电量对年度能源平衡有很大贡献，这与俄罗斯具有巨大自然资源的独特情况有关。

俄罗斯拥有世界上最大的煤炭和天然气储备，导致能源成本低下，也为可再生能源的大量发展制造了障碍。现在，超过 60% 的热能容量由天然气提供。

此外，俄罗斯具有巨大的水电潜力。最大的水电站位于伏尔加河、卡马河、鄂毕河、叶尼塞河和安加拉河，那里的大型水库处于开发阶段。因为有燃料和水力发电，所以大型热电和水力发电厂位于西伯利亚。通过超高压输电线路，将电能传输到俄罗斯的中心[16]。

在俄罗斯当前的能源战略中，其他可再生能源（除了水电）并不起重要作用。2009 年 1 月，俄罗斯的能源政策要求增加非水电站的可再生能源，至 2020 年，非水电站的可再生能源从不到 1% 增加到 4.5%。目前柴油发电用于确保偏远地区或岛屿的自治电网的供电，预计可再生能源（不包括水力发电）的特有好处是替代昂贵的柴油发电。长途运输燃料到这些自治供应地区显著增加了电能成本。根据俄罗斯迅速增长的电力需求，预计发电能力的扩大有如下两个方面：

- 建设新电厂，重点建设水电厂和核电厂。
- 改造现有电厂，通过提高效率，增加发电量。

预计到 2020 年此项计划将达到 1000 亿欧元的资本支出（CAPEX）。

作为首要任务，俄罗斯确定了目标：到 2020 年，将核能发电量增加到目前的 2 倍。目前，超过 8.7GW 的核电容量正在建设中，另外有 28GW 核电容量正在规划[16]。

其次，俄罗斯最大的水力发电商 RusHydro 正在通过建设新水电站来扩大水力发电能力，例如，2012~2013 年间的总装机容量为 8.1GW[17]。此外，更换水电站老化设备将进一步增加约 1GW 的容量。更换计划将于 2020 年完成，其中包括 154 台涡轮机（55%）、119 台发电机（42%）、176 台变压器（61%）和其他设施，特别是控制技术的现代化[17]。

UPS/IPS 的现有电网无法应对日益增长的需求和随之而来的发电能力扩大的挑战。此外，FGC 必须应对设施老化的大量问题。

因此，俄罗斯国家智能电网战略可能由以下四个基本要素确定：

1）广泛地改造和发展输电网[14]。

2）开发、架设、示范运营一个智能配电网示范工程，其在莫斯科附近的斯科尔科沃的 20/0.4kV 供电区域，其目标是提供国家标准，并在其他地区复制适当的解决方案[14]。

3）基于"具有主动自适应电网的智能电能系统"（IES - AAS）的全国性概念，加强保护和控制技术至国际水平[18]。

4）与国际领先的专家和科学家合作，在领先的技术大学引入智能电网教育计划[19]，其目标是推广积累的经验。

现在，将详述这四个基本要素如下：

1）FGC 正在执行一项宏伟的投资计划。2013～2017 年间的适当项目包括：

● 新建输电线路 12239km，新增变压器容量 22068MVA（耗资 116.75 亿欧元）。

● 改造 908km 的输电线路，改造变压器容量达 28300MVA（耗资 65.75 亿欧元）。

● 提高能源效率，进行研究项目，增强基础设施（耗资 5.87 亿欧元）。

2012 年 9 月，在符拉迪沃斯托克举行的亚太经合组织（APEC）会议上，俄罗斯总统普京发起了一个建设"电力桥"的大型项目，该电力桥在西伯利亚和俄罗斯中部地区间。2012 年 12 月，在克拉斯诺亚尔斯克举行的第三届西伯利亚能源论坛上，审议了该项目的细节。可以预计输电线长达 3500km，从西伯利亚发电厂向俄罗斯中部地区传输 5.2GW 的电能，输电线电压等级为 AC 1150kV 或 DC ± 750kV。

规划和设计工作在 2013～2017 年间进行。特高压输电线路的建设应在 2022 年完成。预期的资本支出金额为 295 亿欧元。

2）Skolovo 创新中心的高科技商业区已经开始建设。能源效率技术集群旨在引入先进技术，重点是引入智能配电网，并在"智能供电"意义上提升工业、房屋和市政基础设施的能源效率（见第 6 章）。该 20/0.4kV 电网包含 13 个变电站、190 个变压器终端、1200km 中压和低压地下电缆馈线。

必须实施最新的技术，以建立俄罗斯第一个智能配电网，例如，先进的控制中心和 SCADA 系统、SF_6 开关技术、数字 SAS、数字保护和智能电表。正在规划在建筑物屋顶上安装光伏板，规划容量为 650kW。光伏电站将与蓄电池组合使用。此外，规划了 45 个电动汽车充电站，其中 18 个充电站允许在 15min 内快速充电。

完整的智能配电网必须在 2016 年投入运行，并将作为下一步项目的基准。有 11 个城市被选为 2018 年足球世界杯的比赛场地，将优先完成这 11 个城市的配电网[17]。

3）俄罗斯科学家和工程企业正在研究 IES - AAS 的概念，其目的是，电力市场上的所有参与者——电力生产商、电网运营商、服务提供商和消费者——都积极参与输电和配电过程[18]。

原则上，该定义符合欧洲智能电网定义（见 1.2 节）。该概念包含以上章节中描述的要素。特别关注的是开发"数字变电站"，其不仅包含数字控制、自动化、保护和 ICT，还包括超导电缆和使用 IEC 61850 - 9 - 2 通信原理的光学仪用互感器。目前，数字变电站的组件处于审批阶段。

在概念上，分布式能源的可靠电网整合也起着重要的作用。

4）2011 年，俄罗斯政府创立了"贝加尔智能电网"项目。

全球招标程序的结果是，这笔款项被分配到一个联合会，该联合会包括：

- 马格德堡大学（OvGU）的电网和可再生能源组。
- 伊尔库茨克州立技术大学（ISTU）的下述组：
  - 电厂、电网和电力系统。
  - 电力供应和电气工程。
  - 热电工程。

该项目的主要目标是，在发电、能源效率和节能领域，建立研究基础设施。研究课题是智能电网战略与技术的开发。研究基础设施将在 ISTU 的基础设施中实施。该项目的主要目标之一是组建一组研究人员，包括所有相关设备，以便可持续地进行研究和教学。本项目资助期结束后，研究组应继续开展工作，并能够自己找到研究经费。所提出的概念建立在以下三个主要支柱上：

- 成立俄罗斯科学家研究小组。
- 建立四个实验室的实验基础设施：
  - 实验室 1：热电联产、燃料电池和储能。
  - 实验室 2 和 3：智能电网的优化、可观测性和控制的仿真。
  - 实验室 4：PMU、保护系统和 FACTS。
- 推出智能电网新课程。

本书的两位作者都参与了该项目。来自 OvGU 的 Styczynski 教授担任高级项目协调员，并由来自 ISTU 的 Voropaj 教授协助。

图 9.5a 展示了贝加尔项目开幕式的图片。图 9.5b 展示了 ISTU 门户网站报道的关于创新型智能电网解决方案的第一组讲座的摘录。

a)   b)

图 9.5　贝加尔项目的印象：a）开幕式（左手边是 Z. A. Styczynski 教授）；
b）B. M. Buchholz 博士关于智能电网演讲的网页报告

9.2　欧洲智能电网项目概况

作为智能电网愿景的发起者，目前，在欧盟内部，正在开展大量的项目，均是与智能电网组件相关的 RTD 和调研。欧洲项目由欧盟委员会召集和赞助发起。通常，在投标过程后，将欧洲项目分配给国际共同体，也支持欧洲内部的相互合作。同时也特别注重中小企业的参与。

在大部分欧盟国家内，也正在进行国家级别的项目。这些项目有如下几种：

- 由国家政府或几个国家的部委提供资金。
- 由国家协会和其他机构发起，并由电网机构、工业和科学机构的专家参与。
- 在电网运营商和/或电力生产商的正常投资框架中，按照其指令进行。

9.2.1　欧盟第五、第六、第七框架计划项目

为了支持和鼓励在欧洲战略研究领域内的研究，RTD 的框架计划（FP）正在资助欧盟创建的项目。

框架计划的主要战略目标是，加强欧洲工业的科学和技术基础，并鼓励其国际竞争力[20]。在资助期间，其具体目标和行动是有所变化的。

第五、第六、第七框架计划运行在 1998 ~ 2013 年间，在此 3 个框架计划中，欧盟已经支持了智能电网项目 10 多年。

在 1998 ~ 2002 年间（FP5），欧盟支持了 50 个关于大规模集成分布式能源和关键支撑技术的项目，投资超过 6000 万欧元。这些项目的大部分集中在蓄电池，涉及研究领域有基础设施（包括 ICT）、微电网和 DER 的电网集成等。

在第六框架计划（FP6，2002 ~ 2006）下，支持了 27 个项目，欧盟提供的资金约为 6500 万欧元，用于同样的优先研究领域。

在第七框架计划（FP7，2007 ~ 2013）下已经为项目提供了 558 亿欧元的资金[21]。

在 FP7 的具体计划中，最大的研究领域是 ICT，资助资金是 91 亿欧元。

FP7 的能源研究的目标是，帮助创建和建立必要的技术，以改造当前的能源系统，使之成为更可持续、更具竞争力和更安全的能源系统。它还应减少依赖进口燃料，并使用多种能源，特别是可再生能源、能源载体和无污染能源。欧盟成员国和欧洲议会共拨款 23.5 亿欧元，用于在 FP7 期间资助这一研究领域[22]。

原则上，FP7 的能源部分的主要方向与智能电网愿景相关，包含了如下方面的几百个项目：

- 智能电网。
- 可再生能源发电。
- 氢和燃料电池。
- 可再生燃料发电。
- 可再生能源供暖和制冷。
- 用于零排放发电的二氧化碳捕集和封存技术。
- 洁净煤技术。
- 能源效率和节能。

- 能源政策的制定。

一般来说，智能电网是 FP7 中的优先研究领域之一。其重点是欧洲电网的效率、安全性、可靠性和电能质量，尤其是在欧洲能源市场背景下的欧洲电网的上述研究主题。

相关行动沿着下述研究和开发技术领域构建：

- 开发交互式配电网，旨在促进 RES 和 DER 更高比例地渗透进配电网，提高给极限负荷（例如，电动汽车）供电的安全性，使电网用户积极参与电力市场，增加配电馈线的负载率，并为所有电网用户实行实时电价。

- 泛欧电网专注于技术和监管解决方案的开发，用于快速建立实时泛欧电力系统，这些技术和监管解决方案都是必需的。

- 支持智能电网发展的技术性和非技术性的跨专业研究领域和新兴技术，尤其关注信息和通信技术（ICT）的开发，因其为前两个 RTD 领域提供先决条件。

智能电网也得到 ICT 部分的支持。在 FP7 ICT 主题下，1.18 亿欧元用于智能电网项目。第一次方案征集于 2009 年公开（征集 2009.7.3.5）："智能配电网的新型 ICT 解决方案"，并将进一步考虑此方案，以证明此方案在一个实例中是可行的。来自几个欧洲协会的 38 个项目申请书响应了此次征集。图 9.6 列出了验证和谈判程序后选定的 6 个项目的名称、参与企业的数量（按国家算）和协调机构的位置。

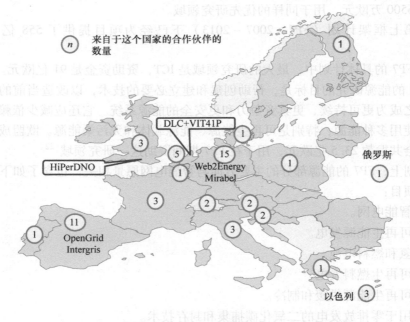

图 9.6　配电网中的项目（为了获得新的 ICT 的解决方案）

所有项目始于 2010 年，并于 2013 年进行了最终审查。表 9.3 显示了响应这一征集要调查的多个方面。

表9.3 欧洲项目概况（为了获得新的 ICT 的解决方案）

项目	协调机构	合作伙伴和国家	主要方面
DLC + VIT41P	KEMA，NL	11 – A，B，D，I，ISR，UK	从低压电网到一级变电站的配电网载波系统
HiPerDNO	Brunel 电力研究所，UK	10 – D，E，F，ISR，SL，UK	配电网中的大量数据的高性能处理
Integris	Endesa，E	8 – CH，E，F，I，SF	变电站内智能传感器通信
Mirabel	SAP，D	7 – D，DK，GR，NL，SL	采用改进后的需求预测进行调度计划管理
OpenGrid	Atos Origin，E	7 – E，F，D，NL，P	用于中压/低压变压器终端的开放 ICT 结构
Web2Energy	HSE AG，D	10 – A，CH，D，NL，PL，R	为了 ICT 采用 IEC 核心标准的智能配电网的三大支柱

协会的合作伙伴也是欧盟以外的国家（例如，瑞士、以色列和俄罗斯）的企业。这一系列项目管理两个经验交流会，这两个经验交流会是智能配电网的 ICT 应用领域的，这两个会议是，2011 年 4 月在达姆施塔特召开的欧洲专题讨论会"作为未来智能配电网骨架的 ICT"和 2012 年 9 月在伦敦举行的 UPEC 会议中的"智能电网示范论坛"。

开发技术解决方案的相关性部署的批准是项目成果的审查过程的一部分。

根据欧洲框架计划的战略目标，将开发数千种创新解决方案，并将其引进市场中。

9.2.2 欧洲国家级智能电网项目的库存项目清单

2013 年，欧盟委员会发布了关于欧洲国家级智能电网项目的库存项目情况研究[23]。

该研究以调查问卷为基础，并提出了库存项目的 2012 年更新版，该更新版是在 2011 年度已进行的库存项目基础上进行的，这些库存项目是专门针对智能电网的 RTD 和示范项目。

库存项目文件包含来自 30 个欧洲国家（28 个欧盟国家加上挪威和瑞士）的 281 个智能电网的 RTD 和示范项目，总投资 18 亿欧元。图 9.7 显示了项目的数量和预算的分布情况。

分析了 151 个 RTD 项目和 130 个示范项目。大部分项目（93%）在欧盟 15 国（EU15）进行，而新成员国 EU13 则显著落后。在投资上领先的国家情况为：英国，其投资额占投资总额的 15%；德国和法国紧随其后，投资额分别占投资总额

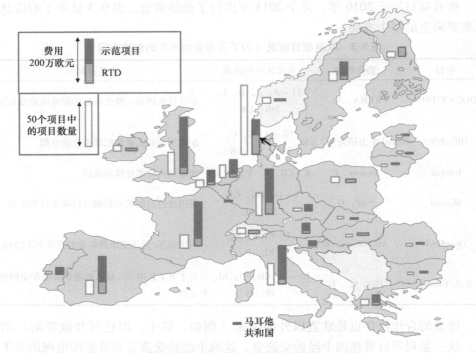

图 9.7　欧洲国家级智能电网项目的地理分布[23]

的 12%；丹麦、意大利和西班牙，投资额分别占投资总额的 10% 左右。

丹麦在以下方面处于领先地位：

- 项目数量。
- 投资额
  - 人均投资额（30 欧元/人）。
  - 消耗的能源的投资额（0.5 欧元/MWh）。

丹麦积极参与国家 Forskel 基金支持的几个小型项目。

丹麦项目众多是因其宏伟的能源政策[24]。

从 2005 年到 2012 年，丹麦的用电量几乎不变，保持在 34.5 ~ 36TWh 之间，并因为需求侧整合和能源效率项目出现轻微的下降倾向。

丹麦的发电装机容量为 14.3GW，其中，热电厂的发电装机容量为 9.7GW（其中 8.8GW 为热电联产的发电装机容量），风电场的发电装机容量为 4.2GW，光伏面板的发电装机容量为 400MW。

到 2012 年，在年消费电能中，丹麦的风能份额达到了 30%。在年度电能平衡中，此风能所占份额是全球最大的风能份额。

2012 年，丹麦政府通过了一项计划，2020 年将风能所生产的电力份额增加到 50%，并在 2050 年由可再生能源满足 100% 用电量。

因此，可再生能源的份额将会长期增长，而化石燃料火电厂的比例正在下降，如图 9.8 所示。

丹麦通过使用创新的解决方案，以获得灵活的电能平衡，从而迎接风电波动的挑战。此外，丹麦输电网（其西部部分与欧洲输电系统 ENTSO‒E 的"欧洲大陆"部分同步，其东部部分嵌入"北欧"电力系统）配

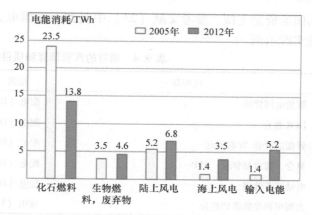

图 9.8　丹麦能源结构的发展[24]

有与相邻输电系统强互连的线路（部分是 HVDC 线路），这些强互连线路用于补偿功率波动。

大部分智能电网项目都集中在这些方面，以确保在任何情况下可靠、有效和安全地供电。

欧洲库存项目研究[23]的另一个有趣的结果涉及参与者类别的份额。281 个智能电网项目平均有 7 个参与组织。参与者类别的关系如图 9.9 所示。

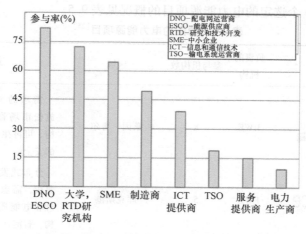

图 9.9　欧洲智能电网项目的参与者类别的参与率[23]

配电网运营商和能源供应公司参与了大约 80% 的智能电网项目。显然，在欧洲智能电网项目的资助中，关键是需要创新的解决方案，来实现将当前被动配电网转变为主动配电网的模式转变。

根据表 9.4，项目的资金分配和应用群的预算也突出了这一趋势：

在几个欧洲国家，智能电网项目正在越来越多地接受由负责任的政府组织提供

的国家资金支持。参考文献［23］中提到了德国电力能源计划作为这种支持的最佳实践示例。

表 9.4　项目的累积预算和项目数[23]

应用群	层级	项目数	预算/百万欧元
智能电网管理	配电（D）	约60	约400
DER 整合	配电（D）	约50	约340
智能消费者/智能家庭	配电（D）	约50	约340
聚合、需求侧整合、VPP	配电（D）	约45	约260
电动汽车管理	配电（D）	约30	约200
大型可再生能源的整合	输电（T）	约10	约100

"电力能源——基于 ICT 的未来能源系统"由德国联邦经济和技术管理局（BMWi）根据德国联邦政府的技术政策发起，因为与德国联邦环境、自然保护和核反应堆安全管理局（BMU）的密切合作，该计划成为 BMWi 和该局共同资助的一个计划。

2008 年，技术竞争和深度评估程序确定了 6 个示范区域，以实行研究和技术开发、示范和部署活动，重点是部署新技术和开发放松管制的市场。其遵循一个覆盖所有增加部分的集成系统方法。其目标包括在市场层面和技术操作层面的具体供应的业务活动。6 个选定的电力能源项目的概况见表 9.5。

表 9.5　德国的电力能源项目[25]

项目	负责的机构	参与机构数	区域	项目重点
E DeMa	RWE	8	莱因－鲁尔	需求的灵活性—智能家庭，放松市场管制，ICT 的体系结构，可再生能源的集成，信息的安全性
eTelligence	EWE	5	库克斯港	分布式发电，可再生能源的集成，需求的灵活性，拥堵管理和电能质量，ICT 的体系结构，智能计量
MeRegio	EnBW	5	巴登－符腾堡州	需求的灵活性，拥堵管理和电能质量，放松管制的市场，信息的安全性
moma	MVV Energie	8	曼海姆莱茵－内卡	ICT 的体系结构，能源效率，需求的灵活性，拥堵管理和电能质量

（续）

项目	负责的机构	参与机构数	区域	项目重点
RegModHarz	RKW Harz	19	哈尔茨	分布式发电，可再生能源的集成，拥堵管理和电能质量，储能容量，ICT 的体系结构，智能计量，需求的灵活性—智能家庭，电动汽车①
Smart@Watts	Utili – count	5	亚琛	需求的灵活性，智能计量，放松管制的市场，信息的安全性

① 和连接项目 Harz. EE – Mobility 合作（见 6.4.4 节）。

电力能源项目于 2009 年开始，并于 2012 年年底完成。

2013 年 1 月 17 日至 18 日，电力能源示范区的主要参与者和相关的研究委员会发布了 4 年来研究、开发和部署关于"电力能源——基于 ICT 的未来能源系统"的解决方案的成果。

从 2012 年开始，欧洲智能电网计划的重点从 RTD 和示范项目转移到部署、实施和传播活动的方向。

欧洲电网倡议（EEGI）[26] 是响应欧洲战略能源技术计划（SET – Plan）的欧洲工业活动之一（另见 1.1 节）。EEGI 的战略目标是

● 到 2020 年，将可再生能源的电力供应比例增加到 35%，到 2050 年建成完全脱碳的电力生产。

● 将国家电网整合到一个基于市场的泛欧电网中，以保证向所有客户提供高质量的供电，并吸引其作为提高能源效率的积极参与者。

● 加快交通运输电气化等领域的新开发。

● 在实现电能质量的目标时，大幅减少电网加强与运行的资本支出和运营成本。

欧洲电网运营商的两个管理部门是

● ENTSO – E——欧洲输电系统电网，代表了来自 34 个国家的 42 个 TSO。

● 智能电网的 EDSO——欧洲智能电网 DSO 协会，最近由 17 个 DSO 创建，并为额外的成员开放，其在规划、监测和传播 EEGI 的目标方面发挥关键作用。

通过与欧盟委员会、欧洲电力和天然气管理机构（ERGEG）[2011 年以来为能源协调管理者合作机构（ACER）] 及其他利益相关者紧密合作，上述两个管理部门制定了 2010～2018 年第一期 EEGI 路线图和适当的 EEGI 实施计划。在 2010 年 6 月，欧盟委员会及其成员国批准了该路线图。2013 年，为了涵盖新的 RTD 和知识需求，制作了升级版。此外，也更新了 EEGI 实施计划。该计划总结了重点项目，这些重点项目也是 2014～2016 年期间启动的项目中的输电和配电方面的重点

项目。

9.3 智能电网应用经验

9.3.1 Web2Energy 项目：实践中的智能配电三大支柱

在欧盟委员会征集"Energy. 2009. 7. 3. 5——智能配电网的新型 ICT 解决方案"后，在 2010～2013 年期间，欧盟委员会资助了电网 2.0（W2E）[27]项目。此项目涉及来自德国、荷兰、奥地利、瑞士、波兰和俄罗斯的 12 个合作伙伴。在项目过程中，在德国达姆施塔特市附近的 HSE 公司 20kV 电网的运行中，实施和测试了智能配电的三大支柱中的 ICT 要求如下：

- 配电网中的电网自动化、远程控制和监视——升级了沿馈线的 9 个 20/0.4kV 变压器终端，该馈线对应图 6.10，并链接到通信网络。

- 分布式发电设施、储能设施和可控负荷智能聚合，以构成 VPP，其中包括 17 个发电厂、12 个蓄电池储能设施以及高达 15MW 的 DSM 容量。17 个发电厂包括 6 个热电联产厂、3 个大型风电场、6 个光伏电站和两个水力发电厂。DSM 容量由可控负荷组成，可优化市场活动，并在电能质量维护方面支持电网运行。

- 通过在 6 个居民区的 200 个试点消费者使用可变电价，实现智能计量和消费者参与电力市场。

在发电厂和涉及的消费者（服务器）和控制中心（客户端）之间实施所需的功能和数据流量对应于第 6 章的图 6.2 和图 6.44。

在项目中，始终贯彻了 IEC 参考架构和欧洲强制标准 M/490 的建议。在配电网中，首次将前瞻性标准 IEC 61850 与 CIM 及控制中心的用于数据管理的 IEC 61968/70 结合起来，用于通信。

图 9.10 显示了使用新开发的组件的通信系统的实际实现架构。

变压器终端和发电厂配备有小型远程终端单元（RTU）和智能电表（见图 6.20）。RTU 采用了用于广域通信的 IEC 61850 通信标准，为电表提供通信链路，并将电表协议 DLMS 转换为 IEC 61850。蓄电池具有其自身的 IEC 61850 接口，该接口用于

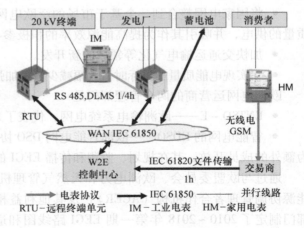

图 9.10 W2E 项目的通信架构[27]

控制和监测数据交换。该接口还提供了用于监测的内部已计算的电表数据（不适宜于计费用）。每 1h，通过无线电通信，从交易商的电表数据管理系统，收集家庭

消费者的数据，并通过 IEC 61850 文件传输的方式，传输这些数据至 W2E 控制中心。

这样，就可以使用在 IEC 61850 的通信世界中集成电表的三种方法。

在控制中心，在应用 CIM 类模型的数据库中，管理上述的三个支柱（另见 8.4 节）。

通过 W2E 控制中心的用户友好的交互式人机界面（HMI），监视并控制所接入的发电厂和试点消费者，该 HMI 在开始菜单中为三个支柱提供访问图标。

图 9.11 显示了三个支柱的启动菜单和初始显示界面——20kV 馈线自动化、用户市场整合和 VPP。

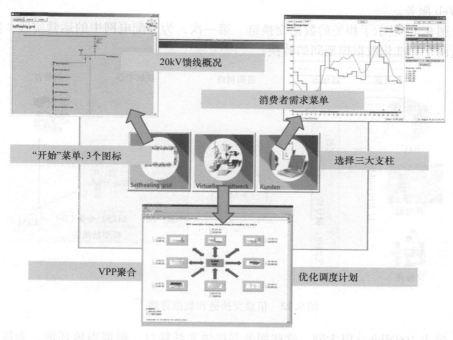

图 9.11　Web2Energy 中的智能配电三大支柱的"开始"菜单和初始显示[27]

20kV 馈线是以单线图接线方式显示，带有开关状态和测量值显示。可以通过光标选择可控变压器终端，并远程进行开关柜的控制。

用需求曲线、图形和表格等多种显示方式，HMI 提供用户市场整合的试点研究的结果。运行人员可以观察单个用户、用户相关信息（例如，户数、位置）和统计的结果。

通过在一个门户网站中的用户账户和/或通过移动电话，用户可收到其个人信息，如图 6.37a 所示。

向家庭用户提供关于电价、与参考曲线相比的所消费的电量及其费用等信息。

用户可以根据确定的时间间隔，选择以表格和图形形式显示日前预测数据、当天数据以及回溯数据。

在 VPP 的初始显示界面的左侧，显示不同类别的参与者的总体情况，并显示一些重要的测量数据。在 VPP 的初始显示界面的右侧，显示能源生产的优化调度计划。根据 6.3.3 节，有不同发电厂和 DSM 设施（左侧）及各种商业模式（右侧），光标控制允许选择与这些因素相关的显示。

ICT 链 "过程 - 数据采集 - 通信 - 数据管理 - 交互式 HMI" 中的重要方面是

- 采用 IEC 61850 和 IEC 61968/70 的数据模型。
- 在数据库间，另一方面，在 HMI 与用户间，有数据交换，为此数据交换采用 Web 服务。

图 9.12 显示了相关的数据交换链。第一次，为了配电网中的运营实践，实现了这两个标准化数据模型间的转换。

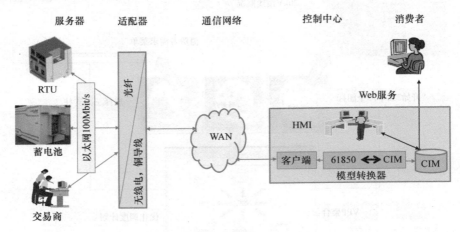

图 9.12　信息交换链和数据管理[27]

经由 100Mbit/s 以太网，这些服务器提供光纤接口。根据当地环境，为每个服务器都使用最有效的通信链路。采用商业化提供的适配器，以转换相应的协议。

在 W2E 项目的框架内，已开发、引进并发展成熟了下列高级解决方案：

- 完整的 ICT 系统的架构设计、安全和性能分析。
- 将 IEC 61850 3 ~ 7 层映射到多个物理层和数据链路层。
- 开发合适的使用 IEC 61850 标准协议的 RTU。
- 采用 IEC 61850 以外的通信协议，对可用的智能电表进行系统集成。
- 对实现三大支柱的控制中心进行设计、开发、审批和运行。
- 该控制中心的数据库系统采用 IEC 61968/70 CIM，该控制中心有一个转换器，用于将 IEC 61850 数据模型转换为 CIM 格式，及反转换。
- 有发电机、储能设施和可控负荷的 VPP 的业务战略。

- 为了用户市场参与，所进行的动态定价和互联网显示的概念。
- 根据配电系统的需要，对 IEC 61850 和 IEC 61968/70 数据模型进行修改和扩展，然后考虑相关 IEC 工作组中的新模型，以相应提高标准。

新系统的整合和试运行允许得出经济上有利的结论，第 6 章已考虑了其中的部分经济效益。

在项目中，确定了需要在配电网中扩展应用这两个标准，即 12 个新类及用于 CIM 结构的属性，26 个逻辑节点和数据，及改进了的用于 IEC 61850 的运行调度计划管理。

9.3.2 RegModHarz 项目：用 VPP 实现区域供电

可再生示范区域 Harz 是电力能源竞争的六个赢家之一。在 2008～2012 年期间，该项目由德国 BMU 资助和指导。

在 Harz 地区内的所有市政公用事业、输电、次级输电和当地配电网运营商均参与了该项目，该项目是拥有最多（19 个）参加机构的项目。

Harz 行政区在可再生能源方面有很大的潜力。估计该区年耗电量为 1.3TWh。在项目开始时（2008 年），可再生能源已满足 30% 的 Harz 地区的年耗电量。风力发电是其主要的发电类别，拥有 311GWh 的年发电量[28]。

此外，大型光伏电站、生物燃料发电厂、热电联产厂和水力发电厂都参与了该乡村地区的内部发电，该地区人口达到 23 万人。图 9.13 显示了这个地区的地图和

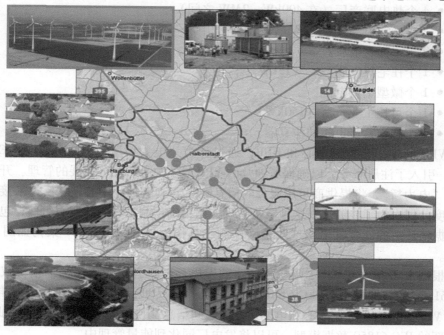

图 9.13　Harz 地区和已定位的可再生能源的例子[28]

可再生能源发电厂的一个例子的位置图。预计该地区内可再生能源的份额将显著增加。在德国，可再生能源的份额很高，这意味着为供应城市用电，乡村所发的电量要比其自身的耗电量多。因此，Harz 地区正在努力增加发电量至其本身耗电量的两倍，从而为德国提供 100% 的可再生能源供应。

该项目的主要目标是，通过汇总到一个可在不同市场操作的 VPP，来考虑区域性可再生能源的联合市场和灵活性。

该目标的前提条件是，通过部署现代 ICT 方案，实现分布式能源资源的技术发展和经济整合。

因此，该项目的三个重点目标定义如下：
- 建立 VPP 控制中心，包括 ICT 基础设施。
- 在 VPP 内生产和提供的能源和系统服务的市场化。
- 电网监测和系统服务管理，以支持配电网运行。

不同的可再生能源发电商、可控用户和能量存储能力已经通过下述两种手段进行协调：
- 电子化的市场位置。
- 聚合进 VPP。

对于试运行和示范，将下述几个参与者纳入进 VPP 的相关 ICT 基础设施：
- 2 个风电场（70MW）。
- 4 个热电联产厂（在 400kW ~ 2MW 之间）。
- 2 个光伏电池（2.5MW）。
- 2 个沼气发电厂。
- 1 个住宅热电联产厂（15kW）。
- 1 个微型燃料电池。
- 1 个可控工业负荷（150kW）。
- 1 个抽水蓄能电站的仿真器。

VPP 包括 VPP 控制中心和 DER，通过称为"电力桥"的网关，链接 DER 到 VPP。引入了注册服务，以确保所涉及的 VPP 组件的灵活且可扩展的管理。开发和实施"电力桥"，将提供商可用服务的信息链接至 VPP 控制中心，并反过来接收运行调度计划。为了能够规划这种能量管理，用精确预测工具创建所有组件，包括市场数据估计组件。可以集成这些精确预测工具作为外部服务。ICT 架构如图 9.14所示。

根据市场情况，VPP 协调与之相连的发电厂的运营。所应用的通信协议使用 IEC 61850 的数据模型和 IEC 61400 的 Web 服务。为此，转换 IEC 61850 标准，以确保 VPP 参与者、控制中心和电网运营商之间信息交换的简单性和安全性。此外，通过新的 IEC 61850 数据模型，可以将发电厂同化到能量管理中。

试运行也包括 6.4.3 节图 6.40 所述的"双向能量管理接口"（BEMI）的应用。

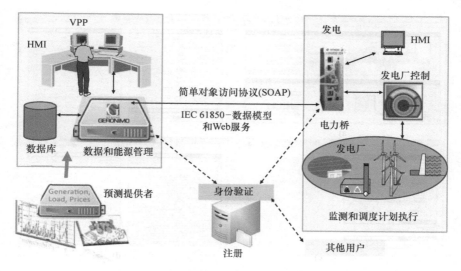

图 9.14　RegModHarz 项目的 ICT 架构[28]

几个家庭配备了一个 BEMI。

　　可以认为用户侧的削峰填谷是一种措施，其目的是，在可再生能源供应高增长期间，增加用电，并在相反的情况下，减少用电。在专门的社会研究中，评估了用户方的对需求侧响应的意愿。例如，消费者改变下述类型设施的使用的意愿有所不同：

- 夜间使用：
  - 洗碗机 78%
  - 洗衣机 50%
- 延迟使用超过 1h：
  - 冷冻机 67%
  - 冰箱 60%

图 9.15 显示了 VPP 控制中心的主要 HMI 显示。

　　本项目进一步进行的调查工作是重点关注当前和未来的市场机制、将电动汽车融入配电网运行、电网仿真与观察、相量测量单元（PMU）在配电网中的应用（见 6.2.4.3 节）、110kV 线路监测、调度计划流程的改进，以及发电厂仿真、规划、数据处理和控制策略等先进工具的应用等方面。

　　由电网运营商、能源供应公司、市政公用事业机构、一个风电场运营商、制造商、马格德堡大学、卡塞尔大学、两家研究机构（弗劳恩霍夫 IWES 和弗劳恩霍夫 IFF）以及 ICT 公司组成的共同体制定了一个战略，以解决如何应用开发工具、设备、系统方案和基础设施来改进可再生能源资源整合到电力系统中的问题。该项目已经制定了适当的系统解决方案，以实现这样宏伟的目标，同时提高电能质量和能

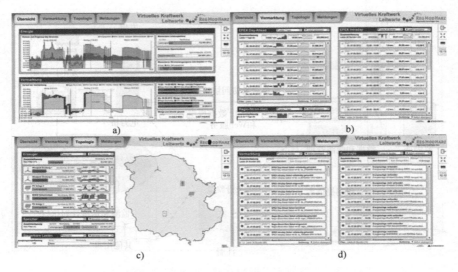

图 9.15　控制中心的 HMI 的进入显示界面 : a）概况、
b）企业市场、c）拓扑结构 、d）消息报告（来源：Fraunhofer IWES[28]）

源效率。

9.3.3　美国的 DSR 项目

奥巴马政府已经实施了全国性方案，以使到 2030 年将美国的能源效率提高一倍。为提高能源效率，美国已开始了几项全国性的和州级的方案，其中也包括通过转移能量需求来最佳利用可用的电力系统发电和输电容量，以避免昂贵的峰值负荷。美国能源部门区分不同种类的 DSR （见 6.4.3 节），以及如何将它们应用于电

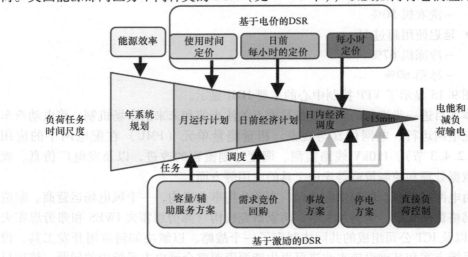

图 9.16　DSR 在电力系统运行和规划中的作用[29]

力系统运行和规划。图 9.16 显示了时间跨度，从规划阶段开始，结束于考虑长期的能源效率成果的时段。对于从月度运行细化至实时运行，可以应用基于电价和激励的方法来在一定程度上调整负荷行为。基于电价的 DSR 侧重于调整电价，以此影响白天不同电价区的用电行为。在这种情况下，必须知道消费者对电价变化（电价弹性）的反应，因为规划和运行任务要考虑这些因素。这些电价的结构可以受限于一个高电价和一个低电价之间，但是也可使用小时价格。

另一方面，如果尚未完全知道电价弹性，则会考虑基于激励的 DSR。对于大型消费者（工业）和直接负荷控制来说，该模式主要区分容量和辅助服务方案。也可以在住宅区实施此模式。为了提供 DSR，有某些固定补偿服务。结合这些固定补偿服务，所付费用与当前市场价格协调。

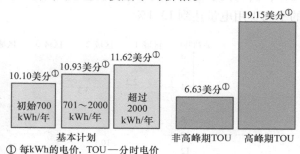

图 9.17　亚利桑那州中部的基本计划
中的盐河项目电价和分时电价的比较[33]

根据 1978 年的"公共事业管理政策法"，美国电力市场自由化始于 1982 年[30]。这个过程主要由美国国家监管机构 FERC 推行，导致了早期的市场机制的设计，以提高电力系统的效率和稳定性。因此，由于适当的市场情况（例如，容量市场），2000 年之前，已经实施 DSR 方案，并且采用将峰值负荷转移到低负荷需求时间的方法，付出了巨大努力以降低电力系统负荷。2008 年的一个大范围分析表明，在美国所有电力公司中，约有 53% 的电力公司提供了分时电价（比较图 9.17 的亚利桑那州），43% 的电力公司采用了峰值负荷抑制方案[31]。其他方案涉及商业和工业客户，主要关注可靠的能源供应和最小化成本。为了避免昂贵的峰值负荷，公用事业机构提供明确的措施，通知客户峰值负荷的情况。如果他们降低在此期间的用电量，就会得到奖励。例如，科罗拉多 – 斯普林公用事业机构（Colorado Springs Utility）为大中型企业消费者设计了一个峰值需求折扣方案，专门用于减少夏季峰值需求，应用此方案，消费者可获得 400 美元/ kW（最小减少 20kW）的奖励[32]。

在加利福尼亚州——美国在环保方面最领先的州之一，可以看到一个突出的大规模 DSR 方案的例子。

在加利福尼亚州的全州定价试点（2003 年 7 月至 2004 年 12 月），家庭可以在标准费率和下述三个新的电价方案之间选择：

- 分时电价（TOU）。
- TOU 加固定临界峰值时段电价（CPP – F）。

● TOU 加可变临界峰值时段电价（CPP – V）。

图 9.18 总结了使用 TOU 与 CPP – F 的消费者行为的一些结果。CPP – F，意味着其价格是标准电价的 5 倍，会提前一天公布。在典型的峰值负荷时段（下午 2 ~ 7 点），该价格有效。每年只能有 15 个临界峰值时段。根据气候区（区域 1 是最冷的区域），区域 4 的临界市场情况下（临界的周工作日）的最高峰值负荷降低了 15.8%，因为大多数的相关柔性负荷主要用于最热气候区的空调系统。所有参与客户的平均少用电量达到 13.1%。

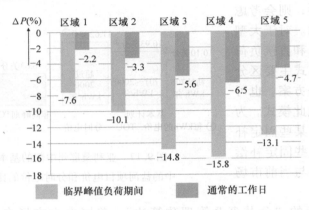

图 9.18　加利福尼亚州通过采用 CPP – F 费用所减少的峰值负荷[34]

可以看出，美国大多数供电公司已经推出了各种有效的支持节能和负荷转移的 DSR 方案。如果广泛地应用动态电价，可能会提高消费者的能源效率。

9.3.4　韩国济州岛智能电网测试平台

韩国政府坚决承诺二氧化碳排放量将比 2005 年减少 4%[35]。因此，如果这个目标转移至 2020 年的预期排放量，预计将减少 30% 的排放量。在这个意义上说，韩国是太平洋地区其他国家的榜样。韩国已经制定了减少化石燃料燃烧排放和开发可再生能源发电的战略方案。

在此方面，韩国启动了国家智能电网项目，以有效的、全面的、环保的方式，支持将可再生能源大规模集成到电力系统运行中。此外，政府投票通过了一项智能电网法案，该法案于 2011 年 11 月生效。

韩国国家智能电网方案分为下述三个阶段：

1）智能电网测试平台的建造、安装和运行（2013 年）。

2）将批准的解决方案扩大到大都市区（约 2020 年）。

3）完成全国范围的智能电网（约 2030 年）。

在第一阶段，韩国决定在济州岛建造一个智能电网测试平台。

济州岛于 2009 年 6 月被选为建设智能电网测试平台的最佳区域，因为①它可提供的可再生能源方面的潜力，②有机会在封闭地区安装和运行试验平台，以测试各种技术和创新解决方案。济州岛位于朝鲜半岛南端,面积为 $185km^2$,人口约为 577000。该岛与大陆分离,其电力系统是同步系统,并通过 150MW 容量的高压直流输电线路与大陆电力系统连接。2013 年 3 月完成了具有 200MW 传输能力的第二条高压直流输电线路。该岛主要电网由 154kV 双系统环路组成。

　　济州岛智能电网测试平台旨在成为世界上第一个"全包"测试平台和世界上最大的智能电网社区,在该智能电网内,将测试最先进的电网技术和研究成果,并开发商业模式[36]。计划从 2009 年 12 月至 2013 年 5 月建设该试验平台。在前 18 个月内完成基础设施的建设。预计接下来的两年测试智能电网功能的集成运行。

　　该项目的重点是下述五个领域,如图 9.19 所示。

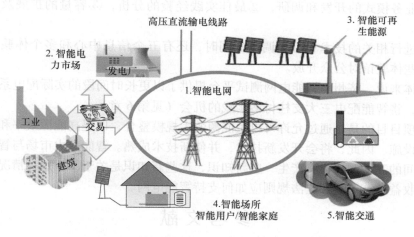

图 9.19　济州岛智能电网测试平台的 5 个领域

　　智能电网领域的目标是,通过引进先进 ICT,来支持数字化变电站自动化和 SCADA 系统,从而建立智能输电、智能配电功能。

　　该领域的核心基于建立济州岛先进数字网络控制中心。控制中心包括实时系统监控,此实时系统监控包括发电、潮流、电网拓扑和调度计划管理。已选出一个有 3000 户家庭的城镇作为智能电网测试平台。有两座变电站,每座变电站有两条母线,该两座变电站为智能配电网供电,在与其他领域相关的部分,将优化这两座变电站的运行。通过自愈功能来缩短故障后的停电时间,以此加强电网[35]。

　　智能市场领域为消费者提供多种电价,并引入智能能源交易工具。其长期目标是在全国引进实时定价系统。将新的市场和信息管理嵌入到控制中心的功能中,并将其分为日前和日内的市场活动[37]。

　　智能可再生能源领域致力于在微电网框架中,达到两个目标:①不断增长的分布式 RES 和储能设施的利用,②能量管理。由三个企业组成的一个共同体参与了一个能量管理的测试,这个能量管理包含 4.5MW 风力发电容量、2.45MWh 的储能容量和 100kW 的太阳能装机容量。总体而言，韩国的目的是在 2016 年运行 1126MW 的风力发电容量[37]。

智能场所领域的目标包括引入基于智能电表服务的智能能量管理系统、室内显示、通信系统（例如，电力线载波）和集成在家庭自动化系统中的 DER。超过 2000 名消费者正在参与测试，该测试由四个合作伙伴组成的共同体进行[37]。

智能交通的目的是，①建立电动汽车充电的基础设施，②将电动汽车管理与其他测试平台领域结合在一起。由三个合作伙伴所组成了一个责任共同体，该共同体必须建立和运营 100 个慢速充电站和 28 个快速充电站[37]。

建立智能电网基础设施后，启动第二阶段以积累运营经验。第二阶段的重点是，①业务模式的开发和调研，②最佳实践经验的分析，③容量的扩展及其聚合进 VPP。

在进行相关的技术和市场调研的同时，还有五个信息中心和多个体验馆的工作。这些体验馆对公众开放。

总体来说，济州岛智能电网测试平台提供了以更长时间段的实际配电系统运行的形式，将智能配电三大支柱付诸实践的机会（见第 6 章）。

该项目目的是，通过允许可再生能源的大规模整合，以提高能源效率和加强电网基础设施。因此，将会开发新技术，并使新技术成熟。智能电力市场与智能电网运营之间的互动调研也将产生一些新知识，这些新知识是关于①在这种情况下，如何创造收益，②监管和立法规则应如何支持智能电网。

参 考 文 献

1. http://en.wikipedia.org/wiki/Electricity_sector_in_the_People%27s_Republic_of_China#Ultra-high-voltage_transmission (September 2013)
2. http://smartgrid.ieee.org/resources/public-policy/china (September 2013)
3. http://en.wikipedia.org/wiki/Smart_Grid_in_China (September 2013)
4. http://en.wikipedia.org/wiki/Energy_in_the_United_States#Generation (September 2013)
5. http://www.nerc.com (September 2013)
6. http://www.ferc.gov/ (September 2013)
7. http://energy.gov/oe/technology-development/smart-grid (September 2013)
8. National Transmission Grid Study; U.S. DOE 5/2002 – "Preview"
9. U.S. Energy Information Administration: International Energy Statistics, http://www.eia.gov/cfapps/ipdbproject/IEDIndex3.cfm?tid=2&pid=2&aid=2 (October 2013)
10. U.S. Energy Information Administration: Today in Energy, http://www.eia.gov/todayinenergy/detail.cfm?id=10271 (October 2013)
11. Joseph H. Eto and Kristina Hamachi LaCommare: Tracking the Reliability of the U.S. Electric Power System: An Assessment of Publicly Available Information Reported to State Public Utility Commissions, Berkeley National Lab, October 2008
12. Bundesnetzagentur: Annual report about security of supply, http://www.bundesnetzagentur.de/cln_1911/DE/Sachgebiete/ElektrizitaetundGas/Unternehmen_Institutionen/Versorgungssicherheit/Stromnetze/Versorgungsqualit%C3%A4t/Versorgungsqualit%C3%A4t-node.html (October 2013)
13. http://www.fsk-ees.ru/eng/company/about_company/ (September 2013)

14. http://www.gtai.de/GTAI/Navigation/DE/Trade/maerkte,did=783738.html (September 2013)
15. http://www.ebrdrenewables.com/sites/renew/countries/Russia/profile.aspx (September 2013)
16. http://www.petroleum-economist.com/Product/16264/Map-Store/ Incotec-Electric-Power-Industry-of-Russia-and-Nearby-Countries-2012.html (September 2013)
17. B. Hones, E. Wolf. Schub durch neue Kraftwerke – Partnerland Russland. Global Business Magazine, Hannover Messe Industrie 2013
18. V.E. Vortova, A.A. Markarova. Koncepcija intellektual'noj elektroenergeticeskoj sistemy Rossiii c aktivno – adaptivnoj set'ju, FSK, Moskva 2012
19. http://www.uni-magdeburg.de/lena/site/baikal/index.php (September 2013)
20. http://ec.europa.eu/research/energy/eu/index_en.cfm?pg=research-smartgrid (September 2013)
21. http://ec.europa.eu/research/fp7/index_en.cfm?pg=budget (September 2013)
22. http://cordis.europa.eu/fp7/energy/home_en.html (September 2013)
23. European Commission. Smart Grid projects in Europe: Lessons learned and current developments - Update 2012. JRC Scientific and Policy reports, European Union 2013 www.jrc.ec.europa.eu/ (September 2013)
24. http://en.wikipedia.org/wiki/Electricity_sector_in_Denmark (September 2013)
25. www.e-energy.de (September 2013)
26. http://www.gridplus.eu/eegi (September 2013)
27. C. Brunner, B.M. Buchholz, A. Gelfand, I. Kamphuis, A. Naumann. Communication Infrastructure and Data Management for operating smart distribution systems, CIGRE 2012, C6-1-116. Paris, 26th–31st August 2012
28. Regenerative Modellregion Harz. Abschlussbericht: Fraunhofer Institut für Windenergie und Energiesystemtechnik, Kassel 2013. www.regmodharz.de/ (September 2013)
29. U.S. Department of Energy: Benefits of demand response in electricity markets and recommendations for achieving them. http://www.drsgcoalition.org/policy/regulatory/federal/DOE_Demand_Response_Rpt_to_Congress_Feb_17_06_FINAL.pdf (April 2006)
30. EU Energy policy blog,Richard Green,University of Birmingham:Liberalization in the US– Lessons for Europe?. June 2007 http://www.energypolicyblog.com/2007/06/15/ liberalization-in-the-us-lessons-for-europe/ (October 2013)
31. American Public Power Association, Result of the 2008 Energy Services Survey Focusing on Energy Efficiency, Demand-Side Management, and Conservation Programs at Public Power Utilities. November 2008.
32. Colorado Springs Utilities, Peak Demand Rebate program, https://www.csu.org/Pages/ peak-demand-rebate.aspx (October 2013)
33. David Prins, Flexible Pricing of Electricity for Residential and Small Business Customers. February 2012 http://www.smartmeters.vic.gov.au/resources/reports-and-consultations/ flexible-pricing-of-electricity (October 2013)
34. Faruqui, A. and George, S. 2009. Quantifying Customer Response to Dynamic Pricing. The Electricity Journal (Elsevier). 2009, Vol. 18, Issue 14
35. http://smartgrid.jeju.go.kr/eng/ (November 2013)
36. http://www.ksgw.or.kr/eng/03_jeju/jeju01.htm (November 2013)
37. Experience of Jeju Smart Grid test-bed & National strategy. 1. Briefs of KPX/Korean Power Sector/Jeju System. For the 3rd session "Island case studies" (2013/02/19) www.ifema.es/ferias/genera/2013/.../man_geun.pdf (November 2013)

本书由 Springer 授权机械工业出版社在中国大陆地区（不包括香港、澳门特别行政区及台湾地区）出版与发行。未经许可的出口，视为违反著作权法，将受法律制裁。

北京市版权局著作权合同登记　图字：01 - 2015 - 8402 号。

图书在版编目（CIP）数据

深入理解智能电网：基本原理、关键技术与解决方案/（德）贝恩德·M. 巴克霍尔兹（Bernd M. Buchholz），（德）兹比格涅夫·斯蒂琴斯基（Zbigniew Styczynski）著；张莲梅等译. —北京：机械工业出版社，2019.6（2024.1 重印）

（智能电网关键技术研究与应用丛书）

书名原文：Smart Grids – Fundamentals and Technologies in Electricity Networks

ISBN 978-7-111-62664-0

Ⅰ. ①深… Ⅱ. ①贝…②兹… ③张… Ⅲ. ①智能控制 – 电网 Ⅳ. ①TM76

中国版本图书馆 CIP 数据核字（2019）第 083786 号

机械工业出版社（北京市百万庄大街22 号　邮政编码100037）
策划编辑：刘星宁　责任编辑：间洪庆
责任校对：潘　蕊　封面设计：鞠　杨
责任印制：邰　敏
北京富资园科技发展有限公司印刷
2024 年1 月第1 版第3 次印刷
169mm×239mm · 22 印张 · 4 插页 · 464 千字
标准书号：ISBN 978 - 7 - 111 - 62664 -0
定价：119.00 元

电话服务　　　　　　　　　网络服务

客服电话：010 - 88361066　机 工 官 网：www.cmpbook.com
　　　　　010 - 88379833　机 工 官 博：weibo.com/cmp1952
　　　　　010 - 68326294　金 书 网：www.golden - book.com

封底无防伪标均为盗版　　机工教育服务网：www.cmpedu.com